华为网络安全技术与实践系列

零信任网络安全实践

主编○程小磊　吴华佳　副主编○王萍萍　刘水

技术指导○孙建平　马烨

Zero Trust Cybersecurity Practices

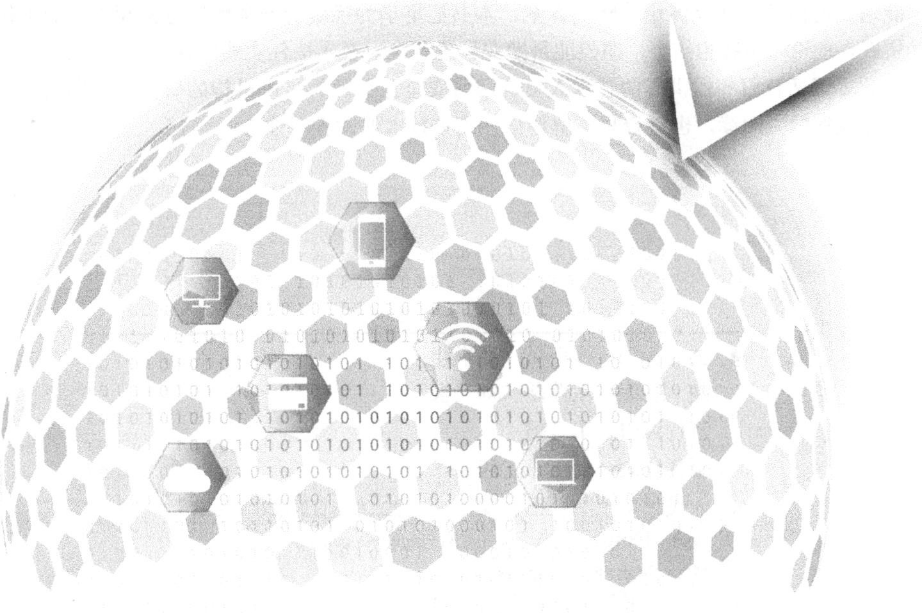

人民邮电出版社

北京

图书在版编目（CIP）数据

零信任网络安全实践 / 程小磊，吴华佳主编. -- 北京 : 人民邮电出版社，2023.9
（华为网络安全技术与实践系列）
ISBN 978-7-115-62222-8

Ⅰ. ①零… Ⅱ. ①程… ②吴… Ⅲ. ①计算机网络－网络安全 Ⅳ. ①TP393.08

中国国家版本馆CIP数据核字(2023)第153902号

内容提要

本书结合华为长期积累的网络安全经验，聚焦零信任方案发展热点，从行业趋势、技术原理、关键组件、典型场景和行业场景实践等多个角度，阐述零信任方案部署实施过程中可能遇到的问题，并提供相关解决方案。本书汇集华为优质的安全解决方案和丰富的工程应用实践，理论与实践相结合，期望能帮助业界读者应对在零信任实践中遇到的难点和业务挑战。

本书适合服务提供商的管理人员、网络安全工程师、科研机构的研究人员和高校网络安全专业的师生阅读，也适合想了解零信任相关技术的读者阅读。

◆ 主　　编　程小磊　吴华佳
副 主 编　王萍萍　刘　水
责任编辑　韦　毅
责任印制　李　东　焦志炜

◆ 人民邮电出版社出版发行　北京市丰台区成寿寺路 11 号
邮编　100164　电子邮件　315@ptpress.com.cn
网址　https://www.ptpress.com.cn
北京盛通印刷股份有限公司印刷

◆ 开本：720×960　1/16
印张：19.25　2023 年 9 月第 1 版
字数：335 千字　2024 年 12 月北京第 5 次印刷

定价：129.00 元

读者服务热线：(010)81055410　印装质量热线：(010)81055316
反盗版热线：(010)81055315
广告经营许可证：京东市监广登字 20170147 号

华为网络安全技术与实践系列

丛书编委会

本书编委会

技术指导

孙建平　马　烨

主　编

程小磊　吴华佳

副主编

王萍萍　刘　水

编写人员

文慧智　何　平　徐永强　王任栋　王雨晨

罗文晋　李　乐　张华涛　初利宝　王　涛

张　娜　段临晶　谭　雯　乔银锋　郑　文

刘达志　李学昭　乔　喆

推荐序一

当今世界正处于百年未有之大变局，科技发展的主导权、世界经济结构、国际地缘政治以及社会文明治理体系都在发生深刻的变化。而网络空间在这场大变局中，扮演着举足轻重的角色。进一步地，网络安全能力成为国家竞争实力的重要体现。从《中华人民共和国网络安全法》到《中华人民共和国密码法》，再到《中华人民共和国数据安全法》和《中华人民共和国个人信息保护法》，我国在近十年内颁布了一系列与网络安全相关的法律、法规和政策，推动了从政府部门到关键信息基础设施管理方乃至个人对网络安全的重视。

从技术角度来讲，网络安全事件存在于信息系统及其应用的不同层面，从物理层到代码层，从数据层到应用层，每个层面都可能出现网络安全事件，从而导致不良的后果。

在物理层，针对信息系统的物理载体，从能量对抗的角度出发，攻击者可通过电磁干扰、物理破坏、资源耗尽、环境（包括能源）破坏等诸多方式，使信息系统瘫痪，以达到中断信息系统服务的目的。

在代码层，针对信息系统及其应用，从代码对抗的角度出发，攻击者可利用安全漏洞、社会工程、拒绝服务攻击等手段，获取信息系统的控制权以及相应的数据，或者阻断系统的服务，从而损害业务连续性。在代码的供应链环节，开源软件的安全不可忽视，曾经发生过攻击者通过向开源社区提交“带毒”源代码，让开发者在不知情的情况下应用到系统软件中，从而实现潜伏攻击的事件。

在数据层，针对用户数据等敏感信息，从算法对抗的角度出发，攻击者不仅可以通过APT手段进行数据窃取，也可以通过数据截取的方式破解加密数据，还可以通过加密用户数据的方式进行“勒索”，甚至可以通过直接擦除数据的方式销毁数据。

在应用层，针对具体的系统应用服务，例如内容服务，从认知对抗的角度出发，攻击者不仅可以对应用进行破坏性攻击，还可以通过互联网应用散布虚假消息，影响网民的认知，从而左右舆论导向。

网络安全事件会从多个维度影响国计民生，网络安全技术需要不断演进，夯实基础能力，从而实现网络安全防御。常规的网络安全防御模式分为自卫模式与护卫模式两类，前者依靠强化自身安全以自卫，后者依靠外部协助防御来护卫。护卫模式的本质在于具备攻击感知能力、攻击研判能力以及攻击阻截能力。可以说，感知是基础，研判是核心，阻截是根本，自卫是底线。

华为作为全球领先的ICT基础设施供应商，基于对ICT的理解、对网络安全技术的认识，通过业界知名的网络安全红线能力要求，为其ICT产品构建了自卫能力。而对于网络空间安全能力的构建，则更聚焦于探索面向外置系统保护的护卫模式。“华为网络安全技术与实践系列”汇集了华为丰富的实践经验，内容适合企业高端管理者、安全工程技术人员和网络安全专业的学生阅读。未来希望政府、企业、高校和科研院所等多方能够共同协作，打造我国网络安全的保护盾。

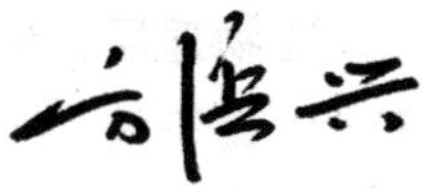

方滨兴，中国工程院院士

2022年12月

推荐序二

网络空间已成为一个国家继陆、海、空、天四个疆域之后的第五疆域，保障网络空间安全就是保障国家主权。没有网络安全就没有国家安全，网络安全是国家安全战略的一部分。近年来，国家从战略高度有力地支持着网络安全产业的发展。

网络安全是建设数字世界、发展数字经济的重中之重，体现了国家信息化建设的水平和综合国力，是“两个强国”建设的重要支撑。如果网络安全没有保障，网络基础设施的根基就不稳固，网络就可能被操控。国家坚持网络安全与信息化发展并重，这要求我们既要推进网络基础设施建设，鼓励技术创新和应用，又要建设健全网络安全保障体系，提高网络安全防护能力。

在互联网发展的上半场，即以日常生活为应用场景的消费互联网时代，我国已经走在前列，建成了全球最大的消费互联网。在互联网不断深入社会各领域的同时，互联网发展的下半场，即将信息化、数字化技术广泛应用于实体经济的工业互联网时代，也悄然开局。

互联网如果能与实体经济紧密结合，将产生相较于消费领域更大的效能，从而极大提高经济社会发展水平。但是新的领域也意味着有新的需求，在互联网发展的下半场，我们还有很多困难需要克服，譬如网络确定性的要求越来越高、差异化的需求越来越多。其中不可避免地也包括对网络安全的要求越来越高。与消费互联网相比，工业互联网一旦遭受攻击，很可能会对工业生产运行造成巨大影响，进而引发安全生产事故，这就给工业互联网的网络安全、设备安全、控制安全、数据安全等带来了挑战。

2022年，我国工业互联网安全态势整体平稳，但恶意网络行为持续活跃，对工业控制系统及设备的攻击持续增多，受攻击的行业范围扩大，工业互联网安全形势严峻。这提醒我们要加快培育形成网络安全人才培养、技术创新、产业发展的良性生态链，提供网络安全防护服务的企业更要提高应对网络安全风险挑战的能力，以新的安全架构筑牢网络安全屏障。

华为在网络安全领域有着20多年的实践经验，“安全可信”这一理念已经融入华为的产品和解决方案，助力其为全球约1/3的人口提供服务。在这个过程中，华为积累了丰富的安全技术、解决方案和实践经验。现在，为助力网络安全产业发展、加强网络安全人才体系建设，华为推出了“华为网络安全技术与实践系列”。这套丛书内容涉及华为的网络安全理念、产品技术、解决方案和工程实践，分享了华为多年来积淀的经验，体现了华为对网络安全产业的重视，以及作为全球领先的ICT基础设施供应商的责任担当。

网络安全与信息化建设需要更多的人才，需要企业相互协同，开放合作。我相信，在大家的共同努力下，我们的国家一定可以抓住信息技术发展的机遇，实现技术突破，从信息大国成长为信息强国。我对中国信息技术的未来充满信心。

刘韵洁，中国工程院院士

2022年12月

丛书序

随着政企数字化转型的不断深入，业务上云、万物互联、万物智联成为网络发展的趋势。网络结构在这一趋势的推动下不断演化，在促进政企业务发展的同时，安全暴露面也呈指数级增长。同时，百年变局和世纪疫情交织叠加，世界进入动荡变革期，不稳定性不确定性显著上升。网络外部环境越来越恶劣，网络空间对抗趋势越来越突出，大规模针对性网络攻击行为不断增加，安全漏洞、数据泄露、网络诈骗等风险持续加剧。

如何在日益严峻复杂的网络安全环境下守住安全底线，为数字化转型战略的顺利实施提供可靠的安全保障，这是整个产业界需要研究和解决的严峻问题。

第一，网络安全是数字中国的基础，法律法规是安全建设的准则。没有网络安全就没有国家安全。为了应对日益增长的网络安全风险，近年来，国家出台了《中华人民共和国网络安全法》《中华人民共和国数据安全法》《关键信息基础设施安全保护条例》等一系列法律法规，对网络安全建设提出了更高的要求，为网络安全产业的发展指明了方向。

第二，网络安全建设应该遵循“正向建、反向查”的思路，提供面向确定性业务的韧性保障。“正向建”，首先是通过供应链可信、硬件可信和软件可信，构建ICT基础设施的“可信基座”；其次是采用SRv6、FlexE切片等“IPv6+”技术构建确定性网络，确保“网络可信”；最后是基于数字身份和信任评估框架，加强设备和人员的身份验证，确保“身份可信”。“反向查”，首先是通过全域监测，查漏洞、查病毒、查缺陷、查攻击；其次是通过智能防御、基于AI的威胁关联检测、云地联邦学习等技术，大幅提高威胁检出率；最后是以“云—网—端”协同防护构建一体化安全，提升网络韧性。“正向建”从可信的视角打造信任体系，提升系统内部的确定性；“反向查”从攻击者的视角有针对性地构建威胁防御体系，消减外部威胁带来的不确定性。

第三，强化网络安全运营和人才培养，改变“重建设、轻运营”的传统观念。部署安全产品只是网络安全建设的第一步，堆砌安全产品并不能提升网络安全实效。产品上线之后的专业运营才是达成网络安全实效的关键保障。部署的很多安全产品因为客户缺乏运营能力，都成了“僵尸”产品，难以发挥出真实的防护能力。我国网络安全专业人才缺口大，具备专业技能和丰富经验的网络安全人才一直供不应求。安全从业者的能力和意识都有待全面提升。

华为在网络安全领域有着20多年的实践，安全的基因已融入华为所有的产品和解决方案中，助力其为全球约1/3的人口提供服务。在长期的实践中，华为积累和沉淀了特有的安全技术、解决方案和实践经验。

为助力网络安全产业发展、网络安全人才体系建设，我们策划了“华为网络安全技术与实践系列”图书，内容来自华为网络安全专家多年的技术沉淀和经验总结，涉及技术、理论和工程实践，读者范围覆盖管理者、工程技术人员和相关专业师生。

- 面向管理者，回顾安全体系和理论的发展历程，提出韧性架构与技术体系，介绍华为的解决方案架构，并给出场景化方案。
- 面向工程技术人员，总结华为在网络安全产业长期积累的技术知识和实践经验，原理与实践结合，介绍相关安全产品、技术和解决方案。
- 面向相关专业师生，介绍网络安全领域的关键技术和典型应用。

我们力争以朴实、严谨的语言呈现网络安全领域具体的逻辑和思想。衷心希望本丛书对企业用户、网络安全工程师、相关专业师生和技术爱好者掌握网络安全技术有所帮助。欢迎读者朋友提出宝贵的意见和建议，与我们一起不断丰富、完善这些图书，为国家的网络安全建设添砖加瓦。

丛书编委会

2022年10月

序

零信任理论模型由弗雷斯特（Forrester）公司分析师约翰·金德维格（John Kindervag）于2010年正式提出。零信任发展至今可以分为3个阶段—— 探索期、耕耘期和收获期。2001—2010年是零信任的探索期。在零信任理论模型提出之前，业界已经针对传统方案的不足之处开始进行早期实践及探索，出现了微软的DirectAccess、Jericho论坛的De-perimeterization和美国政府机构的Black Core等方案。2010年提出的零信任理论模型是对探索期涌现的方案的回顾，它提出了一个全新的方向。2011—2020年是零信任的耕耘期。在此期间，CSA（Cloud Security Alliance，云安全联盟）的SDP（Software Defined Perimeter，软件定义边界）、谷歌的BeyondCorp项目、NIST（National Institute of Standards and Technology，美国国家标准与技术研究院）的零信任架构对零信任的发展起到了关键促进作用。从2021年开始，零信任进入收获期。我国工信部《网络安全产业高质量发展三年行动计划（2021—2023年）（征求意见稿）》中的零信任框架研发要求、欧盟委员会《网络与信息安全指令2.0》中的零信任安全要求、美国联邦政府的零信任战略等，都是对零信任理念的认可。

零信任给广大企业带来了新一代网络安全的战略理念，零信任的落地和价值发挥是复杂工程。作为全球零信任产业的引领组织，CSA为更好地促进业界实施零信任做了大量的贡献。例如，CSA将SDP贡献给业界，形成了由大批网络安全厂商构成的零信任生态。CSA推广CZTP（Certified Zero Trust

Professional，零信任认证专家）课程，为业界实施零信任培养了上千名网络安全专业人才；建立CSA零信任推进中心，携手零信任领先厂商，为广大客户排解零信任落地疑难问题。此外，CSA大中华区每年举办的国际零信任峰会，已成为全球认可的零信任领域最权威的“风向标活动”之一。

数字时代，零信任在中国必将落地生根，本书可作为零信任领域实践者的指南。本书着重剖析“零信任”从理念到工程化落地存在的技术难点，涉及应用改造、协议适配、加解密性能、网安协同、服务化适配等技术难点。本书以工程化实践为切入点，帮助读者掌握零信任涉及的关键技术、熟悉零信任实践面临的挑战和应对措施、了解零信任未来的发展趋势。本书还总结了华为公司在政务、金融等领域的零信任项目实践过程中面临的困难、挑战以及积累的实施经验，重点介绍了零信任相关标准、技术框架、场景化方案、面临的挑战、典型实践等内容，让读者对零信任有系统性的理解，消解用户对零信任不成熟、难落地的顾虑，促进零信任在网络安全产业的快速发展。本书的作者深耕于零信任领域，具有丰富的网络安全实践经验。本书适合服务提供商的管理人员、网络安全工程师、科研机构的研究人员和高校网络安全专业的师生阅读，也适合想了解零信任相关技术的读者阅读。

随着零信任实践经验的不断总结，中国的企业应该行动起来，拥抱零信任，为数字化转型打好“网络安全底座”。

李雨航

CSA大中华区主席兼研究院院长

2022年8月

前 言

零信任是近年来网络安全领域非常热门的名词。业界之所以对零信任这么关注，其本质原因是IT（Information Technology，信息技术）基础设施的巨大变化所带来的安全威胁的变化。在“去边界化”“云化”“服务化”等IT基础设施变化的趋势下，传统的安全防护措施缺乏有效性。因此，零信任理念提出后，迅速成为业界研究和实践的热点。

传统上，安全能力以经典的“城堡墙和护城河”方式被放置在企业网络的边缘，用于构建纵深防御。然而，随着新兴技术的蓬勃发展，远程办公和多数据中心互联变得越来越普遍。企业网络的服务对象从原先的企业内部用户，逐渐扩展到远程用户和企业网络所连接的设备，以及设备所连接的资源。企业网络的边界越来越模糊。移动互联技术的发展使远程办公、多方协同办公成为常态，因此增加了接入人员和设备的管理难度。传统的一次认证就判定信任关系的方式已不再适用，边界内部存在的过度信任问题变得更加突出。同时，安全设备与终端、用户、应用、网络之间缺乏联动，没有综合终端风险、用户行为、应用鉴权风险以及安全威胁等进行协同统筹、分析，导致出现威胁分析不够全面、安全管控策略分散等问题。这些问题迫使企业的安全团队必须适应新兴业务需求，调整安全访问模型，以进行自适应的安全保障。在此基础上，零信任的概念被提出，经过近几年的发展，其理念被网络安全从业者广泛认同。

2007年，美国国防部的“黑核（Black Core）”项目标志着零信任开始萌芽。2010年，咨询机构Forrester的分析师约翰·金德维格首次提出了“零信任”一词，零信任正式诞生。随后，零信任的概念和思想被不断丰富和完善，零信任架构完成了从以网络边界为核心的安全模式，向需要持续监测网络中各类元素才能获得阶段性信任和访问权限的安全模式的转变。从2014年开始，谷歌陆续对外公开了BeyondCorp项目的详情，这也是业界首个零信任的应用实践。BeyondCorp项目对网络安全产业产生了巨大影响，至今仍被视为零信任的最佳实践之一。2014年，CSA提出了以SDP为基础的零信任架构，强调资源应默认隐藏，访问者通过单包认证的方式来校验其合规性，并通过SDP进行应用访问。SDP架构被认为是零信任的又一经典实践。近年来，零信任发展不断提速，NIST、美国国防部等权威组织和职权部门不断发布、更新零信任相关标准及其落地指导，全面推进零信任的建设进程。

在国内，零信任也逐渐成为热点，多个标准组织和行业部门相继制定、发布了零信任相关标准，全面推进零信任的发展。在政务领域，政务专网主管部门率先对零信任进行研究和实践，华为深度参与相关工作，并协助制定了零信任标准，以指导政务专网的安全建设。为提升政务外网终端安全管控及控制能力，助力数字政府建设，国家信息中心指导下的政务外网采用“全盘统筹、多级部署、分层管控”的原则，构建基于SDP零信任架构的终端安全管控体系，并通过制定标准规范各级政务外网的建设。在金融领域，中国金融科学技术委员会（简称金科委）在“金融业网络安全与信息化‘十四五’发展重点问题研究”中，将“零信任安全架构体系”设定为一个专项研究课题，并将零信任架构作为下一代金融安全体系的核心架构，推动金融行业实现零信任梯度演进。2021年5月，华为牵头编制的《智慧城市零信任技术规范》在“智慧城市产业生态圈安全技术组”立项成功，并于当年9月正式发布。在运营商领域，中国移动、中国联通、中国电信及华为等共同发布《5G-Advanced网络技术演进白皮书》，探讨了如何利用零信任技术来实现“安全可信，动态防御”的5G-Advanced安全目标。

在此背景下，各企事业单位迫切希望能够尽快落地零信任方案，但又面临很多实际的问题和挑战，例如方案设计及产品选择、演进路径规划、与现有安全体系融合等。目前，国内外市场上介绍零信任在各行各业的部署实践和指导零信任具体实施的图书较少。本书结合华为长期积累的安全经验，聚焦零信任方案发展热点，从行业趋势、技术原理、关键组件、典型场景和行业场景实践等多个角度，阐述零信任方案部署实施过程中可能遇到的问题，并提供相关解决方案。本书汇集华为优质解决方案和丰富的工程应用实践，将理论与实践相结合，期望能帮助业界读者应对在零信任实践中遇到的难点和业务挑战。

本书共7章，分为以下4个部分。

理论基础部分：第1章，主要介绍业务安全的趋势、挑战和诉求，以及在此趋势下零信任出现的必然性，回顾零信任的发展历程，并简要介绍零信任原则。

架构与技术部分：第2～3章，主要介绍零信任架构与典型实践，以及关键技术与组件。

场景与行业实践部分：第4～6章，介绍零信任在多个典型场景下的具体应用和实施方案，并结合行业特点，详细阐述零信任在各个行业内的落地实践，着重介绍金融行业、智慧城市、政务专网、智能制造以及运营商5GtoB零信任实践，同时给出面对零信任实施挑战的通用建议。

演进部分：第7章，从场景和架构两个方面探讨零信任未来演进。零信任会快速从当前的IT场景向OT（Operational Technology，操作技术）场景等其他场景覆盖，未来会朝着设备可信、连接可信、访问可信的端到端可信目标持续迈进。

致谢

本书由华为技术有限公司数据通信解决方案设计部、安全与网关产品部及数据通信数字化信息和内容体验部组织编写。在编写本书的过程中，编者得到了华为内部和外部人士的指导、支持和鼓励。借本书出版的机会，衷心感谢孙建平、马烨、段俊杰、王任栋、徐永强、于颀、谭雯、刘晔、段临晶、蒋雅娜等领导和专家一直以来的支持和帮助！特别感谢文慧智，始终给予我们耐心、细致的指导和鼓励，如春风化雨一般，令我们获益匪浅。本书由人民邮电出版社出版，人民邮电出版社的编辑给予了严格、细致的审核。在此，诚挚感谢相关领导的支持，感谢人民邮电出版社各位编辑的辛勤工作！最后，我们还要特别感谢CSA大中华区主席兼研究院院长李雨航为本书作序。道阻且长，行则将至，行而不辍，未来可期。我们定将继续努力、不负厚望。参与本书编写和技术审校的人员虽然有多年安全从业经验，但因水平有限，书中疏漏之处在所难免，望读者不吝赐教。

目　录

第1章　关于零信任

在介绍零信任架构技术及场景实践之前，首先对零信任的产生背景、发展历程以及零信任原则进行简单介绍，以便为读者深入理解零信任打好基础。通过本章的内容，期望大家逐渐熟悉零信任，更好地理解零信任为什么会如此受各行业用户的重视。关于零信任的详细介绍将在本书后续各章展开。如果读者已经对零信任有了一定的了解，可以跳过本章，直接阅读本书后续各章。

1.1 业务安全的趋势、挑战和诉求

零信任理念在被提出之后能得到迅速发展，主要是因为当今网络和业务的服务模式已经发生了显著变化，急需新的安全模型去应对新产生的安全威胁。当今云计算、大数据、物联网和移动互联网等新型ICT（Information and Communications Technology，信息通信技术）的普遍应用，给广大用户带来了前所未有的体验，也引入了新的安全问题。近年来，各大企业发生的外部APT（Advanced Persistent Threat，高级可持续性攻击，业界常称高级持续性威胁）攻击和内部违规导致的大规模数据泄露等恶性安全事件层出不穷，纵使这些企业每年在安全能力建设方面的投入不菲，但仍然无法有效解决敏感数据泄露等安全问题。企业的信息安全负责人逐渐达成共识，那就是传统的边界防护手段在当今的信息化环境中存在很大的局限性，已无法满足新形势下的网络安全需求。因此越来越多的企业面临着非常严峻的安全挑战，总结如下。

1．业务云化、数据集中，业务边界被打破，管控难度与泄密风险进一步增大

业务云化已经成为各行业数字化建设趋势，数据资源不断催生出有价值的

行业应用，实现数据驱动产业创新发展。数据共享和流通已经成为刚性业务需求，原来相互隔离的业务将打破网络边界走向融合，在显著提高资源共享效率的同时，也会进一步增大安全管控难度与泄密风险，传统安全防护手段不能满足数据在快速流动和高速共享下的安全需求。

2. 远程办公成为常态，访问边界被打破，越权访问和数据泄露风险增大

新冠疫情不仅给全社会公共卫生带来危机，也显著地改变了员工的办公习惯，在疫情常态化防控的3年里，北京、成都、深圳等多个城市多次执行居家办公的政策，常态化防控政策使得远程办公成为众多企业运营的常态。然而，不少企业仍然以在网络边界部署VPN（Virtual Private Network，虚拟专用网络）设备作为安全管控手段，当企业员工通过VPN接入公司内网时，十分依赖预配置的访问控制策略，且无法对访问终端的安全状态和用户的访问行为进行监测。例如，在远程办公模式中，企业一般都允许员工使用个人设备进行办公，这些个人设备可能无法保证及时更新安全补丁，或者安装了非法的恶意软件，这些都可能成为不法分子窃取企业数据和渗透内网的突破口。同时企业员工在进行远程办公的过程中会传输、存储大量工作文件，如果员工缺乏保护企业数据资产的意识和识别安全威胁、判断高风险行为的能力（如无法识别钓鱼邮件、将工作内容截屏或拍照转发到互联网、随意复制和存储数据等），也可能导致数据遭受篡改或者泄露，使企业的核心数据资产安全受到侵害。因此，如果企业开放了远程办公模式，但缺乏对应的安全防御手段，企业所面临的诸如越权访问、数据泄露等安全风险也会随之增加。

3. 海量物联终端的泛在接入，接入边界被打破，私接/仿冒/劫持终端接入难以管控

在未来，物联网除了变得更广泛，也会变得更复杂。许多组织都在开发“数字孪生”数据模型，用于对整个系统甚至业务的全面业务感知和数字模拟。这些模型通常与统一数据平台相连，以便对收集到的数据进行建模。对那些不怀好意的人来说，这意味着给他们提供了通过物联网窃取“宝藏数据”的通道。因此，对物联设备的攻击途径会持续增加，他们会将物联终端作为“跳板主机”，对运行在数据收集点的边缘计算设备和云基础设施进行攻击。

众所周知，物联终端自身具有特殊性而无法安装安全软件，这导致海量物联终端接入网络时风险暴露面增加，使物联网存在较高的网络安全风险。例如，很多运行在物联网上的终端包含不安全的嵌入式软件，极易被攻击者攻击渗透，并侵入物联网中，探寻高价值的应用和数据，获取敏感信息，从而对业务系统造成破坏，使物联网和应用处于危险之中。

随着物联网的不断扩展，物联终端带来的网络安全风险将越来越大。研究机构报告显示，2022年，物联网包含的连接设备已达到180亿台，直接后果就是网络攻击者通过私接/仿冒/劫持等手段寻求进入业务系统的潜在接入点数量将大幅增加。

上述信息化建设趋势下网络安全所面临的挑战，对安全保障能力提出了新的要求，用户期望在越来越多的充满不确定性的新业务场景下，通过各类新型安全体系去构建确定性的安全保障。具体可以总结为以下几个方面。

- 终端侧：物联终端泛在接入攻击面扩大，办公终端多网互联成为攻击跳板，因此包括物联终端在内的所有终端，应满足终端安全管控要求。
- 网络侧：网络应实现分区、分域，对不同的区域应动态分配不同的权限。基于最小权限原则，供不同权限的终端和用户接入，并根据终端和用户的安全状态动态调整网络访问权限。
- 应用侧：应遵循最小权限原则，仅面向特定的访问对象（如用户或其他应用）开放访问权限，并可根据权限的变化动态调整其访问策略。
- 数据侧：应进行分级、分类，面向不同的访问对象提供“可用可见”“可用不可见”“不可用不可见”的数据访问策略，敏感数据不存储在本地，且访问可追溯。

传统的安全防护理念已经不能适应当今信息化发展趋势，急需通过新的安全理念去重新整合安全能力，以满足新形势下的安全需求。

1.2 何为零信任

关于零信任，人们提到最多的一句话就是“永不信任、持续验证”，这句话非常形象地总结了零信任的主要特点。在零信任出现之前，有一种“可信”的安全设计思想受到广泛认可，其核心理念是通过构建可信任的基础设施、网络和业务，达成预定的安全目标。仅从字面意思上看，零信任跟可信似乎存在天然的冲突。但是，当我们深入理解零信任的内涵后会发现，二者所表达的安全设计思想不仅不冲突，本质上甚至是一致的。

我们认为，零信任是一种设计思想，主要方法为通过不同的技术手段构建相对信任的环境，为在环境中运行的业务和数据提供确定性安全保障。只不过这种相对信任不是一成不变的，仅仅短时间内有效，且需要持续对其进行构建，从而保障环境长久可信。

零信任不是一种全新的技术架构，也并没有带来任何新型技术。零信任中所使用的身份与权限管理、代理网关、风险评估等都是安全技术图谱中非常通用且成熟的技术。正因如此，零信任的理念被提出时，并没有遇到很高的理解门槛，而是迅速被安全从业者所接受。

在互联网时代，由于IT和应用基础设施的复杂性、用户访问的覆盖度和访问体验等原因，绝大多数企业会采用较为粗放的方式对外提供服务，如网络环境以连通为主，没有根据访问对象划分网络的访问权限。例如，用户通过VPN从外网连接到企业内网时，往往被赋予较高的权限；应用和关键服务等敏感对象也不划分和执行最小权限原则，敏感数据被暴露在网络之中，等等。这些粗放的管理方式使企业自身更容易受到攻击。

实际上，零信任的一些安全原则，例如最小权限原则和基于角色的访问控制，在零信任出现之前，已经在网络和安全基础设施中得到了应用。只不过，这些安全原则通常只能实现用户、网络和应用程序的粗粒度分离，并且许多安全措施是静态或者一次性的，无法根据环境变化进行动态策略变更。

零信任的出现逐渐改变了这种状态。零信任强调要在终端、网络、应用等环境中强制执行最小权限原则，未经授权的终端、用户和系统将无权访问企业任何资源，授权的用户也只有最低限度的访问权限，并且访问权限会根据其行为的合规状态进行动态调整。零信任强调通过自动化的方式进行动态身份校验、权限变更和策略执行等，从而提高效率和有效性。采用这种安全的设计方式，可以让企业的资源在对外提供服务时更安全、更有保障且更有弹性。因此，零信任覆盖的范围变得越来越广，运用零信任的场景也越来越多。

在实践过程中，不同的组织和安全厂商相继发布了不同版本的零信任框架，虽然其侧重点各有不同，但是每个企业在构建零信任架构的过程中都需要遵循零信任的基本原则。由于每个企业的业务环境各不相同，安全能力的设计方式需要基于其自身环境的特点做出有针对性的调整，需要综合考虑企业现有的基础设施、企业制度、项目预算、迁移计划等多方面因素。另外，零信任不是一次性的，实施零信任是一项长期且持续演进的工程。

零信任作为一种安全模型，可使事物标准化，并提供了一种集中的方式来定义和执行跨分布式、异构基础架构的访问策略。当零信任的“车轮”开始运转，其使用范围和覆盖场景将非常有助于统一及简化企业的安全架构。

1.3 零信任的发展历程

近年来，零信任在国内外受到了广泛的关注，有些企业用户和组织甚至认为零信任的出现从根本上改变了信息安全的模式，其主要原因在于采用零信任可以有效防止恶意行为的发生。常见的恶意行为包括：非法访问组织边界内的私有资源，进行横向移动并泄露数据，从而破坏企业的正常运营。那么，零信任的发展都经历了哪几个阶段呢？接下来我们将通过零信任发展的几个关键里程碑事件，对零信任的发展历程进行简单介绍。

2004年，耶利哥论坛首次提出“去边界化”的理念，探讨无边界的网络安全模型与解决方案。2007年，美国国防部启动“黑核”项目，目的是将网络安全模型从以边界安全管控为核心向以每次行为的安全管控为核心进行演进。至此，零信任进入萌芽期。

2010年，供职于咨询机构Forrester的分析师约翰·金德维格在颇具影响力的“No More Chewy Centers: Introducing The Zero Trust Model Of Information Security”一文中首次提出了“零信任”一词，自此有了零信任的概念。随后，Forrester公司陆续发表了安全模式的转变过程等相关文章，即从以网络边界为核心的安全模式，向需要持续监测网络中各类元素才能获得阶段性信任和访问权限的安全模式转变。随着时间的推移，Forrester将此概念称为零信任扩展框架。

2011年，受到极光APT攻击的谷歌也参考零信任的理念，实施了内部BeyondCorp项目，有效消除了谷歌网络边界的安全问题。从2014年开始，谷歌陆续发表6篇论文，详细记录了BeyondCorp项目，首次对外公开如何实施零信任。BeyondCorp项目对安全产业产生了巨大影响，至今仍被视为零信任的最佳实践之一。

2014年，CSA提出了以SDP为基础的零信任架构，强调资源应默认隐藏，访问者通过单包认证的方式来校验其合规性，并通过SDP方式进行应用访问。SDP架构被认为是零信任的又一经典实践。

2017年，咨询机构Gartner发布了CARTA（Continuous Adaptive Risk and Trust Assessment，持续自适应的风险与信任评估）报告。该报告参考了零信任的核心理念，将信任和风险作为构建安全框架的核心基座，并强调持续评估。CARTA不仅提供身份和数据元素，还包括与身份和访问环境设备相关的风险和态势，CARTA的发布将信任机制与防御机制有效结合在了一起。

2018年，Forrester对外正式发布零信任扩展框架，将场景从网络扩展到了用户、设备和应用环境，并强调微分段、可视化分析和自动化编排等能力。

2020年，NIST正式发布“零信任架构”（NIST SP 800-207），其中所定义的零信任架构成为经典模型，被众多零信任厂商广泛运用。

2022年，CSA发布了SDP 2.0标准，在2014年发布的SDP 1.0标准基础上做了扩展和加强（如对内容的澄清和延展），并反映了当前最新的零信任行业状态。

综上所述，从2017年开始，零信任的发展步入了快车道。除了NIST、美国国防部等权威组织和职权部门相继发布了零信任相关标准之外，美国国防部还计划逐渐废除现有的联合信息环境机制，全面拥抱零信任。与此同时，在我国，零信任也逐渐成为热点，全国信息安全标准化技术委员会、国家信息中心、公安部等标准组织和行业部门相继制定、发布了零信任相关标准，全面推进零信任的发展。

1.4 零信任原则

零信任的核心目的是保护网络、应用程序和数据资源等对象，强调以身份为中心，通过动态的策略来进行访问控制。虽然不同机构发布的零信任方案侧重点各不相同，例如，终端安全厂商围绕终端使用场景设计零信任方案，而云计算、应用厂商设计的零信任方案则关注云平台和业务安全层面。但这些方案都遵循零信任的基本原则和扩展要求。

1. 基本原则

“No More Chewy Centers: Introducing The Zero Trust Model Of Information Security”这篇论文中定义了零信任的3个基本原则，它们是实施零信任的基础，适用于各类零信任场景化方案，具体如下。

（1）在任何访问位置都需要确保所有被访问资源的安全性

所有资源都包含在零信任解决方案的范围内，该原则要求组织采用零信任的整体方法，消除历史上存在于安全工具和团队之间的“孤岛”和障碍。零信任需要确保所有身份（如人和机器）对所有资源（数据、应用程序、服务器等）的安全访问。正是这一原则有效地解决了传统边界安全防御模式所存在的问题。另外，网络流量在通过不受信任的网络区域时必须加密，无论访问者是何种身份、被访问资源的位置如何，所有访问行为都必须遵循强制的访问策略。

（2）采用最小权限策略，严格执行访问控制

该原则在零信任出现之前已经存在，却很难得到广泛实施。要想顺利地执行这一原则，需要对终端、人员、位置、资源等多维度信息进行统一的身份和动态权限管理。从历史经验来看，以前的安全解决方案跟网络和应用往往是相互独立和脱节的。例如，终端和用户在网络中一般都有较高的权限，可以轻松地访问网络资源。在公司内网中，几乎任何人都可以访问应用门户，应用对终端和用户的管控仅依赖于预设的静态角色、身份验证等有限的措施。这种安全防护模式在现在看来是非常不安全的，很多已知和严重的漏洞不需要身份验证，并且可以被远程利用进而侵入应用并窃取数据。因此，零信任方案需要对网络、安全、应用进行整体考虑。

（3）对所有流量进行持续监测

零信任将网络和安全天然地融合在一起，因为网络是IT基础设施中进行相互连接和通信的媒介，在通信过程中需要保障其安全性。零信任可以丰富网络流量信息（如添加身份和设备上下文），并将其融入下一代防火墙、网络监控工具和SIEM（Security Information and Event Management，安全信息与事件管理）系统等，以增强整个系统的检测、警报和响应决策的能力。

2. 扩展要求

除了零信任基本原则，还有一些扩展要求也有助于零信任方案的顺利实施。

（1）确保零信任系统所有组件通过标准化接口进行消息通信和数据同步

与传统的安全框架不同，零信任提供了涵盖IT生态系统的整体安全策略和执行模型。有些系统或技术手段不仅能应用于安全领域，如IAM（Identity and Access Management，身份识别与访问管理）和SDN（Software Defined Network，软件定义网络）等，在网络和应用信息化管理中的使用度也非常高。因此，零信任体系必须能够与IT生态系统的大部分组件进行集成，以扩大场景覆盖度，提高使用效率。较为典型的集成对象包括企业已部署的安全产品、网络产品、业务系统等IT基础设施。需要通过标准化接口的方式将各类型的产品或系统进行对接，才能实现消息同步、信息共享和策略执行等，从而将孤立的系统整合起来。这也是零信任能够顺利实施的关键。

（2）基于上下文、多维度环境状态、主体身份等信息持续监测，并自动调整管控策略

自动化是零信任能否顺利实施的关键要素，其原因在于零信任是持续、动态的，会随着身份、设备、网络和系统上下文的变化而变化。例如，可以通过身份管理系统、访问管理系统或网络访问控制系统自动化授予访问权限，主要包括永久或临时的资源访问，并根据访问状态进行动态调整。需要说明的是，自动化并不否定人工方式对零信任的意义，例如，许多访问请求流程需要通过人工方式进行审批，以满足安全性和合规性要求。

（3）获得高层支持，并围绕业务持续提供价值

零信任的实施计划必须与业务价值挂钩，同时零信任项目的实施过程一般是长期的，例如谷歌的BeyondCorp项目执行了数年，至今仍在持续演进。零信任项目的实施过程会对企业的IT基础设施、团队、运营和用户体验产生重大影响。因此，在实施零信任项目之前，需要对企业的组织机构、业务模式有一定的认识，更重要的是要获得企业高层的支持。实施零信任项目不是一蹴而就的，建议采用分阶段方式持续演进，逐渐将零信任融入企业日常的业务和运营之中。

1.5 本章小结

传统的安全理念和防护模型已经不能适应无边界、服务化和万物互联的信

息化发展趋势。

零信任不是对技术的创新，而是对理念和技术架构的创新，通过对各类型成熟的安全能力进行集成，赋予“永不信任、持续验证”的设计理念，打造全新安全体系。零信任从2017年开始迈入发展快车道，众多研究机构和标准组织均发布零信任相关标准、发表论文，同时众多企业也在不断进行零信任实践落地。

在设计零信任方案时，要参照零信任基本原则，构建零信任能力。同时可参考零信任扩展要求，使零信任方案更具备竞争力。

第2章 零信任架构与典型实践

通过第1章对零信任的介绍，读者可以对零信任有初步的了解。但要想对事物有深刻的认识，就需要了解其内在架构，就像一幢建筑的框架是它的重要部分一样。因此，想深入理解零信任，就要对其模型架构做进一步了解。本章首先介绍业界几个典型的零信任模型及其指导文件，包括NIST发布的《零信任架构》、Forrester发布的《零信任扩展框架》和美国国防信息系统局发布的《零信任框架》。然后，针对零信任的设计思想、技术架构和关键组件进行总结。最后，针对谷歌基于零信任模型推出的BeyondCorp项目实践和华为云网安一体实践进行介绍，并总结在实施零信任过程中积累的经验，帮助读者进一步理解零信任。

2.1 NIST发布的《零信任架构》

NIST是较早发布零信任相关标准的组织，于2019年发布了第一版《零信任架构》（草案），并向社会公开征求意见。2020年8月，NIST发布了《零信任架构》正式稿。

《零信任架构》认为零信任是一个持续发展的网络安全理念，将安全防御的重心从以网络边界为核心的静态防护，转移到对用户、资产、应用、数据等核心资源的动态防护。传统的网络安全能力建设与ICT基础设施和上层业务的建设相对独立，但《零信任架构》强调零信任应与企业的ICT基础设施和业务流程进行融合，拒绝基于网络位置和资产信息的默认信任，强调身份与权限管理的重要性。

《零信任架构》详细描述了零信任的逻辑架构、使用场景、安全风险、迁移路径等内容。受篇幅限制，本节将结合华为零信任项目的实践经验，对《零信任架构》中的关键部分进行介绍。

1. 设计原则

《零信任架构》对零信任能力的设计和部署给出了几条关键原则，这些原则跟本书1.4节所阐述的零信任原则基本相同，同时给出了对于实现零信任更加具体的描述。

- 一切资源化：在主体对客体的访问过程中，将主体和客体均视为资源，包括设备、用户、网络、应用、服务、数据等对象，零信任强调对资源的防护。其中主体和客体的角色不是固定的，会基于不同的访问场景进行转换。例如，用户通过设备对应用进行访问时，用户和设备为主体，应用为客体，但应用在调用接口服务时，应用则变为主体，接口服务是访问客体。
- 网络通信安全：不能简单地基于网络位置对主体自动授予信任，无论主体是来自企业内网还是来自互联网，其对资源的访问权限一视同仁。通过网络流量加密和身份认证保证网络通信的机密性、完整性。
- 最小权限、逐次校验：在授予主体对客体的访问权限前，应先评估主体的信任等级，授予权限时应遵循最小权限原则，仅授予主体匹配的权限，防止权限扩大。同时，权限需要基于角色、任务、访问上下文等因素动态调整，在主体对客体的访问过程中对访问权限进行逐次校验。
- 策略动态调整：在主体对客体的访问过程中，应尽可能多地收集不同维度的信息（如设备特征、网络位置、访问时间、行为记录、身份凭证、访问上下文等），并持续进行综合分析和风险评估，为策略决策提供依据，动态调整访问控制策略。
- 资产安全监控：企业的资产默认为不可信，在主体对客体的访问过程中，会评估资产的安全状态，存在漏洞或被侵入的资产访问企业资源会遭到拒绝。建议企业建立针对资产的监控系统，持续监测设备和应用程序的安全状态。

2. 逻辑架构

《零信任架构》介绍了零信任架构的核心组件和各组件之间的逻辑关系，逻辑架构如图2-1所示。

在该逻辑架构中，NIST强调通过不同的平面，将零信任核心组件之间的通信和主体访问资源的行为进行分离。控制平面实现零信任核心组件之间的通信，数据平面实现主体对资源的访问。虽然NIST并未描述平面分离的具体方式，但在项目实施上，不同的平面一般可以通过隧道、策略路由等网络技术进行分离设计。

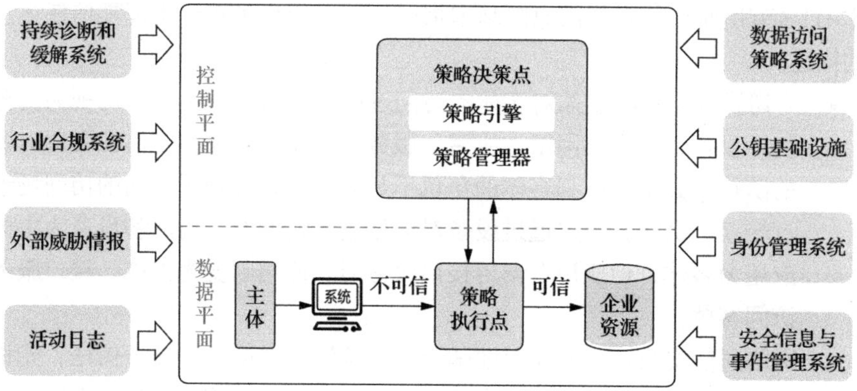

图 2-1　逻辑架构

逻辑架构的核心组件包括策略决策点和策略执行点，其中策略决策点由策略引擎和策略管理器组成。需要说明的是，策略执行点同时在数据平面和控制平面进行通信。各组件的功能如下。

- 策略引擎：综合分析多维度信息，并最终决定是否授予指定主体对客体的访问权限，策略引擎与策略管理器需配合使用，由策略引擎做出决策，并由策略管理器进行决策下发。在某些解决方案中，一个系统可以同时扮演策略引擎和策略管理器的角色。
- 策略管理器：负责建立主体和客体之间的逻辑连接，生成主体用于访问客体的凭证。策略管理器与策略引擎紧密相关，依赖策略引擎的决策来下发对应的策略。同时策略管理器与策略执行点进行通信，通过策略执行点执行策略。
- 策略执行点：策略执行点根据策略管理器下发的策略来判断是否允许主体与客体连接。可以由多个组件充当策略执行点的角色，如终端代理、网关等。

《零信任架构》除了介绍零信任架构的核心组件，还介绍了多个数据源。这些数据源在进行策略评估和决策时为策略引擎提供数据支撑，主要包括用于管理企业资产的持续诊断和缓解系统，满足行业监管规则的行业合规系统，用于管理企业资源访问策略的数据访问策略系统，用于对企业内、外部用户身份进行管理的身份管理系统，用于管理用户、应用、服务等主体和客体证书的公钥基础设施，为企业安全态势提供数据支撑的活动日志和安全信息与事件管理系统，外部威胁情报等。

3. 网络要求

NIST认为零信任的实施和部署跟网络环境息息相关，因此在《零信任架构》中花了较多篇幅介绍企业想要实现零信任，其网络环境需要达到的能力要求，具体介绍如下。

- 企业内网默认没有信任区域，且始终假设攻击行为存在于网络之中。因此，在网络之上的主、客体之间的访问应通过加密和身份验证来保障机密性、完整性。
- 任何主体默认不可信，在主体对客体进行访问之前，必须经过持续安全评估。非企业所拥有的设备在请求访问资源时，对其进行的安全性评估相比企业自有设备更加严格。
- 在云化的趋势下，并非所有的企业资源都部署在企业自建的基础设施中，会有部分资源部署在托管数据中心或公有云上。企业在管理这些资源时需做好网络基本连接和网络服务［如DNS（Domain Name System，域名系统）］设计。
- 可以采用物理隔离或者逻辑隔离的方式，将控制和配置网络的通信流与执行组织实际工作的应用/服务通信流隔离开来，区分为控制平面和数据平面。
- 除非通过策略执行点进行访问，否则企业资源是不可被访问的。企业资源通过策略执行点进行反向代理，而策略执行点是可以访问策略管理器的唯一组件。
- 远程设备可以不通过企业自有的网络基础设施（如VPN）而直接访问企业资源。但完全放弃VPN，而转向通过公网开放企业资源，是一个漫长的过程。
- 企业能够捕获所有的网络流量，并对网络流量进行安全监测。

4. 信任算法

在零信任的部署过程中，可将策略引擎视为安全大脑，将信任算法视为其主要的思维过程。因此信任算法是策略引擎用来最终授予或拒绝资源访问权限的关键。信任算法可接收来自多个数据源的输入，主要包括用户身份信息、用户行为信息、威胁情报信息等。信任算法的输入来源如图2-2所示，具体介绍如下。

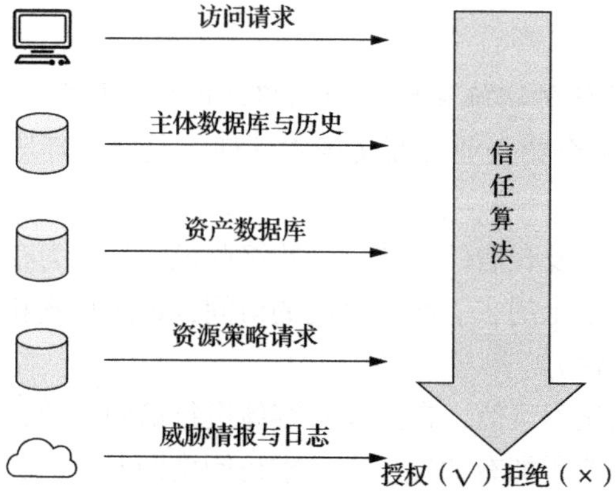

图 2-2 信任算法的输入来源

- 访问请求：指来自主体的实际请求。被请求的资源是使用的主要信息，但也会用到请求者信息，包括操作系统版本、使用的应用程序和补丁级别等，根据这些因素和资产安全态势来判断是否允许对资源的访问。
- 主体数据库与历史：指企业的用户和系统及所分配的属性和权限，其构成了资源访问策略的基础。在进行信任评估时，可以考虑时间和地理位置等因素，并对用户过去的行为数据进行监测。
- 资产数据库：包括企业软硬件资产的已知状态，如操作系统版本、运行的应用程序、网络位置、补丁级别等。信任算法根据资产状态的变化动态调整其评估值，以限制不安全资产对资源的访问。
- 资源策略请求：对用户身份及其属性数据策略的补充，定义了访问资源的最低要求，包括多因子认证要求、网络位置要求、数据敏感性、系统配置要求等。这些要求应由数据责任者和使用数据的业务责任者共同确定。
- 威胁情报与日志：收集网络中存在的漏洞、恶意IP（Internet Protocol，互联网协议）、恶意软件等威胁信息源。一般可以通过外部的威胁情报服务和企业内网部署的探针进行内部资产的扫描探测来获得这些信息源。

NIST认为实施信任算法有多种方式，不同的实施者可根据自身的需求，对各级因素的权重进行权衡。信任算法依据特征的不同可归纳为两类：一类是基于条件与分数的信任算法，另一类是基于独立上下文的信任算法。

- 基于条件与分数的信任算法：假设在对主体授予资源的访问权限前，必须满足合规性要求，这些要求由管理员进行预配置，只有在满足条件时才允许访问。在主、客体进行访问时，策略引擎进行可信评分计算，如果得分大于阈值，则允许访问，否则拒绝访问或者降低访问等级。

- 基于独立上下文的信任算法：在评估主体访问请求时，会考虑用户或网络代理的历史记录，并形成基线。策略引擎需维护所有用户和应用的状态信息，当攻击者使用被盗用的凭据，以一种有别于访问基线的方式进行访问时，策略引擎可检测到攻击。在理想状态下，信任算法应该是基于独立上下文的，当攻击者利用被破解的账号进行内部攻击时，基于独立上下文的信任算法可以有效减弱此类攻击带来的威胁。

5. 常见的零信任方案

NIST根据企业的业务场景给出了3种典型的零信任方案，即基于身份治理的零信任方案、基于网络分段的零信任方案和基于SDP的零信任方案，每种方案都遵循零信任的设计原则和逻辑框架。这3种零信任方案所使用的关键技术，如IAM、SDP以及微分段，会在本书第3章中进行详细介绍。

（1）基于身份治理的零信任方案

基于身份治理的零信任方案一般适用于企业内网。该方案将主、客体的身份作为策略创建的关键因素，基于主、客体所分配的身份和权限属性确定主体对客体的访问控制策略，在访问过程中通过策略引擎的环境感知能力对环境因素（如使用设备、资产的状态等）进行持续评估，策略管理器根据评估结果调整可信评分和访问控制策略。其中，由策略执行点执行动态变化的访问控制策略，并在授权访问前进行主体身份的核验，该方案如图2-3所示。

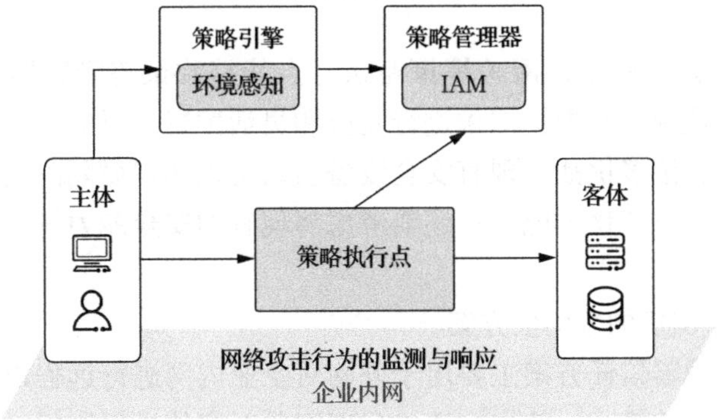

图 2-3　基于身份治理的零信任方案

基于身份治理的零信任方案通常用在较为开放的网络（例如企业内网）中，企业的用户和设备作为主体在企业园区内接入网络，并对应用和数据等客体资源进行访问。企业内网对员工的连接限制粒度较粗，最初允许访问所有资产，但用户对具体资源的访问仅限于有权限访问的主体。此模式下，攻击者可以利用网络接入对企业内部发起DDoS（Distributed Denial of Service，分布式拒绝服务）攻击，因此企业在部署此方案时，需要加强对网络攻击行为的监测和响应。

（2）基于网络分段的零信任方案

基于网络分段的零信任方案大多用于数据中心场景。企业将资源部署在由安全网关保护的私有网段上，并将网络设备（如交换机、路由器）、安全设备（如下一代防火墙）、软件代理或主机防火墙等基础设施作为网关，充当策略执行点的角色，用于保护数据中心内的资源，对来自客户端、资产或服务的每个请求进行动态访问控制。该方案如图2-4所示。

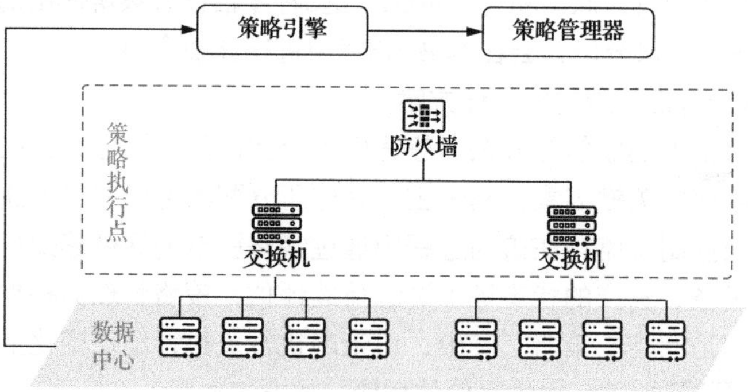

图 2-4　基于网络分段的零信任方案

此方案的关键在于，网关等策略执行点能接收策略管理器的指令，进行细粒度的访问控制，并根据需求进行响应和灵活配置，以应对访问过程中的威胁。但同时存在诸多挑战，现有安全设备虽然可以实现微隔离的部分能力，但缺乏快速应对威胁变化的能力；还要考虑将现有的安全能力按零信任要求进行升级的成本。

（3）基于SDP的零信任方案

基于SDP的零信任方案主要用于外网对企业内网进行远程访问的场景。该方案采用代理网关模式，使主体通过代理网关对客体进行访问，并在主体和代理网关之间建立加密的通信隧道，以保障通信安全。该方案如图2-5所示。

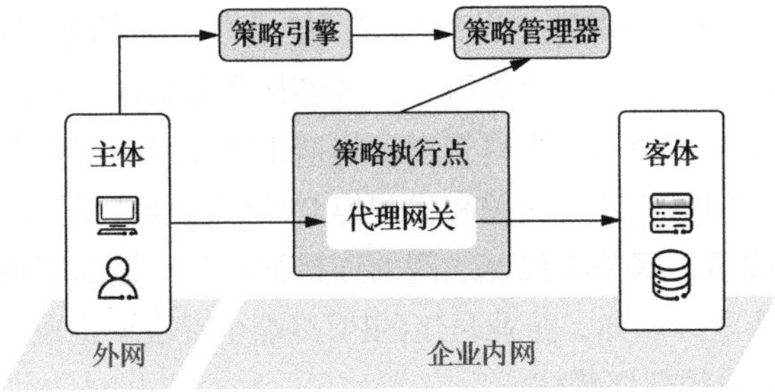

图 2-5　基于 SDP 的零信任方案

在该方案中，策略管理器同时充当网络控制器的角色，根据策略引擎所做的决策建立和修改网络策略。该方案在3种零信任方案中的接受度最高，是应用最为广泛的零信任方案之一。

6. 部署模式

NIST在《零信任架构》中强调构建零信任架构的组件都是逻辑组件，一个系统可以包括多个组件，同时一个组件也可以由多个系统组成。例如，策略执行点可以由防火墙、代理网关、交换机、主机安全软件等一系列网络和安全软硬件系统组成。根据企业网络建设方式的不同，零信任方案可以有多种部署模式，具体如下。

（1）基于设备代理/网关的部署模式

在基于设备代理/网关的部署模式中，策略执行点被分为两个组件，分别位于资源上和资源之前。例如，企业系统安装设备代理，用于创建和管理连接，在资源之前部署网关，使资源仅与网关通信，让网关充当资源的反向代理，将全部流量引导到合适的策略执行点（网关）上，以便对请求进行评估。网关负责与策略管理器进行通信，并且只允许策略管理器批准的连接。该部署模式如图2-6所示。

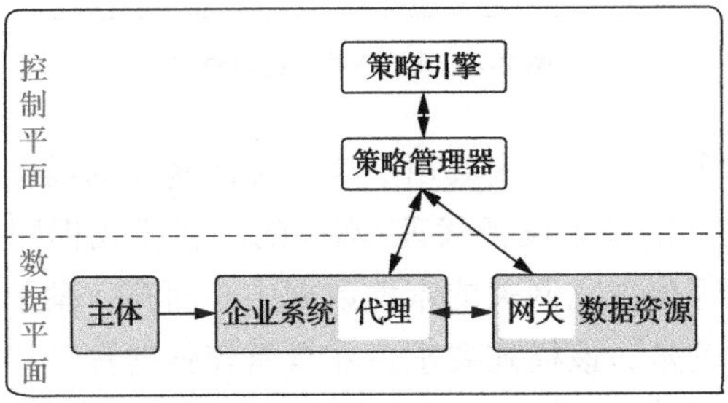

图 2-6　基于设备代理 / 网关的部署模式

针对此模式介绍一个典型的部署场景。企业员工希望通过由企业配发的PC（Personal Computer，个人计算机）终端连接数据资源，访问请求跳转至本地代理，并发送给策略管理器，策略管理器将请求转发至策略引擎进行评估，如果评估通过，策略管理器就通知网关和代理建立加密连接，员工通过终端访问数据资源。当访问完成后，网关和代理之间的连接被断开。该部署模式适用于能严格进行资产管理的企业，例如，企业员工的PC终端全都由该企业来配发。

（2）基于飞地的部署模式

飞地可以理解为业务和数据分别部署在物理距离较远的两个区域，例如某些企业在信息化建设时采用混合云的模式，应用在公有云上，资源和数据放在本地数据中心。基于飞地的部署模式，网关不部署在资源之前，而是部署在资源飞地的边界上，如资源部署在云端，网关部署在本地数据中心边界。通常这些资源仅用于实现单个业务功能，并不直接与网关通信。对使用基于云的微服务进行业务处理（如用户通知、数据库查询或工资发放）的企业而言，该部署模式较为适用，如图2-7所示。

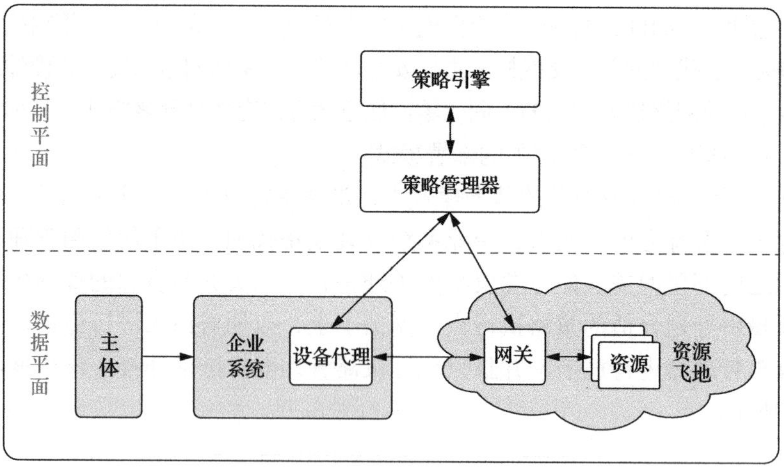

图 2-7　基于飞地的部署模式

在此模式中，企业系统中安装用于连接飞地网关的设备代理，连接的创建过程基本与上文提到的基于设备代理/网关的部署模式相同。对具有老旧应用程序的企业或无法部署独立网关的本地数据中心而言，基于飞地的部署模式较为适用。需要说明的是，该模式要求企业具备较强的资产和配置管理能力，用于安装和配置所有设备代理。该部署模式的缺点在于，网关保护的是一组资源，而不是单个资源，没有办法实现细粒度访问控制，存在主体可能对某些资源进行越权访问的风险。

（3）基于资源门户的部署模式

基于资源门户的部署模式，其将资源门户同时作为网关，在主体进行请求访问时充当策略执行点的角色。门户可以是单个资源，也可以是多业务功能集合。该部署模式如图2-8所示。

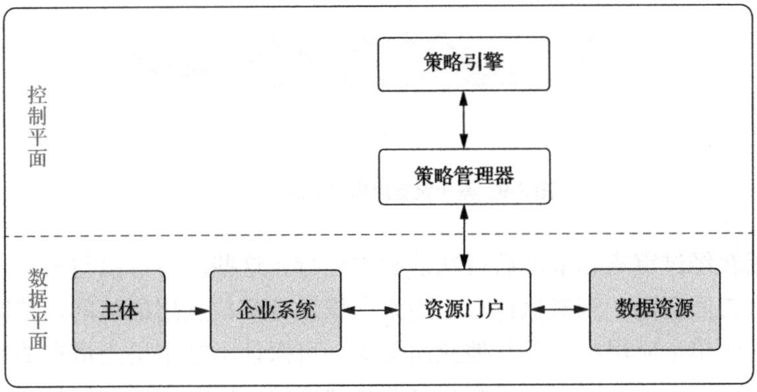

图 2-8　基于资源门户的部署模式

此模式的主要优势是不需要在所有客户端设备上都安装软件组件。该模式适用于采用BYOD（Bring Your Own Device，携带自己的设备办公）策略的企业。企业管理员不需要确保每个设备都有适当的设备代理，可以根据请求访问的设备推断出有效的信息。该模式可用于扫描、分析连接策略执行点的系统和设备，但可能无法持续监控这些系统、设备是否存在恶意软件和未修补的漏洞，也无法持续监控其配置。

此模式的缺点在于，企业可能无法完全查看或控制自有系统，因为只有当这些系统连接门户时，企业才能看到和扫描到它们。企业可以采取浏览器隔离等措施来进行缓解或补偿。在这些连接会话之间，系统对企业而言可能是不可见的。该模式还允许攻击者发现并尝试访问门户或对门户发起DDoS攻击。因此门户系统应配置完善，以提供抵御DDoS攻击或网络中断的能力。

（4）基于设备应用沙盒的部署模式

基于设备应用沙盒的部署模式，使应用或进程运行在设备的隔离区。隔离区可以通过虚拟机、容器等方式实现，用于保护在设备上运行的应用或进程免受威胁。部署模式如图2-9所示。

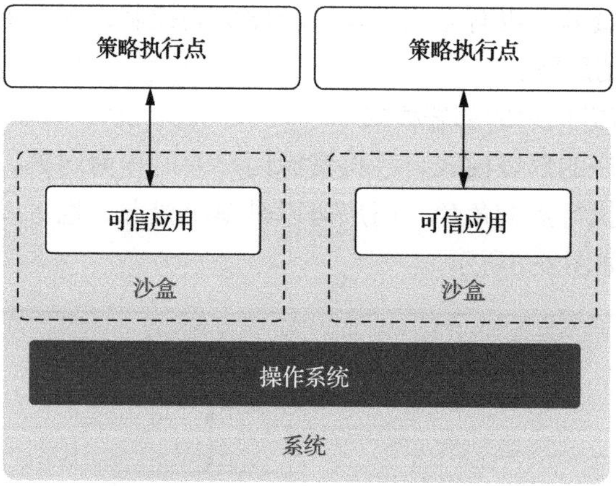

图 2-9　基于设备应用沙盒的部署模式

应用在经过审查和批准后可在沙盒中运行，这些应用可以与策略执行点通信以请求访问资源，策略执行点拒绝来自该设备其他应用的访问。该部署模式的优点在于单个应用与设备其他应用隔离，可保证不被主机上潜在的恶意软件感染。但企业必须为所有设备维护这些沙盒资源，同时需要确保每个沙盒中的应用是安全的，这增加了管理难度。

除了以上4种常见的部署模式之外，NIST发布的《零信任架构》中还介绍了典型部署场景，如多分支、多云、跨企业协作等，因篇幅限制，本部分内容不单独描述。

7. 零信任实施过程中面临的威胁

任何企业都不可能完全消除网络安全风险，只有与网络安全策略、身份和访问管理、持续监控和常规网络策略等相结合，才能减少风险。然而，在零信任实施过程中，也会面临一些威胁，具体如下。

（1）策略决策点被破坏

在零信任架构中，策略引擎和策略管理器是执行零信任能力的关键组件。企业资源在经过策略引擎和策略管理器配置之后，才能对外提供服务，因此策略引擎和策略管理器需要正确的配置和维护。如果策略引擎和策略管理器的配置规则被非法篡改，将干扰零信任的实施，进而影响企业的正常运营。

（2）拒绝服务或网络中断

策略管理器是资源访问的关键组件，未经策略管理器的许可，企业资源无法对外提供服务。如果攻击者对策略管理器进行攻击，如进行DDoS攻击或劫持攻击，则会影响企业业务的正常运营。

（3）凭证被盗与内部威胁

攻击者可能会使用社会工程等手段来调取有价值的账号信息，如管理员账号或关键业务系统的用户账号等，基于传统的访问控制方式，具备有效登录凭证的账号在被盗用后仍然具有访问特定资源的资格。零信任架构可以降低此类风险，例如基于独立上下文的信任算法能更快地检测出此类攻击并做出快速响应。但对此类攻击是否能做到有效响应，取决于信任评估的准确性和对日常业务行为的理解。

（4）网络流量加密

上文提到零信任需检查并记录网络上的所有流量，并对其进行分析，从而识别和应对针对企业的潜在攻击。然而，企业网络中大多数网络流量是加密流量，流量分析工具无法对加密流量进行深度检查，因此必须使用其他方法来评估加密流量中可能存在的攻击行为。例如，可以收集加密流量相关的元数据，并使用这些元数据检测网络上可能存在的恶意通信软件，同时利用机器学习技术分析无法解密和检查的流量。

（5）资源存储风险

数据分析是监控和分析网络流量威胁时需考虑的关键因素。用于构建上下文策略、取证和分析的网络流量或元数据一旦被存储，就会成为攻击者的目标。因此这些资源也应该受到保护。

（6）对专有数据格式或解决方案的依赖

零信任架构依赖不同的数据源（包括用户请求、设备资源、威胁分析和威胁情报等信息）进行访问决策，当前并没有通用的开放标准来存储和处理此类交互信息。因此，当某个服务存在安全问题或发生中断时，可能会影响企业的正常业务。

（7）管理自动化技术等非人类实体的使用

企业通过人工智能和基于软件代理的自动化技术，管理企业的网络安全问题。自动化技术涉及的组件需与零信任架构的管理组件（如策略引擎、策略管理器等）进行交互，有时甚至会代替管理员进行决策。但这些组件如何对自身进行身份验证是一个仍未解决的问题，通常假设大多数自动化系统在调用API（Application Program Interface，应用程序接口）资源时，以某些方式进行身份验证。同时，在使用自动化技术进行配置和实施策略时，最大的风险是出现误报和漏报，但可以通过定期调整分析策略来应对。

8. 实施零信任

NIST认为实施零信任是一个长期的过程，因此在《零信任架构》中这样描述，企业应逐步按照零信任原则进行流程变更，并采取保护其最高价值资源的技术解决方案。对于企业实施零信任，NIST总结了以下两种方式。

- 全新零信任架构：从头开始构建零信任架构。假设企业清楚其运营所需的应用/服务和工作流，那么可为这些工作流制定基于零信任原则的架构。一旦确定了工作流，企业即可缩小所需组件的范围，并开始规划各组件的交互方式。实际上，这种方式对拥有现有网络基础设施的企业来说基本不可行。
- 零信任和传统架构并存：在一次技术更新周期内将企业完全迁移至零信任架构，实现起来比较困难。在传统企业中，零信任工作流在很长时间内会与企业的非零信任工作流并存。企业向零信任架构进行迁移时，可采取每次迁移一个业务流程的方式。企业需确保公共元素（如用户身份、设备管理、事件日志等）足够灵活，可在零信任和传统架构并存的安全架构中运行。

企业可以根据自身的网络安全状况和运营情况，选择合适的零信任实施方式，通过如下流程进行平滑过渡。

（1）零信任迁移路径

NIST认为，在迁移到零信任之前，企业需对其资产（如物理资源和虚拟资源）、主体（如用户权限）和业务流程等信息有详细的了解，根据这些信息确定需要准备哪些新流程或系统。策略引擎在评估资源请求时，也会使用这些信息，若信息不完整，通常会导致业务流程失败。例如，在进行零信任改造的业务网络中，如果有未知的“影子IT”在运行，就会对零信任的迁移造成困难。NIST建议的零信任迁移路径如图2-10所示。

零信任迁移路径可参考NIST发布的《风险管理框架（RMF）》（NIST SP800-37标准）中关于风险管理的步骤，在零信任迁移的准备阶段，需要识别企业中的主体和企业拥有的资产；在分类阶段，需要识别企业关键流程并评估风险；在选择阶段，需要选择实施零信任架构的对象，并确定候选解决方案；在实现及后续阶段，则可以开始进行初始部署，并进行持续的监测和迭代优化。需要强调的是，由于企业很难一次性将所有资源对接零信任，因此将其资源向零信任迁移将是一个持续动态的循环过程。典型的零信任迁移过程包括评估、风险评估/策略制定、部署和运营几个阶段，企业可针对当前零信任迁移过程中的效果反馈对迁移工作进行优化改进，指导下一次零信任迁移工作。下面针对零信任迁移路径中各阶段的关键内容进行详细介绍。

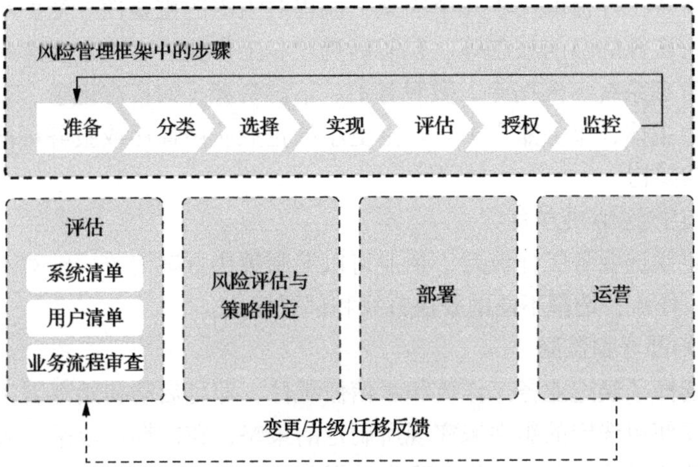

图2-10　零信任迁移路径

① 识别企业中的主体

为确保零信任网络正常运行，策略引擎必须了解企业中的主体。主体包括人类实体和可能存在的非人类实体，例如与资源进行交互的服务账户等。针对具有特殊权限的用户，如开发人员或系统管理员，在分配属性或角色时需要进行额外的检查。零信任在允许开发人员和管理员有足够的灵活性以满足他们的业务需求，同时通过日志和操作审核来标识访问行为模式，采取更严格的标准。

② 识别企业拥有的资产

零信任的一个关键要求是企业具备识别和管理资产的能力，零信任还要求能够识别和监控企业资源以及在企业网络上运行的非企业设备。具有管理企业资产的能力是零信任架构能成功部署的关键，如管理PC、电话、IoT（Internet of Things，物联网）设备、数字产品等。企业不仅要对资产进行维护，还要具备对其进行配置、管理和监控的能力，如更新资产信息、监控资产的物理和网络位置等，作为策略引擎信任评估的参考。

③ 识别关键流程并评估风险

企业应对业务流程、数据流及相互关系进行识别和排序。业务流程应说明何时允许或拒绝资源的访问，可以先从低风险的业务流程开始向零信任架构过渡，在获得足够多的经验后，再逐渐将关键业务切换到零信任流程。

④ 选择实施零信任架构的对象

候选业务工作流取决于几个因素：流程对组织的重要性、受影响的主体、工作流所用资源的当前状态等。在明确资产和工作流后，确定受影响的上游资源（如ID管理系统、数据库、微服务）、下游资源（如日志记录、安全监控）和实体（如主体、服务账户）。范围更小的企业应用程序或服务可能会优先迁移至零信任架构。

⑤ 确定候选解决方案

在制定候选业务工作流后，企业可以编制解决方案清单，针对不同的场景和特定的工作流，选择不同的解决方案和部署模式。

⑥ 初始部署和监测

一旦选择了候选业务工作流和零信任组件，即可启动初始部署工作。企业管理员必须使用选定的组件来实现所制定的策略，在前期可以采用观察和监控的方式，新的零信任业务工作流可在“报告模式”下运行一段时间，确保策略的有效性。“报告模式”为大多数请求授予访问权限，并对日志与初始策略进行比较，根据运营经验随时修改访问控制策略。

（2）扩大零信任应用范围

零信任实施的前期，以监控网络和记录系统的流量为主，事件响应和策略变更的节奏可以放慢。在零信任运行中，主、客体访问所涉及的相关资源和流程以及利益相关者应及时提供反馈，以持续完善安全运营。如果零信任相关的业务工作流发生变更，则需重新评估正在运行的零信任架构。对于业务的重大变更，如新设备、软件（特别是零信任的逻辑组件）的升级或组织结构的变化，需要及时调整零信任策略。在零信任运行稳定之后，可根据需求扩大零信任的应用范围。

2.2 Forrester发布的《零信任扩展框架》

作为最先提出零信任概念的咨询机构，2018年，Forrester在发布的《零信任扩展框架》报告中强调把本地和云环境中的数据作为核心保护对象，同时把信息化基础设施所涉及的应用环境、网络、设备和人员，作为访问、存储和使用数据的主体，进行有针对性的安全防护。

1. 零信任能力说明

Forrester认为零信任需要将安全能力建设的核心从以外围环境为中心的安全方法转移到以数据和身份为中心的安全模型，以便更好地适应当今的数字业务。因此，Forrester花了大量时间来说明由传统的物理网络分段变为一系列微分段所能带来的价值。通过微分段，安全专家可以集中进行细粒度的安全控制并遏制攻击。随着时间的推移，Forrester将零信任与用户、网络、设备、数据等元素联系起来，用于构建完整的零信任能力，其说明如图2-11所示。

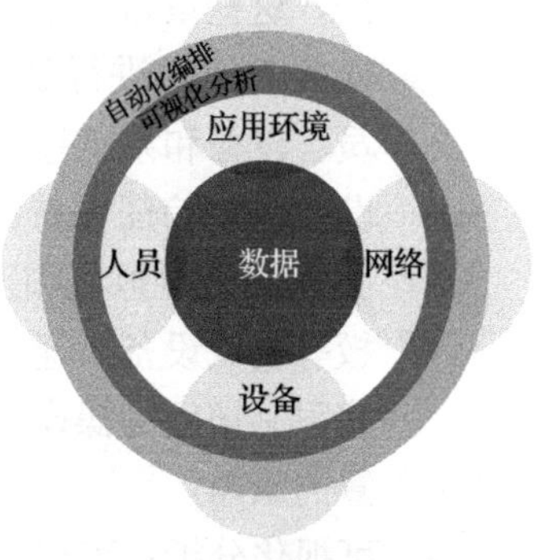

图2-11 零信任能力说明

Forrester发布的《零信任扩展框架》描述了构建零信任的七大能力，具体如下。

- 数据：数据是零信任防护的核心，因此在图2-11中处于中心地位。Forrester强调对数据应按其价值进行分类，表明无论数据存在于终端、应用服务器、数据库、SaaS（Software as a Service，软件即服务）应用之中，还是存在网络的内部或外部，都需通过隔离、加密和基于上下文的访问控制等技术手段，对数据进行防护。
- 网络：网络是零信任防护的基础能力，网络侧能力主要提供网络的隔离和分段。可通过下一代防火墙、Web应用防火墙、物理或虚拟交换机等方式实现此能力。将网络划分为并行、安全的网段，这些网段可以单独扩展，以满足特定的法律法规要求或管理需求。
- 人员：零信任关注使用网络和业务基础架构人员的安全性，通过人员身份管理、基于角色和属性的访问控制，减少这些合法用户因为身份的脆弱性所带来的威胁（如身份盗用、仿冒等）。人员身份管理和访问控制需跟用户现有的认证/身份基础设施兼容，降低零信任部署难度，例如，可以跟现网已部署的PKI（Public Key Infrastructure，公钥基础设施）等认证系统进行多因子认证，通过OAuth（Open Authorization，开放式授权）和SAML（Security Assertion Mark-up Language，安全断言置标语言）等标准实现单点登录。

- 应用环境：随着云计算的蓬勃发展，越来越多的应用部署在虚拟化环境或云上，基于云数据中心的安全性越来越重要。首先，应梳理应用的部署情况，为构建访问控制策略（如安全组、云防火墙等策略）提供依据，这些策略可基于持续评估结果进行动态调整。其次，可以通过代理网关对应用进行隐藏，减少应用和接口的风险暴露面，未经授权的人员、设备和系统等均无法访问这些资源。
- 设备：零信任需持续监控连接网络的所有设备，不仅包括传统的PC、服务器、虚拟机和手机等IT类设备，还包括摄像头、打印机、电子白板等物联设备。通过预先配置的访问控制策略，对设备进行允许、拒绝或限制访问等操作，并持续监控设备，确保设备的行为状态不会偏离预置的策略。
- 可视化分析：可视化分析是决定零信任解决方案是否有效的关键，也是《零信任扩展框架》关注的主要方向。提升可视化分析的有效性，其方法在于尽量消除基于访问流程的分析死角，支持多个不同来源的数据（如终端数据、网络数据、身份数据、行为数据等）组合，提供综合性分析能力。
- 自动化编排：零信任若想发挥其价值，需要与广泛的IT环境集成，提高策略的准确性，并加快事件响应速度，这就需要通过自动化编排的方式来实现。自动化编排通过算法和经验值自动识别安全事件，进行更完整、准确的分析，动态调整访问控制策略，并及时给出响应。将重复和烦琐的安全任务转换为以自动方式执行，提高运维人员的工作效率，并减少人为错误概率。

2. 通过生态构建零信任

Forrester认为单一的厂商的解决方案无法提供完整且优秀的零信任能力，因此Forrester更加重视对零信任生态伙伴的建设。零信任发展的好坏跟零信任生态伙伴能力的强弱息息相关，因此，零信任的生态必须发展壮大，而且要变得更加包容和规范。为此，Forrester对如何选择零信任生态供应商给出建议，以便为企业用户提供更详细的参考。

（1）制定零信任战略规划

Forrester认为零信任是团队在业务环境中能更好地实现安全目标的战略集合，因此在实施零信任前需要做好战略规划。例如，梳理业务范围、定义业务安全目标、制定能力建设演进路线等，让团队都朝着零信任的目标不断发展，在不破坏业务使用体验的前提下，保障敏感数据的安全性。在制定战略规划后，企业可以通过采购关键系统或组件来推动战略目标的实现。

（2）构建零信任能力

企业可以选择供应商来提供零信任所需的七大能力，但在考虑供应商之前，企业必须了解供应商对这些能力的满足度情况，供应商必须能够清楚地描述其在零信任生态系统中的角色和提供的详细功能。如果不满足，就意味着其不是真正地了解零信任，且提供的工具或软件可能会阻碍零信任战略目标的实现。

（3）零信任能力集成

在企业阐明了战略目标并确定了每个零信任组件需要实现的关键功能之后，企业就可以考虑开始构建零信任了。在评估技术时，应避免选择不支持跟第三方集成的产品或解决方案，因为很少有供应商在单一解决方案中可同时提供数据清单、数据流映射、数据分类、数据丢失预防、加密和数据归档等能力，所以与第三方集成和对接就显得尤为重要。因此，企业在选择供应商时，应把支持通过API等方式进行功能集成作为重要的参考因素。

2.3　美国国防信息系统局发布的《零信任框架》

2021年2月，美国国防信息系统局发布了《美国国防部零信任参考框架》（简称《零信任框架》），表明美军网络安全能力建设从联合信息安全栈升级为零信任框架。《零信任框架》强调零信任是一种网络安全战略，以数据作为核心保障对象，无论访问行为发起于安全边界的内部或外部，任何访问的主体都不可信。将零信任思想嵌入安全架构设计中，构建更安全、协同、透明和高效的网络安全架构，确保在面对持续的安全威胁时能够可靠地执行任务，防止恶意攻击窃取美国国防部重要资产。本节分别从愿景和目标、零信任能力视角、零信任操作视角、零信任成熟度模型几个角度来介绍《零信任框架》的特点。

1. 愿景和目标

美国国防信息系统局对美国国防部历史上遭受到的数据泄露事件进行了总结，发现传统的安全防护手段很难应对不断变化的攻击行为。例如，攻击者可以利用0day漏洞进行数据窃取，而作为防守方，即使在最短时间内对0day漏洞进行探测和处置，相对攻击者也会存在时间差，在这个时间差内，敏感数据可能已经被窃取。因此，需要一种新型的、更强大的网络安全模型来保障业务和数据安全。

零信任是一种全新的网络安全架构，它在业务中嵌入了安全原则，消除了对网络、设备、角色或流程的默认信任模式，并转向基于多维度属性进行信任评估，基于最小化原则进行身份验证和授权。相比传统的安全模型，零信任更专注于保护关键数据和资源，因此，从2021年开始，美军的安全体系建设全面向零信任看齐。

《零信任框架》从数据、资产、应用和服务等几个维度，持续构建多因子身份认证、微分段、加密、端点安全、分析和审计等能力。《零信任框架》指出，通过实施零信任可以减少攻击面，降低风险，并确保设备、网络或用户/凭据在受到损害时，能够及时得到控制和补救，为防护对象提供可视化、可分析、可控制的安全环境，主要能够实现如下长远目标。

第一，解决机构之间因为不信任而产生的信息孤岛问题。随着时间推移，美国国防部的网络和业务分散到世界各地，形成不同的区域分支和飞地，长久以来，安全性和可用性成为彼此之间信息交互的关键。过去，机构之间相互不信任，导致美军的网络形成多个信息孤岛，造成指挥调度的脱节，从而妨碍构建全面、动态和实时的通信作战能力。通过零信任打通彼此之间的信任孤岛能有效解决此类问题。

第二，简化安全体系架构。基于网络安全的碎片化特点导致技术过于复杂，并且无法解决诸如威胁横向移动等问题，复杂的安全技术也造成较差的用户体验。通过零信任可构建统一和简化的安全框架，并与现有安全能力进行集成，从而降低用户在安全能力构建方面的技术和建设门槛。

第三，制定一致的安全策略。当前，美军业务主要通过以网络边界为核心的防御系统来限制访问，并根据网络位置授予默认信任。这样做的弊端在于，不同的业务系统会基于特定的需求频繁进行例外操作，导致流程管理、系统配置和安全策略等不一致，从而导致某些业务存在极高的安全风险。因此需要在内、外部环境中实施一致的自动化网络安全策略，以实现安全能力的一致性。

第四，优化数据管理。美国国防部的业务从员工的工资待遇到战略部队的导弹防御，都越来越依赖于数据的管理，例如数据结构化、数据标签和对数据进行关联分析等。虽然存在一些关于数据管理的政策和标准，但这些政策和标准并没有保证设计和实施的一致性，且存在以下几个问题。

- 应用程序、组织以及与外部合作伙伴之间的互操作性问题。
- 现有业务系统的运行效率较低且存在安全漏洞风险。

- 糟糕的用户体验。
- 对云计算、数据分析、机器学习和人工智能等先进技术造成阻碍。

通过零信任可以对数据进行治理，根据不同的业务类型对数据进行区分，并关联统一安全策略，通过匹配数据标签提供精细化访问控制，确保数据被合理使用。

第五，提供多类型访问主体的动态认证和授权。当前，美军主要基于角色的身份、凭证等属性对业务进行访问控制，控制对象主要面向人类、PC终端等主体。对机器人、物联终端的身份管理缺乏有效的管理手段。对此，可以通过零信任所使用的证书、生物特征、MAC（Media Access Control，媒体接入控制）等多类型认证技术解决此类问题。

2. 能力视角

《零信任框架》参照DoDAF（Department of Defense Architecture Framework，美国国防部体系结构框架）能力分类法，对实施零信任所需的能力进行分类。需要说明的是，DoDAF是一种层次化能力分类法，能对技术架构中所引用的所有能力进行分类。

《零信任框架》从能力视角切入，围绕零信任所涉及的七大能力展开描述。在特定的标准和条件下，通过组合方式和手段执行一系列活动，从而达到预期的效果。七大能力包括用户、设备、网络/环境、应用程序/工作负载、数据、可视化分析以及自动化编排，具体如图2-12所示。

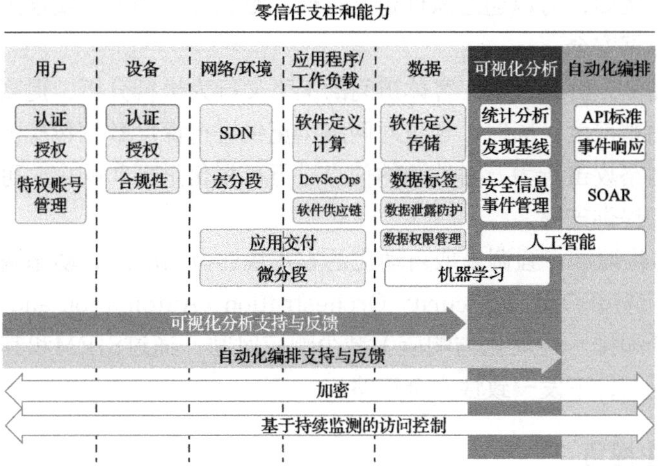

图2-12　零信任的七大能力

七大能力具体说明如下。

- 用户：主要面向人类实体提供身份管理能力。通过对普通人员进行多因子身份认证以及RBAC（Role-Based Access Control，基于角色的访问控制）和ABAC（Attribute-Based Access Control，基于属性的访问控制），实现对用户的持续验证、授权和行为监测，并对特权用户进行账号管理。
- 设备：在设备管理中，系统需要具备对所有设备进行识别、验证、授权、隔离、保护、补救和控制的能力。其中，对设备的实时认证和修复加固能力尤为重要。
- 网络/环境：在网络/环境中通过SDN进行分段和隔离，实现细粒度访问控制。分段方式根据场景的不同，可分为宏分段和微分段，宏分段一般应用在区域边界，微分段一般应用在虚拟化网络中。通过分段方式可以控制特权访问，管理内、外部数据流，并能有效防止数据流横向移动。
- 应用程序/工作负载：应用程序/工作负载包括运行在本地和云上的系统和服务。将应用代理作为策略执行点对部署在计算容器和虚拟机上的应用进行保护，同时需要对应用开发源代码和DevSecOps开发流程进行审查，确保应用程序/工作负载全生命周期安全。
- 数据：组织首先应根据业务的关键程度对数据进行分类，作为制定数据管理策略的依据，同时在进行数据传输和存储时应加密，防止数据泄露。例如，可以通过软件定义存储和数据标签的方式实现上述能力，保障数据安全。
- 可视化分析：对主、客体访问的上下文行为进行分析，提高定位异常行为的精准度。同时，通过对网络浏览量进行深度数据包检测，可准确发现网络攻击行为。对监测的信息进行可视化呈现和响应，可以为零信任分析提供支撑。
- 自动化编排：强调采取自动化的方式快速做出响应，动态调整策略。例如，通过SOAR（Security Orchestration, Automation and Response，安全编排、自动化与响应）减少响应时间，通过SIEM和其他自动化安全工具，下发一致性安全策略。

3. 操作视角

《零信任框架》从不同的视角介绍了零信任体系架构，其中提到操作视角的概念，主要是指在实施零信任时所需的任务、活动、要素和资源流交换等。从操作视角去描述，可以让读者理解在实施零信任主客体访问流程时，在流程不同环节中需要实现的能力，以及零信任各组件在不同场景下起到的作用和相互之间的关系（如图2-13所示）。

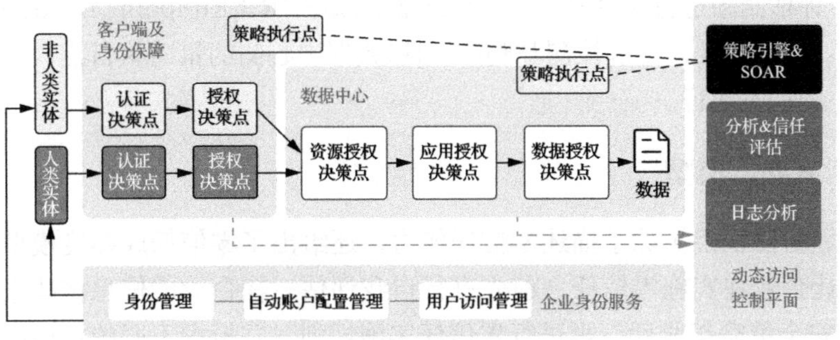

图 2-13　零信任操作视角关系

详细说明如下。

- 企业身份服务：提供身份、凭证和访问管理等。身份验证和授权活动发生在整个业务流程的众多执行点上，包括客户端、代理、应用程序和数据等。通过身份管理、自动账户配置管理、用户访问管理来识别和管理人与物等主体的身份角色以及访问权限。身份管理用于对主体进行身份验证和访问授权。自动账户配置管理提供主体的身份治理服务，对主体的身份、角色进行自动化管理（如上岗下岗、人才培训、持续审查等）。用户访问管理提供部门的知识、审计和数据汇总报告等，用于了解谁有权限访问哪些系统或应用程序。
- 客户端及身份保障：通过认证决策点和授权决策点提供对应能力，认证决策点在主体对客体进行访问时，对人类实体（如用户）和非人类实体（如终端）的身份进行动态评估，并通过授权决策点检查访问请求，判断是否授予访问权限。在访问过程中，需要对终端强制更新补丁和强化配置以达到安全状态。此场景同样适用于对运维、开发等特权用户进行特权访问管理。
- 数据中心：当访问进入数据中心时，通过资源授权决策点、应用授权决策点、数据授权决策点进行多维度精细化权限管理，这3类决策点利用对主体的信任评估和预定义策略的综合评估，判断是否允许访问，并通过宏分段、微分段、应用代理等方式进行访问控制。在访问跳转到数据时，通过数据标签确保对所有数据进行分级、分类，防止数据泄露和非授权访问。

- 动态访问控制平面：在控制平面，把日志等信息作为输入进行日志分析，对主体到客体的访问过程进行实时分析和信任评估。策略引擎依据评估结果进行SOAR，下发至终端侧[如EDR（Endpoint Detection and Response，终端检测与响应）]和数据中心侧的策略执行点，进行策略的动态执行。

4. 成熟度模型

《零信任框架》除了描述零信任能力，还给出了零信任成熟度模型，其目的在于让企业在实施零信任之前先进行自我评估，在企业的信息化建设达到基本的IT安全策略基线后，再进行零信任实施规划，并根据不同的目标制订零信任实施计划。

在实施零信任时，应首先进行现状调研，重点识别零信任实施范围内的主、客体访问行为和相互之间的访问关系，例如工作负载、网络、设备和用户之间的访问关系。由于零信任实施是一个长期的过程，因此《零信任框架》给出的零信任成熟度模型，便于企业在实施零信任的过程中，通过与零信任成熟度模型进行对比，评价当前零信任实施所处的阶段。零信任成熟度模型如图2-14所示。

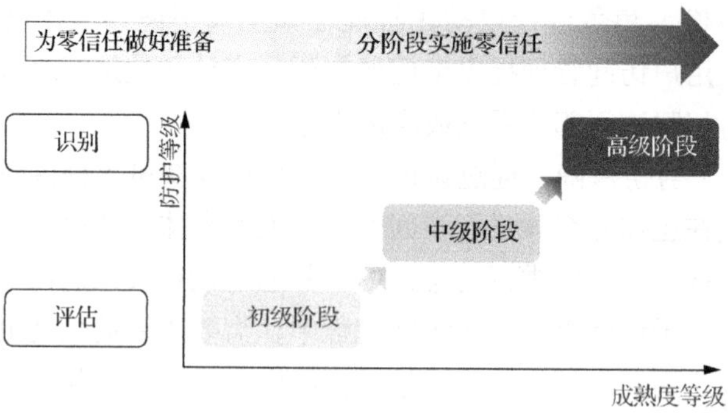

图 2-14　零信任成熟度模型

（1）为零信任做好准备

在实施零信任前需进行识别和评估，对需要实施零信任的IT基础设施所包含的硬件、软件、网络、数据等资源进行摸底，识别主、客体访问关系和关键流程，梳理工作负载、网络、设备、用户之间的关联关系，对整体的安全状况进行综合评估。

（2）分阶段实施零信任

在设计零信任架构之前，必须完成符合现有IT安全策略和标准的基线化建设，使零信任在不影响现有业务的前提下分阶段实施。

- 初级阶段：在初级阶段具备基础的网络安全策略和执行能力。例如，在网络侧部分区域通过分段方式进行访问控制，设置统一的安全策略用于管理设备，用户认证支持多因子认证，对核心数据进行数据分类和标签化处理，数据的传输和存储满足加密要求。
- 中级阶段：采用主体“身份化”管理和用户行为分析等手段实现精细化访问控制。例如，通过细粒度的身份属性增强访问控制策略，使微分段在网络中广泛运用；通过联合身份服务，对特权访问进行最小权限管理；通过流量分析来支撑数据标签化处理和数据分类；使用UEBA（User and Entity Behavior Analytics，用户和实体行为分析）构建主体的行为基线。
- 高级阶段：强调SOAR以及自适应管理。例如对资源的访问情况进行实时分析，在全网执行完整的网络微分段机制，对主、客体访问全过程进行持续性自适应认证和授权，基于数据标签实现完整的数据泄露防护和数据权限管理的能力。

2.4　谷歌 BeyondCorp 项目实践

谷歌的BeyondCorp项目诞生于2011年，起初是谷歌为了解决公司内部的安全架构设计带来的缺陷，基于零信任模型打造的面向内部员工访问公司系统的安全项目。在BeyondCorp项目之前，谷歌以防火墙为基础划分出内网和外网边界，以边界为基础构建纵深防御体系。在此体系中，公司内网被默认为可信区域，不会严格限制员工访问内网的权限。对于出差或居家办公的员工，须先通过VPN接入公司内网，再进行内网资源访问。

2009年，谷歌遭受了一次严重的网络攻击事件，即“极光行动”。一名员工点击了一条恶意链接，导致计算机被植入恶意软件，使公司内网被渗透数月，造成海量敏感数据被窃取。“极光行动”让谷歌重新审视内部安全体系，发现以边界安全作为防御重点，以及对内部用户和系统的过度信任都存在严重的数据安全风险。攻击者一旦突破边界，就可在内网和系统中畅通无阻。

因此，谷歌以Forrester提出的《零信任扩展框架》为基础，开展了BeyondCorp项目实践。通过将安全防护手段从以网络边界为核心转移至以用户身份和动态评估为核心，并进行严格的资产管理，使公司员工几乎不必借助VPN登录就可以在任何地点安全地工作。此项目也成了经典的零信任案例。目前，谷歌已逐渐将BeyondCorp项目商业化，使其成为谷歌云服务的一个组件，为谷歌云用户提供订阅及安全的远程访问服务。

1. 项目介绍

谷歌认为使用防火墙来加强外围安全的设计方式存在缺陷。云计算、大数据和移动物联网的广泛运用使网络边界变得越来越难以界定，当网络边界被破坏时，攻击者就可以轻易地访问公司内网，并窃取数据。因此，谷歌通过BeyondCorp项目，将公司的企业应用逐步迁移至互联网，应用的访问取决于设备和用户的身份信息与授权状态，对应用访问的行为进行细粒度访问控制。

谷歌把BeyondCorp项目的关键信息，通过6篇论文公布于众，详细介绍了BeyondCorp项目从概念提出到实施所经历的整个过程。这6篇论文的内容各有侧重，分别介绍了BeyondCorp的架构设计、关键组件、访问代理、项目实施、用户体验和安全运营等内容。本节将对BeyondCorp项目的关键内容进行解读，介绍实施BeyondCorp项目的实践经验。

BeyondCorp项目由许多组件组成，确保只有经过适当身份验证的设备和用户才有权访问资源。BeyondCorp项目的关键组件如图2-15所示，具体描述如下。

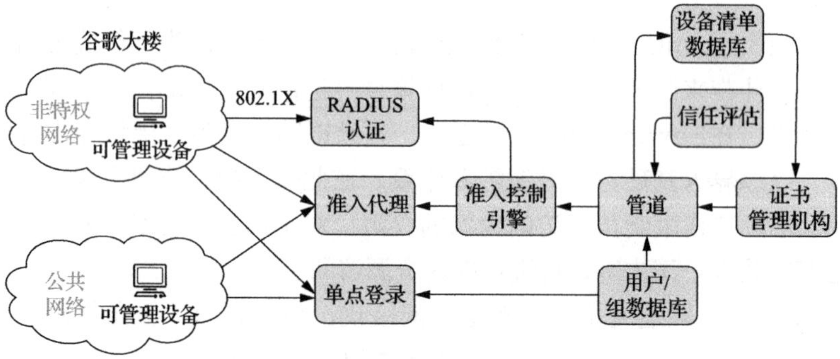

图 2-15　BeyondCorp 项目的关键组件

（1）设备清单数据库

由公司采购设备并对设备的使用状态进行全生命周期管理，只有受公司管理的设备才允许访问企业应用。需要说明的是，对设备进行全生命周期管理需具备较高的资产管理能力，当有多个设备资产管理系统时，需通过元数据库的方式来合并多元设备信息，形成统一的资产管理机制。

（2）证书管理机构

所有受管理设备均需具备唯一标识，用于标记设备的身份，这个唯一标识需要跟设备清单数据库进行关联。可以通过设备证书的方式来创建唯一标识，例如，此项目中采用X.509证书对设备进行唯一标识。设备证书可存放在专用硬件或者可信模块里，在认证设备时，可调用证书来验证设备身份。

（3）用户/组数据库

BeyondCorp项目还跟踪、管理用户和组数据库中的所有用户，主要包括所有用户的用户名、所在群组、工作角色等信息，当员工的信息发生变更时，如更换部门或离职，用户/组数据库会同步更新员工信息并通知准入代理、准入控制引擎等组件。

（4）单点登录

企业应用通过集成SSO（Single Sign-On，单点登录）系统，为请求访问的用户提供统一的身份验证，并生成短期令牌。用户凭借短期令牌，无须二次认证即可访问已对接SSO的应用。

（5）非特权网络

为了使本地访问和远程访问具有同等的权限，BeyondCorp项目设计了非特权网络区域，该区域位于私有的地址空间内，仅能连接互联网和提供有限的基础设施服务，例如DNS、DHCP（Dynamic Host Configuration Protocol，动态主机配置协议）、配置管理系统等。谷歌内所有客户端都默认分配到此网络，并对其他网络进行严格的访问控制。

（6）802.1X准入认证

设备通过有线和无线方式访问应用前，必须先经过RADIUS（Remote Authentication Dial-In User Service，远程身份验证拨号用户服务）服务器进行802.1X准入认证，认证通过后，设备被分配适当的VLAN（Virtual Local Area Network，虚拟局域网）。受管理设备被分配到非特权网络，而未识别或不受管理的设备则被分配到Guest网络。

（7）准入代理

谷歌的资源能让其员工在非特权网络和公共网络中用可管理的设备进行安

全访问，准入代理是非常关键的角色，在BeyondCorp中，准入代理作为用户访问应用的唯一入口，起集中认证、授权和策略执行等作用。为此，谷歌单独发布了一篇论文来介绍准入代理的能力。在BeyondCorp里，所有的企业应用都部署在准入代理之后，通过准入代理向客户端公开，准入代理在客户端和应用程序之间强制加密。准入代理对每个应用进行安全配置和检查，提供负载均衡、访问控制、应用程序健康检查和抗拒绝服务攻击等能力。在完成访问控制后，准入代理再将请求转发给企业应用。由于所有应用都对互联网公开，因此应用需要在公共DNS服务上进行注册。

（8）信任评估

每个用户设备的访问级别可能随时改变，通过查询设备补丁更新情况、设备安全基线等多个数据源，动态评估设备或用户的信任级别，支撑访问控制引擎做出决策。相比PC终端，移动终端基本上基于HTTP（Hyper Text Transfer Protocol，超文本传送协议）的通信或Android等操作系统自带的加密通信机制，因此系统自身安全性更高、监测接口更标准化，这使移动终端的信任推理更加容易。

（9）准入控制引擎

通过消息管道向准入控制引擎推送信息，包括证书白名单、设备和用户信任等级等信息。准入控制引擎通过对用户、群组、设备证书、设备状态、访问位置等因素进行综合评估，并基于每个请求向企业应用提供细粒度授权。

2. 项目实施

多年来，谷歌在维护非特权网络的同时也维护着特权网络，公司的员工通过特权网络对信息基础设施和应用进行开发、运维，而这些操作往往都不是在Web层面进行的。谷歌希望通过BeyondCorp项目将信息基础设施涉及的所有组件都迁移到非特权网络中，从而实现统一的网络管理。但一次性完成迁移，对业务连续性挑战太大。因此，谷歌公司计划在不影响生产力的情况下，分阶段进行应用改造和用户迁移。

- 应用改造：按照3个阶段分步骤进行，即在特权网络、内网和外网通过VPN直接访问应用；在外网和内网通过代理访问应用，但在特权网络直接访问应用；在所有网络环境里，均通过代理访问应用。
- 用户迁移：按照识别目标用户迁移、部分用户迁移、所有用户迁移3个阶段分步骤进行。

根据上述两个维度，BeyondCorp项目的实施过程可以总结为如下几个步骤。

（1）应用评估和改造

在实施BeyondCorp项目前，需做好充足的准备，对各类型的应用进行评估，以确保迁移的应用均可以通过访问代理的方式对外提供服务。不同类型的应用迁移难度不一，例如Web应用只需支持HTTPS（Hyper Text Transfer Protocol Secure，超文本传输安全协议）流量即可，但非Web应用需要配置访问代理或集成SSO系统。完成应用评估之后，就可以开始进行应用改造工作，优先对Web应用进行零信任对接，使用户通过代理访问应用。对于非Web应用，谷歌通过定制开发，将此类应用封装成HTTP/HTTPS对外提供服务，用户再通过代理访问应用。

（2）减少VPN的使用

当越来越多的应用通过访问代理对外提供访问时，谷歌开始逐渐禁止用户使用VPN。谷歌要求只有必须使用VPN的用户才能使用VPN，在用户使用VPN时，公司也会监控VPN的使用情况。若用户在一段时间内未使用VPN，则会删除该用户的VPN访问权限，最终逐步让所有用户通过代理访问应用。

（3）网络流量分析

谷歌针对BeyondCorp项目建立流量分析管道，通过公司的交换机进行网络流量数据采样并输入管道，将这些数据与BeyondCorp项目所配置的访问控制列表进行对比分析，识别访问控制列表的流量命中率。没有命中访问控制列表的例外流量会被关联到特定的工作流/用户/设备上，使其在BeyondCorp项目环境中能够工作。

（4）非特权网络模拟

在进行网络流量分析之外，谷歌还对所有的用户设备安装流量监控系统，对整个公司的非特权网络行为进行模拟。流量监控系统会检查每个设备所有流入和流出的流量，并与BeyondCorp项目所配置的访问控制列表进行对比验证，没有通过验证的非法流量最终将作为策略引擎的分析数据源之一。

（5）用户迁移

通过网络流量分析和非特权网络模拟，定义并实施分阶段的用户迁移策略，主要包括以下内容。

- 通过员工的工作职能、工作流程以及具体位置等来识别可迁移用户。
- 针对可迁移用户，进行网络流量分析和非特权网络模拟。

- 如果连续30天该用户的合法流量比例大于99.9%，则对该用户和设备强制启动访问代理模式。
- 在强制启动访问代理模式下成功运行30天之后，将此设备的状态记录在设备清单里。
- 下一次用户和设备进行认证时将被分配到非特权网络中。

3. 项目的成功经验

谷歌BeyondCorp项目之所以获得成功并成为业界公认的零信任最佳实践之一，原因主要有如下几点。

- 强大的研发能力：强大的研发能力不仅体现在从0到1进行零信任体系各关键组件的设计与开发方面，更体现在应用的对接改造方面。对于非Web应用，可以开发单独的协议进行HTTP封装，以迁移到BeyondCorp项目里。
- 统一的安全策略：谷歌强制员工使用公司统一提供的办公终端，并将设备清单数据库、用户/组数据库、证书管理机构等进行关联和统一管理，保证员工在世界各地都能遵循统一的策略，并随着员工的角色状态改变而及时调整策略。
- 科学的实施规划：谷歌实施BeyondCorp项目的过程并不是一蹴而就的，其花了数年时间进行零信任迁移前的准备工作，并针对常规应用、特殊应用以及特权场景等进行分阶段逐步迁移，确保BeyondCorp项目质量始终保持在较高的水平。

2.5 华为云网安一体实践

2021年，华为对外发布云网安一体解决方案，其核心能力包括零信任安全、云网安协同和网络安全服务，三者构成云网安一体的能力基座。零信任安全是华为云网安一体解决方案的重要组成部分，零信任安全参考了NIST、Gartner、Forrester等机构发布的零信任标准和报告，对零信任的核心能力和覆盖场景进行抽象，完成零信任架构设计以及关键场景的方案设计和实践。

1. 华为零信任安全架构

华为零信任安全架构主要由策略引擎、策略管理器和策略执行点3个关键组件组成。策略引擎和策略管理器在零信任安全架构中扮演核心角色，从安全性设计上，应尽量缩小其风险暴露面，平面分离就是一种较为科学的实现办法。将华为零信任安全架构3个核心组件分为两个平面：业务平面和控制平面。策略执行点部署在业务平面，负责业务访问的控制；策略引擎和策略管理器部署在控制平面，不与主体直接进行通信。华为零信任安全架构可以应用在园区办公、远程办公、跨网数据交换、物联接入、运维管理等多类场景。将主、客体身份化并以身份为中心，通过与设备日志、网络流量、访问行为等信息进行关联分析，动态调整主体权限，实现自动化策略执行和事件响应。华为零信任安全架构如图2-16所示。

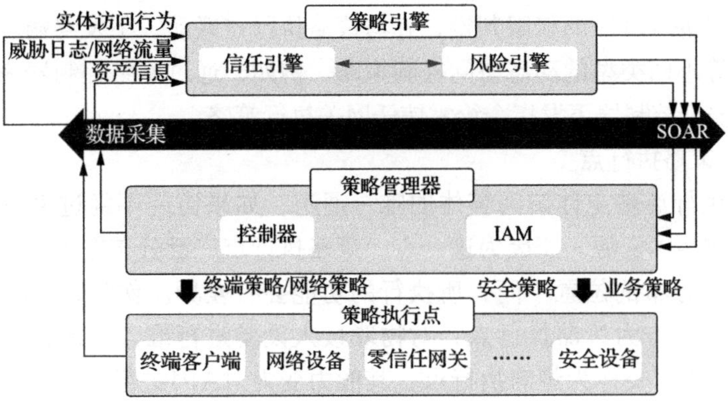

图 2-16　华为零信任安全架构

在华为零信任安全架构中，策略引擎、策略管理器、策略执行点是必不可少的，且数据采集与SOAR贯穿始终，通过不同的策略执行点实现不同的业务场景。

（1）策略引擎

策略引擎对终端设备属性、访问环境等资产信息、安全威胁日志和网络流量、实体访问行为等信息进行综合采集，并进行上下文分析。与传统基于特征的分析方式不同，特征匹配的分析方式主要基于已知经验和规则进行分析。华为零信任安全架构中的策略引擎需针对主体访问客体的上下文相关信息进行综合评估，通过机器学习和AI（Artificial Intelligence，人工智能）进行风险建模，对用户安全性进行动态信任评估，并根据评估结果进行通报和安全指令下发。因此，采集信息的丰富性和分析算法的准确性是策略引擎的重要竞争力。通俗地讲，策略引擎采集的数据类型越多，评估算法越准确，其风险评估就越全面。

（2）策略管理器

策略管理器作为策略决策点，是华为零信任安全架构的核心。策略管理器可以是不同技术平台的组合，通过相互集成的方式对外提供策略管理能力。许多安全厂商提供的零信任方案中，均将IAM作为策略决策点的一部分，因为零信任强调以身份为中心，因此零信任需与IAM紧密结合，并接收IAM提供的身份数据。在第3章中会对IAM进行详细描述。策略管理器另一个核心能力是通过控制器来实现的，控制器对实体进行集中策略管理与授权，为主体颁发身份凭证。策略管理器与策略引擎进行联动，接收风险通报和安全指令下发，根据风险对用户进行对应的权限判定，并与策略执行点联动，下发终端、网络、安全、业务等不同类型的动态访问控制策略。例如，通过网络控制器来实现微分段，通过安全控制器下发指令给零信任网关执行策略。

（3）策略执行点

策略执行点是主体访问客体的唯一通道，如果访问不经过策略执行点，则无法访问客体资源。正因为这一点，策略执行点广泛分布在不同的场景中。策略执行点分布的位置不同，所执行的功能会有差异。例如，在物联接入场景，物联网关作为策略执行点，对物联接入设备进行准入代理；但在园区办公场景，API网关作为策略执行点，其能力变为对API进行访问控制。由于策略执行点分布广泛，因此零信任系统需要对策略执行点进行集中管理，并通过策略管理器向策略执行点下发动态访问控制策略。另外，策略执行点本身不具备检测和分析能力，策略执行点必须严格执行策略管理器下发的策略，实现细粒度的访问控制。策略管理器对接的策略执行点越多，零信任方案的覆盖性就越强。

策略执行点可以由终端客户端、网络设备（如交换机）、零信任网关（如应用代理网关）、安全设备（如防火墙）等多种类型的软硬件系统组成，但前提是这些系统均可以与策略管理器进行联动。从部署场景上进行划分，策略执行点基本可以分为终端类策略执行点、网络类策略执行点、应用类策略执行点三大类，具体如下。

- 终端类策略执行点一般为运行在用户终端上的客户端软件或者进程，其将获取的终端配置信息和安全状态传送给策略引擎，并为终端建立加密隧道，对客体进行访问。当策略管理器下发指令时，终端类策略执行点也可以执行策略，因此在涉及终端类策略执行点的零信任方案中，客户端软件或者进程往往会扮演认证代理、零信任策略执行、终端安全管理等多种角色。
- 网络类策略执行点是较为常见的类型，也是较容易被理解的。因为零信任通常由网络发起访问，所以部署在网络上的交换机、防火墙、应用代理网关等设备天生具备策略执行点的能力。在涉及网络类策略执行点的零信任方案中，网络类策略执行点一般会进行网络认证和对访问资源进行代理，以确保访问流量经过网络类策略执行点。
- 应用类策略执行点一般应用于资源精细化访问控制的场景，如对API、数据库等进行访问控制。比较典型的应用类策略执行点包括API网关、服务总线、负载均衡等系统。与网络类策略执行点一样，应用类策略执行点也需要对API进行调用，对数据库操作等请求进行代理，确保访问行为经过策略执行点，进而进行访问控制。但对于云上和非云场景，其访问代理的实现方式有区别。

2. 零信任安全能力

典型的业务场景都会涉及终端、用户、网络和应用这4类对象，因此零信任安全实践需围绕这4类对象进行设计。终端侧针对办公终端和物联终端，采用终端标识、终端可信准入验证，实现终端零信任；用户侧对访问的主体进行统一的身份标识、高可信身份验证，实现身份零信任；网络侧采用深度包检测技术，结合“沙箱”“蜜罐”等主动安全技术，进行全面的威胁检测与防御，实现流量的零信任；应用侧采取单一应用访问入口的方式，对所有的应用进行集中管控，同时持续对终端、用户和访问行为的可信程度进行评估，动态调整用户每次访问不同应用的最低授权，实现访问的零信任。在四维零信任机制下，实现业务层面端到端可信可控。

零信任安全能力如图2-17所示，将零信任的可信感知评估能力、可信决策控制能力、可信策略执行能力等融入零信任安全架构中，构建零信任系统和零信任网络，让网元、网络及业务访问更安全、可信。

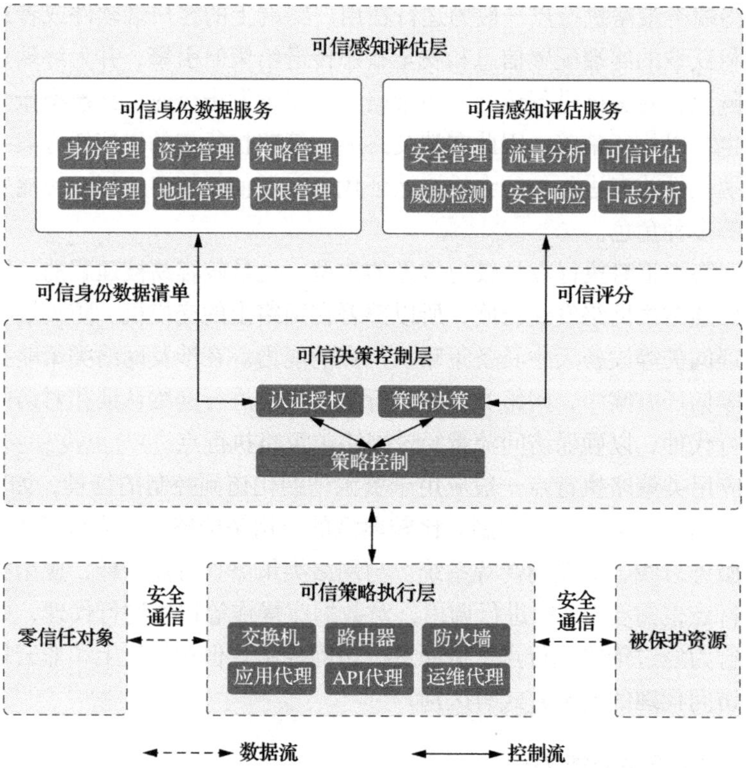

图 2-17　零信任安全能力

零信任安全强调数据平面与控制平面分离，零信任对象在访问被保护资源时，应通过加密等措施确保数据流的安全通信，可信感知评估层和可信决策控制层在控制平面通过控制流向可信策略执行层下发访问控制策略。其中，各能力层关键组件的功能说明如下。

可信感知评估层：包括可信身份数据服务和可信感知评估服务。

- 可信身份数据服务：依据IAM或4A（Adminstration/Authentication/Authorization/Audit，身份管理、认证管理、授权管理和审计管理）系统提供准确的已注册主体的身份、证书、资产、地址、策略、权限等身份数据清单服务。
- 可信感知评估服务：使用尽可能多的权威数据源，通过华为态势感知平台HiSec Insight提供安全管理、流量分析、可信评估、威胁检测、安全响应和日志分析等安全服务。

可信决策控制层：各域的控制器对访问者进行基于IAM提供的可信身份数据清单的多因子认证授权、基于可信评分的可信等级策略决策、基于威胁处置策略的降权/阻断/下线策略决策，并对可信策略执行层进行策略控制。

可信策略执行层：支持SDP、安全组、微分段等具备策略执行点功能的设备，包括交换机、路由器、防火墙、应用代理、API代理、运维代理等。

零信任对象：发起访问的人或非人类主体，用户、应用、系统和设备的组合。

被保护资源：被访问的企业ICT资源，包括网络、设备、系统、应用、服务、数据等。

3. 零信任安全应用场景

根据终端用户类型和接入方式的不同，华为零信任安全主要包含如下几个关键应用场景。

（1）园区办公

在终端成功接入网络后，用户通过终端对本地普通应用和敏感应用进行访问。

在访问本地普通应用时，通过可信接入网关对应用进行反向代理，使应用默认隐藏，仅面向通过认证且有访问权限的用户开放，缩小风险暴露面。在用户通过应用调用API服务时，通过可信API代理对服务调用行为进行认证和鉴权，实现接口级访问控制。本地普通应用访问场景实现流程主要包括如下几个部分。

- 身份认证：用户在访问应用前须进行身份认证，认证通过后，零信任服务下发用户令牌和应用令牌。
- 应用访问：用户携带用户令牌和应用令牌访问应用，可信接入校验用户令牌和应用令牌，通过后，成功访问应用。
- 服务调用：用户通过应用调用服务时，可信应用校验用户令牌和应用令牌，通过后，成功调用服务并返回结果。

在访问敏感应用时，出于对数据安全的考虑，通常采用虚拟桌面进行访问跳转，并综合运用虚拟桌面的水印等技术，加强敏感数据保护。将虚拟桌面当作应用，虚拟桌面对接零信任服务，由零信任进行统一的认证和权限管理，使虚拟桌面仅面向有权限用户。用户通过虚拟桌面访问敏感应用，能确保敏感数据不落地，同时环境感知综合评估PC终端和云桌面安全风险，任一端安全风险升级都会阻止访问。零信任虚拟桌面接入流程如下。

- 虚拟桌面访问：用户使用虚拟桌面客户端登录远程虚拟桌面，可信接入检查访问请求携带的用户令牌和虚拟桌面应用令牌，校验终端身份，检查通过后，用户可登录虚拟桌面。
- 敏感应用访问：用户通过虚拟桌面访问敏感应用，通过认证服务获取业务应用令牌。用户携带用户令牌和业务应用令牌访问业务应用时，可信应用检查请求携带的用户令牌、业务应用令牌，通过后放行。应用/数据服务向权限服务发起数据鉴权，鉴权通过后可访问数据，将结果返回业务应用。
- 服务调用：用户通过应用调用服务时，可信应用校验用户令牌和应用令牌，通过后，成功调用服务并返回结果。

（2）远程办公

零信任远程办公允许用户通过互联网访问企业应用。由于用户身份及接入终端的种类复杂，需通过零信任架构与SDP的融合，实现统一的身份认证和访问管理，最终实现零信任远程办公，具体包含如下几个部分。

- 安全远程接入：采用SDP远程接入方案，通过SDP网关和SDP控制器配合，帮助用户远程安全接入企业内网。
- 网络隐身：隐藏企业应用业务IP地址，所有应用通过SDP网关对外暴露虚拟地址（使用端口区分不同的应用），以减少资源暴露面。
- 全面身份化：使用身份引擎作为统一身份认证与访问管理系统，对用户及接入终端进行全生命周期管理。
- 预认证：SDP网关要求用户在连接企业应用前必须通过SPA（Single Packet Authorization，单包授权认证），以确保用户合法性，大幅降低请求被仿冒或劫持的风险。
- 动态授权：HiSec Insight基于环境感知代理上报的终端风险评分、身份引擎上报的认证日志和鉴权日志、关键节点的流量等进行智能分析，持续评估用户安全等级。同时，基于用户安全等级、终端位置属性及终端类型属性等动态调整用户权限。

（3）跨网数据交换

两个不同密级的网络进行数据传递时，通常会经过由网闸或光闸组成的安全边界进行相互通信。在两网之间进行文件传输、数据库等操作时，通过可信数据网关对传输的文件进行校验，通过零信任服务对数据库携带的令牌信息进行校验，通过后即可进行文件传输、数据库操作等数据交换行为。

（4）物联接入

零信任物联接入场景的接入终端主要有两大类，一类是智能终端，如PC等；另一类是哑终端，如园区内的打印机、IP电话机、摄像头等。在各类型终端上进行802.1X、MAC等认证时，环境感知先对终端进行可信评分，评分通过后才允许终端接入网络，并对终端接入网络全程进行安全监控，若终端存在高风险行为，网络控制器就会联动交换机对高危终端进行隔离。终端网络准入流程主要包含如下几个部分。

- 建立资产台账：通过主动扫描、被动识别等方式识别全网终端信息，管理员为办公终端分配唯一的账号或证书。
- 入网申请：终端入网通过账号密码、证书或MAC认证确保合法。
- 合规检查：结合网络资源，通过终端类型识别、流量智能分析、终端安全合规检查、安全流量日志分析等进行综合研判，给出终端可信评分。
- 精细授权：控制器根据可信评分，结合终端身份、位置、时间等属性进行动态精细授权。

（5）运维管理

零信任运维管理主要承载用户对IT资产和具体业务的日常运维工作，对运维终端人员、运维网络、运维代理3个方面进行安全风险识别。零信任运维管理主要包含如下几个部分。

- 终端网络准入：运维终端安装终端安全客户端，通过网络控制器进行802.1X准入认证。
- 边界访问控制：通过防火墙配置访问控制策略，仅允许运维流量通过。
- 运维门户访问：终端用户访问堡垒机门户，可信接入代理进行反向代理，检测用户认证信息，没有认证信息，则跳转至认证界面，认证通过后放行。高敏感应用应先登录云桌面，再登录堡垒机。
- 系统特权访问：运维人员通过堡垒机进行系统运维，环境感知实时检测终端安全风险并进行评分，当终端存在高风险行为时，零信任服务联动可信接入代理和交换机阻断高危终端访问。

关于上述这些场景，本书第4章将详细介绍其方案设计。关于华为云网安一体方案，本书7.2节将进行整体介绍。

2.6 本章小结

NIST在《零信任架构》中给出了经典的零信任逻辑架构，市面上众多零信任方案均参考此架构进行设计。

Forrester发布的《零信任扩展框架》从构建零信任所需能力范围的角度进行描述，总结出数据、网络、人员、应用环境、设备、可视化分析、自动化编排七大能力，并对每个能力给出具体要求。

美国国防信息系统局发布的《零信任框架》充分吸收了NIST和Forrester所发布的零信任成果，与Forrester一样给出零信任的七大能力支柱，从操作视角介绍了如何实施零信任，针对用户认证、设备合规检查、用户行为分析、微分段、特权用户访问等场景给出流程说明，此外，《零信任框架》还给出了零信任成熟度模型。

对谷歌BeyondCorp项目的关键组件进行介绍，简述谷歌将用户和应用逐渐转向BeyondCorp项目的迁移路径。

华为云网安一体实践介绍了华为零信任安全架构和解决方案实践。华为零信任安全架构参考了NIST《零信任架构》标准，以策略引擎、策略管理器、策略执行点三者为核心构建零信任体系，并在解决方案实践里通过可信感知评估层、可信决策控制层、可信策略执行层的分层设计来介绍零信任安全能力，强调从信任和威胁两个维度进行综合分析。通过网络控制器和安全控制器实现统一管控，并通过一系列网络和安全设备进行策略执行，实现威胁精准发现、近源处置等。

第3章　零信任关键技术与组件

第2章中，我们介绍了业界典型的零信任架构以及优秀实践，想必大家对零信任已有基本印象。架构的实现和落地实践离不开具体技术的支撑，前文中我们也提到，零信任是一种信任模型，其具体实现依赖于多种安全技术。NIST发布的《零信任架构》提出的3种方案中分别使用了IAM、SDP以及微分段技术，这是当前业界公认使用较为广泛的3种关键技术。此外，Forrester发布的《零信任扩展框架》进一步从7个技术维度来评估构建零信任所需要的能力，在IAM、SDP和微分段的基础上扩展了零信任使用的技术范畴，将安全监测分析、策略编排及响应处置等列为零信任的关键技术组件。在零信任方案实现中，通常还涉及零信任策略引擎、零信任网关、网络准入控制、SDN等关键技术及组件。零信任使用的技术并不局限于这些技术，若某一技术的使用满足零信任的核心原则，即可被认为是零信任使用的技术。零信任通过统一的架构将多种技术灵活组合，提供不同的功能，从而适用于不同的业务场景。本章将逐一介绍当前业界主要使用的零信任关键技术及组件。

|3.1 IAM|

Gartner对IAM的定义如下：IAM是使正确的个体，在正确的时间，出于正确的原因，访问正确的资源的学科。从这个定义中可以看出，IAM旨在解决用户如何安全访问资源的问题，天然具备较强的安全属性，这也是它能够成为零信任三大关键技术之一的重要原因。

传统的IAM是一种基于电子身份标识的，集4A于一体的基础设施框架。近年来，IAM产品受到广泛关注，其功能也进一步增强，融入了零信任原则倡导的动态授权等能力，因此成为诸多宣称“以身份为中心”的零信任方案中的核心部件。在这类零信任方案中，IAM产品担任策略管理器的角色，根据策略引擎的决策来更新访问策略。同时，策略管理器与策略执行点进行通信，通过策略执行点放行或拒绝连接。

IAM各核心能力关系如图3-1所示，下面逐一介绍。

1. 身份管理

随着各行各业数字化的深入发展，企业涉及的人员变得更加多样，除了内部员工，还包括客户、合作伙伴、运维人员、供应商等。这些人员分布在各地，给身份管理带来新的挑战。与此同时，各类新应用系统不断涌现。这些应用系统通常具有独立的用户账号管理和访问权限控制，形成了一座座“身份孤岛”。在这种情况下，如果缺乏统一的用户身份管理机制，会带来一系列的问题。例如，用户在多个应用系统中存在独立的账号与访问权限，当用户岗位或个人信息发生变化时，只能由管理员逐个手动修改。这不仅会因为工作量较大而导致效率低下，也可能因管理员疏漏导致数据不一致，或者出现难以排查的错误。

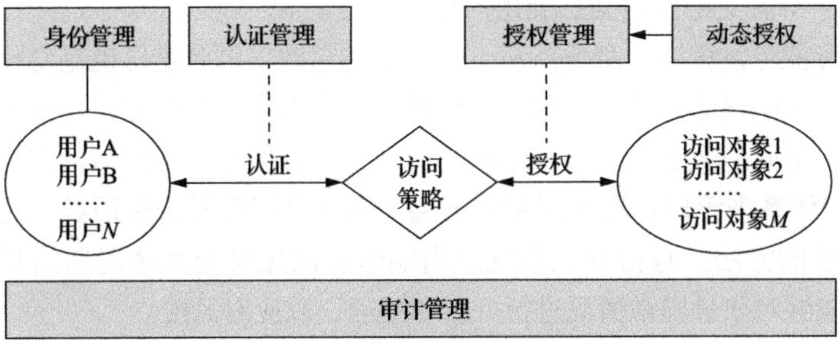

图 3-1　IAM 各核心能力关系

身份是人员的唯一标识，这一点我们每个人都不陌生。从出生起，每个人就拥有独一无二的身份，即具有唯一性的身份证号码，所持有的凭据就是身份证。数字化的身份是现代身份管理的基础，其核心包括对数字化身份的创建、查询、修改以及销毁等全生命周期的管理。在现代化的信息系统中，具有身份的不仅仅是人员，还包括设备、应用等各类实体。身份管理旨在构建统一的身份体系，并对其进行规范管理。统一身份管理是实现统一认证管理的数据基础，是实现统一授权和细粒度权限控制的前提条件，现在也常被形象化地称为“身份联邦”。统一身份管理打破了各个身份孤岛之间的壁垒，建立了统一的用户身份库，对用户在企业内部的各类身份属性及各系统访问权限进行统一管理，通过自动化方式实现各系统间身份信息的同步和访问权限的调整。

在实际落地过程中，当企业开始意识到需要建设统一身份管理系统时，之前通常已经有多个隶属于不同部门或应用的身份系统存在。出于保障业务正常运行的必要，这些各自为政的身份系统在短时间内难以“消亡”。此时，IAM为了顺利完成统一身份管理的重任，需支持与原有身份系统进行对接。原有身份系统可以作为数据来源，将用户标识、组织机构、权限等各项信息同步至IAM，通过IAM继续向各应用系统提供服务。需要注意的是，当存在多个数据源时，用户身份的信息维度可能存在不同，如有的系统中设置了用户别名，有的系统中则不存在用户别名信息。IAM需要对多个数据源中的关键用户身份信息进行整合处理，以免造成信息的丢失。另外，当多个数据源中用户信息存在不一致或冲突时，可以确定将其中某个身份系统作为权威数据源并以此为准，或者制定明确的规则以确定保留哪个数据作为准确来源。比如同一个用户在不同系统中具有不同的创建时间，在进行数据同步时，可以指定同步其中某个身份系统的数值，或以创建时间最早的数值为准。同时，为了灵活满足不同的使用场景，IAM需支持自定义扩展用户信息维度。

在实际业务流程中，身份是每一件事情的起源，匿名身份也是身份的一种。如果没有身份的概念，业务流程和动作都将成为无生命的过程，导致流程混乱和审计失效。不同的数字化身份有不同的管理方法，例如，用证书标识的数字化身份通过PKI体系来管理；更为通用和普遍的方法是用账号来标识数字化身份，这也是最经济的方法。身份管理系统应当能够提供账号全生命周期的基本管理功能，同时能够对账号异常情况进行分析和处理，以应对风险。

常见的身份管理功能及账号异常情况如下。

基础管理：支持对账号全生命周期的基础管理操作，如增、删、改、查等。举一个简单的例子，当一个新员工加入公司时，管理员会为他创建规范的系统账号并授权他可以访问的资源。当员工转岗时，其账号对应的属性，如组织机构等，需要及时调整。当员工离职后，管理员需要及时删除其账号以避免残留账号成为安全后门。此外，账号作为身份的标识，可以关联用户的其他维度信息。根据用户各项信息对账号进行分类，可以针对不同分类账号分别制定不同的管理策略。例如，企业内部用户和外部客户具备不同的命名规范、赋予不同的默认权限等。典型的企业员工账号生命周期如图3-2所示。

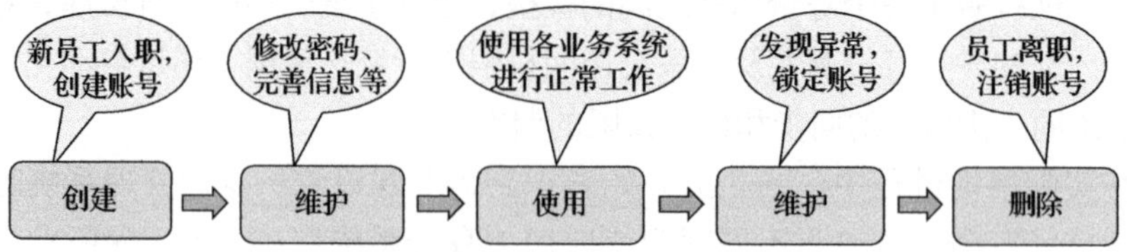

图 3-2　典型的企业员工账号生命周期

一人多账号：在实际使用中，由于原有应用系统的身份信息整合等，可能存在一人多账号的情况。在这种情况下，具有唯一身份标识的某用户拥有多个账号。在通过统一认证登录某个应用系统时，用户可选择使用其中一个账号，该账号将通过单点登录访问其他应用。比如，我们在登录某个应用系统时，可以使用手机号、邮箱或者别名作为账号，任选其一即可。关于统一认证和单点登录的内容，将在下文的“认证管理”部分进行介绍。

公共账号：公共账号就是多人共用一个账号。我们不提倡使用公共账号，因为这会给审计和溯源工作带来很大的困难。但是在实际的工作过程中，这种情况往往难以避免。在这种情况下，可以设置公共账号的使用者范围、指定公共账号管理员、定期修改密码等，以尽量减轻风险。

特权账号：系统中具有特定权限的账号称为特权账号。特权账号通常具有极高的权限，比如对系统进行root操作、查看敏感信息，以及对他人账号进行修改、删除等操作。可以说，特权账号是访问核心信息资产的“钥匙”。特权账号持有者监守自盗，或者特权账号被攻击者获得，都会造成无法估量的损失。因此，特权账号的管理是身份管理中最为棘手的问题之一，必须采取技术与管理流程等多种手段，避免特权账号由于使用不当引起安全风险或系统问题。

“孤儿”账号：系统中存在但又未绑定任何用户、不具备任何权限的账号称为“孤儿”账号。“孤儿”账号属于异常账号，需要提醒管理员及时对其进行审视，赋予相应权限或者删除。

重复账号：对于系统存在的重复账号，IAM产品需要定期检测并提醒管理员清理，以避免浪费系统资源或带来管理不一致的问题。

“僵尸”账号：系统中存在但长时间未使用的账号称为“僵尸”账号。IAM产品要具备检测“僵尸”账号功能，并提醒管理员及时进行清理，以免其被攻击者利用。

2. 认证管理

认证是对访问应用系统的主体身份进行验证，以确认主体是其所声明身份的过程，认证通常是访问控制的第一步。主体是指主动发起访问的实体，它可以是一个具体的用户，也可以是一个终端或应用。相应地，被访问者通常称为客体。如果把应用系统及其中蕴含的价值数据比喻成人人都想得到的宝藏，那么认证就是打开这些宝藏的钥匙，IAM承担着验证、发放和管理这些钥匙的重任。

为了承担起这个重任，IAM建立了统一认证体系，通过单点登录实现多个业务系统的便捷登录，通过多因子认证增强认证安全性。下面介绍IAM认证管理的主要能力。

（1）统一认证

用于标识用户身份的基本方法有3种：所知道的、所拥有的，以及独一无二的特征。比如在现实社会中，为了证明你是谁，姓名和身份证号是你所知道的信息；身份证是你所拥有的凭据；指纹、虹膜、人脸等生物特征是独一无二的，这些都可以用来证明你的身份。

① 所知道的

这是通过验证访问主体所具备的信息进行认证的方式。当前常使用的身份管理方法是通过账号来标识数字化身份。账号加上静态口令，就组成了至今使用最广泛、接受程度最高的认证方式之一。其中，账号是身份标识符，静态口令则是认证凭据。主体通过“身份标识符+认证凭据”来证明自己的身份，以获得对客体的访问。这种认证方式既简单、方便，又经济、易行，但是安全性不高，因为其他人也可以很容易地获取这些信息。比如攻击者可以通过暴力破解获取企业员工的内部账号密码。

除了静态口令，常见的认证凭据还有预共享密钥、公私钥对、数字证书等。

② 所拥有的

这是通过验证主体对其认证凭据的所有权进行认证的方式。常见的认证凭据有智能卡、动态令牌卡等。其实这种认证方式我们并不陌生，当前大部分的网上银行、手机银行等使用的U盾、密码生成器或动态口令卡采用的就是这种认证方式。智能卡一般具有硬件加密功能，安全性较高。动态令牌卡则根据每次访问的各项信息，采用专门的算法生成一个不可预测的随机数字组合，每个动态口令只能使用一次，消除了静态口令容易被暴力破解的弊端。近年来，随着互联网、移动应用的普遍使用，手机短信验证码逐渐被广大用户接受，成为一种快速登录或增强认证的有效方式。

这种认证方式的缺点是，用户所持有的认证凭据容易丢失或被盗，从而导致未授权的访问。

③ 独一无二的特征

这是通过生物特征进行认证的方式，以此来证明“他就是这个人”。常见的、与生俱来的生物特征有人脸、指纹、虹膜、声纹等，也有经过长期生活形成的行为性生物特征，如动态手写签名等。

生物特征识别被业界认为是确认身份最有效且最准确的技术之一，缺点是价格昂贵，实施起来成本较高。此外，随着AI技术的兴起，生物特征识别的安全性似乎也被撕开了一道口子。例如，将一张静态照片经过简单处理就轻松骗过了人脸识别系统，这样的新闻屡有听闻。

（2）单点登录

单点登录是一种身份验证机制。在存在多个应用系统的访问场景中，单点登录让用户只需要登录一次就可以访问所有相互信任的应用系统，极大地改善了用户体验。单点登录建立了IAM与各应用系统之间的互信关系，定义了应用集成对接的方法，实现了统一认证，并可以进一步执行二次认证等访问认证增强策略。

当前，业界主要有如下3种实现单点登录的方式。

方式1：通过标准协议实现。国际上有很多单点登录的标准协议，如SAML、OAuth、CAS（Central Authentication Service，中央认证服务）、OIDC（OpenID Connect，OpenID连接）协议等。采用标准协议的好处是安全性较高，并且可不断迭代优化，应用系统按标准协议与IAM对接时不需要额外的开发工作量，因此受到市场的广泛欢迎。这些标准协议中知名的两种协议是SAML和OAuth。SAML实现起来相对复杂，但是其安全性更高，在国外使用较多。OAuth则由于其相对轻量，且对互联网和移动终端支持度更好，成为国内使用十分广泛的标准协议，其当前主流版本为OAuth 2.0。

方式2：通过扩展接口实现。早期实现单点登录常用的方式是在应用系统上扩展一个单点登录接口。该接口与IAM系统对接，实现登录和退出功能。当用户通过认证后访问应用时，应用系统调用该单点登录接口向IAM系统请求该用户的认证信息。应用系统收到IAM系统提供的认证信息后，该用户单点登录成功，可以访问该应用系统。当用户在任一应用系统退出登录时，用户即退出所有的应用系统。这种方式通常需要较多的定制工作，用于一些具有行业标准的场景中。

方式3：密码代填。密码代填就是由应用系统代替用户填写账号信息，实现自动登录。严格来说，密码代填并不属于单点登录。密码代填需要明文存储和传输账号信息，存在安全隐患。现网中，对于一些完全无法进行改造的老旧应用，可以采取密码代填的方式来实现单点登录。

（3）多因子认证

多因子认证被认为是有效提升认证强度和安全性的一种方法。一般来说，强身份认证就是指双因子认证或多因子认证。多因子认证要求两种或两种以上的认证因子通过认证之后，才能判定该用户认证通过。通常，为了保证多因子认证的效果，两种认证因子必须属于不同的认证类别。使用多个同类因子就不属于多因子认证，例如，同样的用户名、密码输入两遍，并不能认为是有效的多因子认证。一个常见的多因子认证方法实例是，当用户在一个不常用的设备上登录时，除了需要输入账号和口令，还需要提供一个动态的手机验证码，两项认证均通过才算认证成功。访问一些敏感应用系统时，在统一认证基础之上增加人脸、声纹等基于生物特征的认证方式，可以有效提升认证安全性。

实现双因子认证的两种常见方式如表3-1所示。

表 3-1　实现双因子认证的两种常见方式

双因子认证方式	认证因子 1——所拥有的	认证因子 2——所知道的
智能卡 +PIN 码	智能卡	为该智能卡所设置的 PIN 码
账号密码 + 手机验证码	通过手机短信接收的一次性手机验证码	在系统中设置的用户账号和静态口令

当前业界有一种认知误区，就是把零信任方案等同于多因子认证，以为增加了一种认证因子就实现了零信任。要知道，认证仅仅是访问控制的第一步。实现了多因子认证，只能说在通往零信任的路上迈出了第一步，后面还有权限管理、动态授权等功能等待着实现。在通往安全的道路上“犯懒”是万万不行的。

3. 授权管理

用户通过认证，只是证明了他就是自己所声明的用户。此时还有一个重要的步骤就是确认这个用户可以访问哪些资源，以及可以对这些资源做哪些操作，这就是授权管理。授权管理是访问控制的基础。通常，授权管理需要遵循最小权限、权限分离、默认拒绝三大原则。

- 最小权限：指的是一个账号只应该拥有它所必需的最小权限。权限划分的粒度要尽可能最小化，账号权限应基于“need-to-know”和“case-by-case”的原则，也就是赋予用户必须拥有的最小权限，但具体个例应具体分析，不可一概而论。
- 权限分离：指的是对用户的权限和角色做到充分划分，不同用户承担不同的职责，不同用户之间能相互监督和制约。常见的“三权分立”模型（通过设置安全管理员、系统管理员和审计管理员3个角色并分别赋予这些角色不同的权限，来替代一个拥有全部权限的超级管理员角色的做法）就是权限分离的良好体现。
- 默认拒绝：指的是业务资源应当默认拒绝访问，以获得更强的安全性。

授权访问模型如图3-3所示。

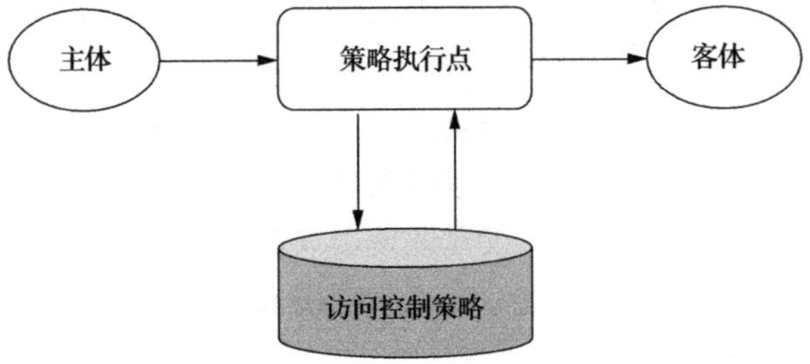

图 3-3　授权访问模型

从这个授权管理模型中可以看出，发出访问操作的主体能否访问客体，主要取决于访问控制策略。访问控制策略是实现权限管理的具体措施和手段，通过制定一系列的策略来确定主体是否拥有访问客体的权限。业界有多种成熟的访问控制模型，定义了主体访问客体的行为规范和架构，下面介绍3种典型的访问控制模型。

（1）RBAC

最早的授权管理由管理员基于用户粒度直接为单个用户授予访问某应用的权限。这种方法操作简单、效果直观。但是，当用户或应用规模变大之后，这种授权方法的工作量就变得无法估量，准确度也难以保证。在20世纪 90 年代，RBAC开始出现并广受支持。RBAC的基本思想是给每个用户分配一个或多个角色，同时给每个角色赋予相应的权限。这样就可以对基于角色的用户集合进行授权，而不必直接对单个用户进行操作。只要在用户创建之初给该用户分配相应的角色，用户就自动拥有该角色所对应的权限。同样，当用户不再属于该角色时，也将立刻失去该角色对应的权限。这样就极大地减少了管理员的工作量，也减少了出错的可能。RBAC的优点在于简单、易行，尤其是在角色定义清晰、稳定的场景下能够最大化发挥优势。但是在一个不断发展壮大的企业里，随着业务的不断发展，角色可能会不断增加，最终数量多到难以维护，或者一些临时用户需要短暂地获得某些权限。在这些情况下，RBAC就显得有些力不从心了。

（2）ABAC

一个实体所具有的性质和关系，都可以称为属性。ABAC就是根据实体所具有的各种属性来进行访问控制的。从某种意义上来说，角色其实也是用户的一种属性。相比于简单又直接的RBAC，ABAC可以根据访问的主体和客体所具有的属性组合来进行授权，从而具有较细的授权粒度，以及极大的灵活度和扩展性，更加适用于流程精细、复杂的大型企业。属性是多种多样的，比如发起访问用户的身份类型、所处的位置、所执行的操作，以及所访问的资源敏感等级等，都可以定义为属性。根据属性组合制定好匹配的授权逻辑，就可以进行灵活的细粒度授权。例如，一个运维人员在公司外部使用个人计算机访问运维管理系统时，出于安全考虑，仅允许该用户查看设备信息，而不允许修改任何配置，当该运维人员使用公司计算机或者接入公司内网时，则被允许更改设备的配置。

（3）TBAC

TBAC（Task-Based Access Control，基于任务的访问控制）则从任务的角度出发进行访问控制。任务一般具有时效性，TBAC非常适用于在短期内任务较多的场景，可以与其他访问控制模型结合使用，获得更好的效果。例如，某产品研发项目测试进度紧张，需要临时从其他部门抽调一批测试人员来支撑测试任务，此时可以基于该任务持续的时间，给支撑测试人员授予工作所需的各种权限，如获取产品规格、填写测试结果等。待该测试任务到期时，支撑测试人员的权限自动失效。如此，既保证了授权的便利性，也保证了安全性。

4. 审计管理

审计管理作为安全工作中重要的一环，是指收集、记录用户对系统资源的访问和使用情况，以便在出现安全事件时及时追踪原因，进而追究相关人员的责任。可见，审计管理的主要目的是实现事后可追溯。审计日志是常用的审计管理方法，IAM系统主要需提供如下种类的日志以供审计。

- 认证日志：记录用户（包括管理员和终端用户）登录的用户名、姓名、操作类型（登录和退出）、终端IP地址、认证方式（通过哪种方式登录）、认证是否成功（登录成功或者登录失败）、操作时间等信息。
- 权限日志：记录用户权限的变化。
- 访问日志：记录主体访问客体过程中的各项详细信息，包括但不限于发起访问的终端设备IP地址、终端用户的用户名、姓名、访问的应用名称、API名称、访问的时间等信息。
- 操作日志：记录管理员在系统中的各类操作，包括但不限于对用户的权限分配、账号口令管理、账号锁定或解锁、手动下线用户等。

- 审计日志：审计日志的内容应包括日期和时间、操作类型、主体标识、客体标识、操作的结果等。审计日志应当遵循统一的标准，所有日志均按照标准格式进行记录，以便于审计。

对于所有日志，IAM系统均需通过报表形式进行直观呈现，同时支持查询、搜索、导出等功能。

5. 动态授权

在基于静态规则授权的基础之上，IAM系统应遵循零信任的“持续验证”原则，从主体和客体环境安全状态、访问行为等多维度综合评估安全风险，动态调整用户权限，以进一步提升安全性。当发现用户访问行为存在风险时，无论是终端安全状态变化而产生的风险，还是用户违规操作带来的风险，均应根据风险评估结果动态地调整用户权限，并及时阻断用户的访问行为。其中，评估用户当前的安全状态是动态授权的前提条件，承担这一重任的组件是零信任策略引擎，我们将在3.4节中具体介绍该组件。

3.2 SDP

SDP架构由CSA于2013年提出，一经诞生即受到业界的广泛关注。作为基于零信任理念的新一代网络安全模型的代表，SDP不再专注于传统安全解决方案重点保护的物理边界，而是将保护的重心转移到业务资源。通过构建随业务位置不同而变化的虚拟边界，SDP较好地适应了网络边界逐渐模糊的云化时代，能够更有效地保护数据安全。下面从发展历程、整体架构、部署模型和关键技术4个方面来详细介绍SDP。

1. 发展历程

随着云计算、大数据、移动互联等新兴技术的发展，企业的业务架构和网络环境也随之发生了重大变化，网络边界逐渐变得模糊。在这种形势下，依靠划分安全区域来控制访问资源、根据网络位置来决定信任程度的传统安全架构，已无法有效保障信息基础设施及关键数据的安全。尤其是2020年以来，受突如其来的新冠疫情影响，远程办公逐渐成为热门的办公方式。这些因素促成并加速了SDP

的诞生与发展。SDP旨在通过软件的方式构建虚拟的企业边界，利用基于身份的访问控制，来应对边界模糊化带来的问题，以达到保护企业数据安全的目的。

在CSA正式提出SDP之前，业界实际上早已存在相关的理念与实践。2013年，美国国防信息系统局为了“使应用程序所有者能够在需要时部署安全边界，以便将服务与不安全的网络隔离开来”，设计了“黑云”架构。这一架构被广泛认为是SDP的前身。再往前追溯，谷歌在2011年开始实施BeyondCorp项目，目标是“让员工从不受信任的网络中不使用VPN就能安全工作”。谷歌在当时并没有提到“零信任”，但BeyondCorp项目被公认为是业界第一个零信任的SDP实践。

2014年，CSA发布了SDP首个标准规范“SDP Specification 1.0”。规范制定了基本的体系架构，详细描述了SDP相关组件、工作流、协议实现和SDP应用等内容。随后，CSA又陆续发布了“Software Defined Perimeter for Infrastructure as a Service”“Software Defined Perimeter as a DDoS Prevention Mechanism”“Software Defined Perimeter Architecture Guide”等多项成果。这些成果增加了人们对SDP方案和优势的了解程度及市场热度，提高了SDP方案落地实践的关注度和成功率。

近年来，SDP日益成为云安全技术的“宠儿”。2017年，SDP被纳入NIST SP 800-207 零信任架构标准草案，同年入选Gartner十大安全技术，2018年获评Gartner十大安全项目，其受重视程度可见一斑。

历经多年发展，CSA在2022年3月发布了“Software-Defined Perimeter (SDP) Specification v2.0”，在原有规范基础之上进行了扩展和增强，反映了零信任的行业现状。与1.0版本相比，2.0版本进一步细化并丰富了SDP的架构和部署模型，扩展了新的SPA消息格式，改进了SDP通信协议的安全性，同时探讨了SDP在更多场景下的应用等课题。

2. 整体架构

在SDP规范中，整体架构分为SDP发起主机、SDP控制器、SDP接受主机3个部分。SDP采用控制平面与数据平面分离的架构，其中，控制平面主要负责SDP控制器与各组件之间控制指令的交互，数据平面主要负责提供业务数据传输所需的安全加密通道。SDP的整体架构设计如图3-4所示。

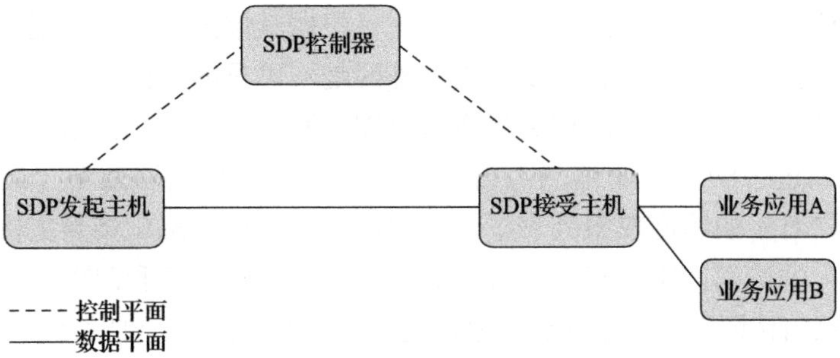

图 3-4　SDP 的整体架构设计

（1）SDP控制器

在零信任架构中，SDP控制器担任着策略决策点的角色，可以认为是SDP方案的“大脑”。SDP控制器负责接受SDP发起主机发起的认证请求，并对其进行身份验证。只有在身份验证通过后，SDP控制器才会对SDP主机下发相应策略，以允许用户访问业务应用。一般来说，SDP控制器自身需具备一定的身份校验和权限控制能力。如果对用户身份安全及权限控制有更高的要求，SDP控制器也可以与IAM产品对接，实现统一身份认证授权、基于用户属性的权限控制或者更安全的多因子身份验证等。

（2）SDP发起主机

SDP发起主机通常被认为是发起访问的主体，可以是人、应用甚至是某个设备。SDP发起主机在大部分的访问场景中以客户端的形式存在，故通常又称为SDP客户端。在传统的访问方式中，访问发起者通常可以先连接希望访问的业务应用再提供身份验证；而在SDP方案中，访问发起者在进行身份验证之前无法知晓具体的业务应用地址。SDP客户端必须先向SDP控制器发起认证请求，认证范围包括用户及设备信息等。验证通过后，SDP控制器才会下发应用的具体信息，此时，主体才能够连接预期访问的业务资源。即使是在认证通过之后，SDP客户端也并非直接连接将要访问的业务资源，而是连接SDP接受主机。SDP接受主机将真实应用的IP地址和端口等信息隐藏在网络内部，实现“网络隐身”和“最小化攻击面”。这种方式增强了对业务应用的保护能力。SDP发起主机向SDP控制器发起认证请求时，通常会采用SPA技术，后文会进一步介绍。

（3）SDP接受主机

SDP接受主机担任着策略执行点的角色，用于控制主体到客体（可访问的任何资源或服务）的连接。SDP接受主机根据其位置与作用，通常也被称为SDP网关。在默认情况下，SDP网关对外网是不可见的，同时对网络上任何的访问报文也不予以回应，以避免暴露自己作为网关的位置和作用。只有在SDP发起主机通过了SDP控制器的身份验证之后，SDP控制器遵循“最小权限原则”将用户对应的访问权限列表下发到SDP接受主机，SDP接受主机才会接受授权范围内的访问请求并建立连接。此外，SDP发起主机和SDP接受主机之间可以通过双向认证建立加密隧道，强制对业务访问流量进行加密保护。

SDP工作流程如图3-5所示。

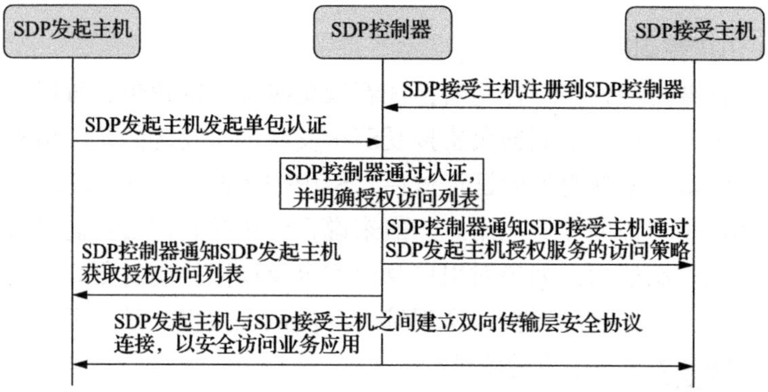

图 3-5　SDP 工作流程

3. 部署模型

在统一的SDP体系架构之下，根据不同的应用场景和网络情况，可以采取不同的部署模型。SDP Specification 1.0中定义了4种部署模型，分别为客户端-网关模型、客户端-服务器模型、服务器-服务器模型和客户端-服务器-客户端模型。近年来，随着SDP应用场景的不断扩展，SDP Specification 2.0中将部署模型增加为6种，新增了客户端-网关-客户端模型和网关-网关模型。

（1）客户端-网关模型

客户端-网关模型是SDP方案中最基础也是使用最广泛的模型之一。在该模型中，SDP网关构建了安全边界，不仅将所要保护的业务应用隐藏在企业内部，同时网关自身对外网也是隐身的。只有位于控制平面的SDP控制器对外开放端口，用于接收SDP客户端的认证消息。

客户端-网关模型如图3-6所示。该模型在增强远程接入的安全性方面有着得天独厚的优势。一方面，SDP网关的部署位置位于业务应用之前，可以不改变内网的部署；另一方面，不管业务流量采取何种协议，SDP客户端与SDP网关之间均可以强制提供加密隧道，确保数据的安全传输，可以有效抵御DDoS、SSL（Secure Socket Layer，安全套接层）剥离、中间人、漏洞利用等常见攻击，适用于大部分远程办公、运维等场景。当然，该模型同样可应用于内网访问场景。此时，基于最小权限原则的访问策略可以有效防止端口扫描、SQL（Structure Query Language，结构查询语言）注入等攻击在内网的横向扩散。

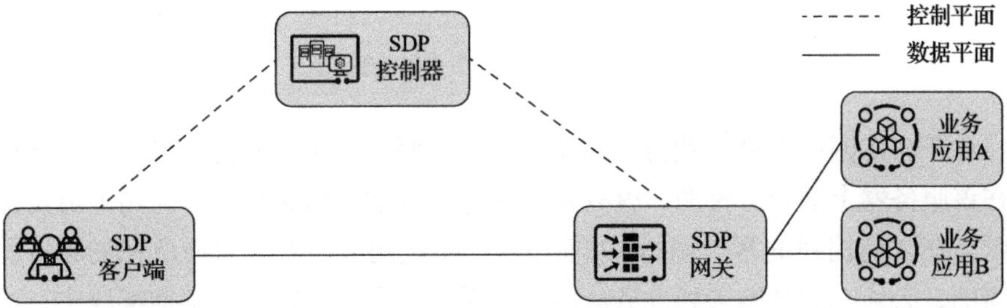

图 3-6 客户端-网关模型

例如，某企业计划将业务搬迁到云上，准备采用SDP方案替代原有的VPN，实现更为安全的远程办公。在实际部署中，SDP控制器和SDP网关部署在云的边界位置，业务资源部署在云上。用户在办公终端上安装SDP客户端，当用户访问云上应用时，SDP客户端向SDP控制器发起SPA请求，通过身份认证后，可以获取有访问权限的应用列表。在SDP客户端与SDP网关之间建立HTTPS隧道，用于安全传输业务流量。用户对应用发起访问时，再次进行身份验证，验证通过后方可成功访问业务应用。由于大多数客户网络在建设零信任之前就已经部署了认证系统，在实际落地过程中，需要将SDP控制器、应用系统与认证系统进行对接，实现单点登录，以减少用户身份验证的次数，改善用户体验。

（2）客户端-服务器模型

客户端-服务器模型如图3-7所示。客户端-服务器模型本质上与客户端-网关模型类似，所提供功能也相同，其区别仅仅在于承担SDP网关功能的具体设备不同。在这种情况下，不需要单独部署SDP网关设备，而是由受保护的服务器来承担SDP网关的功能。通常，在服务器上运行SDP网关软件即可实现SDP网关功能。相对而言，这个方案更为轻量和灵活，适用于规模较小的业务资源保护，也可用于基于负载弹性扩、缩容的场景。

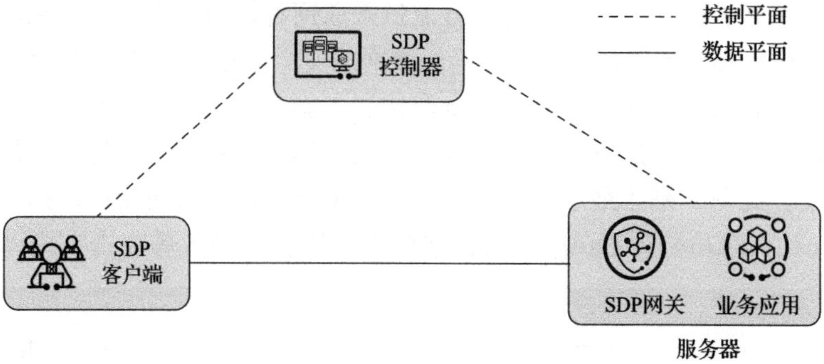

图 3-7 客户端-服务器模型

由于SDP网关软件与业务资源位于同一个服务器上，因此，其保护范围也限定在该服务器上的业务资源，好处是无须过多考虑从网关到业务应用的流量保护问题。在之前提到的客户端-网关模型中，由于网关与业务资源所在的服务器是分离的，必须考虑从网关到业务应用的流量保护问题。在具体落地实践中，可根据受保护的资源规模、服务器资源情况等综合考虑选择采用何种部署模型。

（3）服务器-服务器模型

服务器-服务器模型如图3-8所示。服务器-服务器模型适用于机—机接口的场景，通常用于服务间的远程接口调用，其本质与前两种部署模型并无不同。在具体实施中，接口调用的发起方担任SDP客户端的角色，而被调用方则担任SDP网关的角色。通过对发起方进行身份校验和链路加密传输，可以有效保护服务间调用接口安全，是一种保护东西向流量安全的方法。

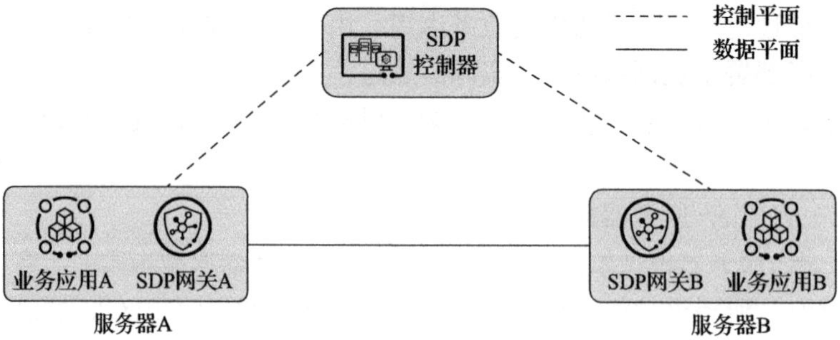

图 3-8 服务器-服务器模型

服务器A调用服务器B上的接口时，位于服务器A上的SDP客户端向SDP控制器发起SPA，访问位于服务器B上的业务资源。服务器B调用服务器A上的接口时，业务的发起方为服务器B上的SDP客户端。在这种模型中，每个服务器既可以充当SDP客户端的角色，又可以充当SDP网关的角色，具体担任何种角色取决于实际的业务需求。在实际部署中，SDP控制器既可单独部署，也可与SDP网关共同部署在同一个服务器上。

（4）客户端-服务器-客户端模型

客户端-服务器-客户端模型如图3-9所示。该模型主要适用于通过服务器连接的点对点协议场景，如聊天和视频会议等应用服务。此时，SDP网关运行在负责连接的服务器上，为多个客户端之间的连接提供保护。

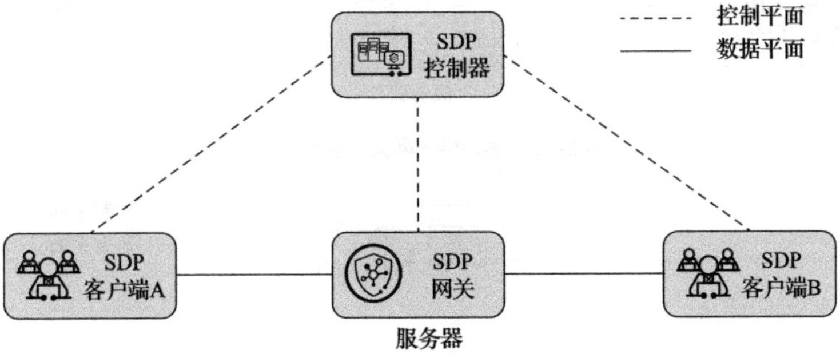

图 3-9　客户端-服务器-客户端模型

SDP客户端A主动发起访问时，先向SDP控制器发起SPA，请求访问SDP客户端B。认证通过后，获得访问授权，通过服务器与SDP客户端B安全通信。同样，SDP客户端B也可以主动发起访问，其流程与上述类似。

（5）客户端-网关-客户端模型

客户端-网关-客户端模型是SDP 2.0中新增的模型，是SDP在新场景下不断探索的新成果，如图3-10所示，其本质上是客户端-服务器-客户端模型的变形。在P2P（Peer-to-Peer，对等网络）中，由于协议要求两个客户端之间直接相连，无法在中间服务器上增加SDP网关功能。为了使连接能够被保护，可以部署单独的SDP网关，以确保服务不被未经授权的用户访问。此时，SDP网关主要承担两个客户端之间防火墙的功能。

（6）网关-网关模型

网关-网关模型也是SDP 2.0中新增的模型，适用于物联网场景，如图3-11所示。随着物联网的不断发展，打印机、扫描仪、可穿戴设备等物联设备越来越受到重视，也因此日渐成为攻击的入口。此类设备中通常无法安装SDP客户端，故需部署单独的SDP网关，以保护承载具体业务的服务器或用户客户端。此时的SDP网关具备SDP客户端能力，负责向SDP控制器发起SPA。该部署模型的落地应用还在进一步探索中。

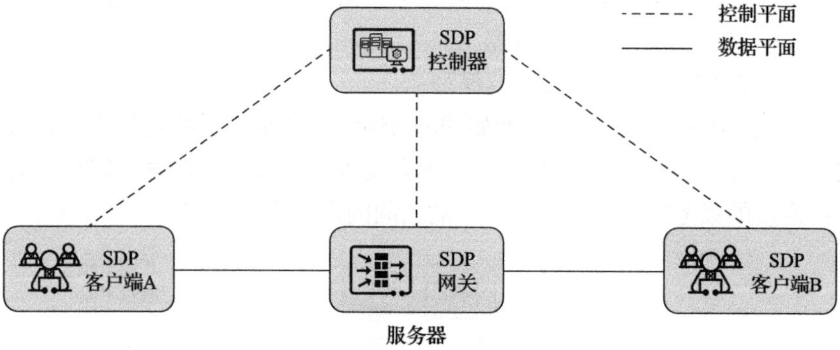

图 3-10　客户端-网关-客户端模型

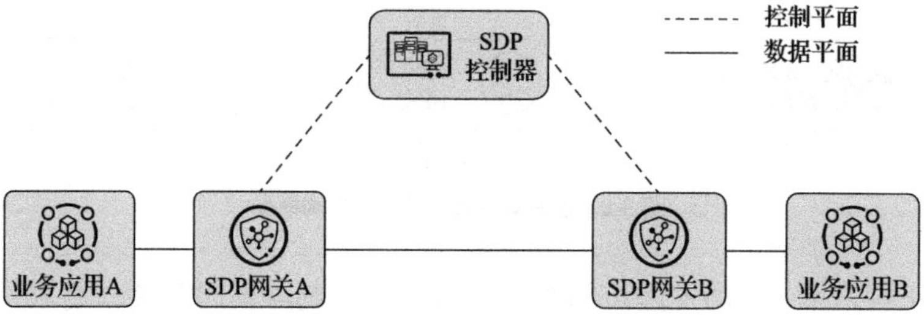

图 3-11　网关-网关模型

4. 关键技术

SDP通过两个独特的关键技术来确保安全性，分别是SPA技术和双向TLS（Transport Layer Security，传输层安全）协议技术，同时需遵循策略动态调整的零信任原则。

（1）SPA技术

众所周知，不可见的才是最安全的。SDP控制器使用SPA技术进行认证保护，使得未经授权的用户和设备不可通过SDP网关访问内部的业务资源，甚至连SDP网关在网络上都是隐身的。SDP控制器只有在接收到SDP客户端发出的SPA报文并验证合法之后，才通知SDP网关为该客户端放通指定业务资源的访问控制，同时通知SDP客户端可访问的业务资源信息。也就是说，SDP方案不同于传统的"先连接再认证"的方式，而是采用了"先认证再连接"的方式。

这种方式无须为不合法的用户和连接耗费资源，从而天然具备了抗DDoS和非法连接的能力，提高了业务安全性。

SPA的通用处理流程如下。

步骤① SDP客户端向SDP控制器发送一个带签名的数据包，数据包中包含用户ID、密码、时间戳、设备信息等验证所需的信息，以请求获得后端业务资源的访问权限。

步骤② SDP控制器对收到的请求授权包进行解包、验证等操作。如果验证通过，则授予相应的访问权限，并回复响应包给客户端；如果验证失败，则直接丢弃无效请求。

SPA通常采用UDP（User Datagram Protocol，用户数据报协议）来实现。采用无连接的UDP可以最大限度地减少处理非法请求的资源消耗，从而缓解DDoS攻击。不响应任何其他类型报文也保证了SDP组件的网络隐身，还可以通过对所收到的非法报文进行统计和检测来识别恶意攻击。但是，UDP自身不具备可靠性，尤其是在互联网等不稳定的网络中，该问题尤为突出。因此，也可以选用更为稳定、可靠的TCP（Transmission Control Protocol，传输控制协议）来实现SPA。在采用TCP的SPA实现中，首先要建立TCP连接，然后才能进行SPA验证。同时，对所有收到的TCP SYN报文均要给予回应，这在一定程度上损失了网络隐身和抗DDoS的优势。在具体实践中，可以综合考虑安全性、可靠性和便捷性等因素，根据实际情况选取实现协议。

此外，除了可以要求SDP客户端向SDP控制器发起SPA，还可以要求任意两个SDP组件在建立连接之前均需经过SPA。

（2）双向TLS技术

TLS是当前广泛采用的安全性协议。TLS的主要应用场景就是对Web应用客户端与服务器之间进行加密，这就是我们访问网站时常使用的HTTPS。当前，越来越多的应用采用B/S（Browser/Server，浏览器/服务器）架构，通过安全的HTTPS访问。但是，完全强制业务应用采用安全协议传输数据仍然存在障碍。尤其是一些较为老旧的C/S（Client/Server，客户端/服务器）架构，其所采用的协议在当时可能是安全的，但是随着时代的进步已经逐渐变得不安全。

为了确保数据传输安全，SDP客户端和SDP网关之间可建立安全的TLS加密隧道，强制对业务访问流量进行加密保护。比如，将某个基于TCP应用的流量数据作为负载，通过HTTPS隧道从SDP客户端安全传输至SDP网关，再由SDP网关将真实的流量数据转发至对应业务应用进行处理。

此外，我们使用浏览器来访问网站时，通常采用单向认证方式，即客户端会校验服务器的合法性，以防止访问非法网站，而服务器并不会校验客户端的合法性，这样就给非法用户提供了可乘之机。为了规避这种风险，SDP明确要求使用双向认证，不仅客户端要校验服务器，服务器也要校验客户端，从而确保访问用户的身份合法。通过双向TLS隧道，SDP可以在不对应用做任何改造的情况下提供数据传输安全性，这也为其落地实施提供了极大的便利。

（3）策略动态调整

策略动态调整是NIST零信任架构的核心原则之一。如2.1节所述：在主体对客体的访问过程中，应尽可能多地收集不同维度的信息，并持续地进行综合分析和风险评估，为策略决策提供依据，动态调整访问控制策略。作为遵循零信任原则的实现方案，SDP方案的策略动态调整体现在多个方面。

首先，在SDP客户端发起认证获取访问授权时，SDP控制器可根据多项信息来判断该用户是否通过认证，通过后又可以获得多少访问权限。例如，SDP控制器可以根据地理位置属性实施策略控制。当用户位于企业内网时，可以获得所拥有的最大访问权限；当用户在出差或者居家办公时，访问策略将动态调整为不允许访问关键信息资产，此时，该用户无法在外网访问对应的应用。

其次，SDP客户端获得对应授权之后并不代表一劳永逸。在访问应用的过程中，如果终端环境或者用户行为存在风险，访问策略将立刻动态调整至当前安全状态下的最小权限。当风险解除后，对应策略也将及时恢复。

最后，SDP控制器除了能基于自身识别到的风险信息动态地调整策略，还能与其他威胁检测设备或行为分析部件对接，接收对应的风险识别结果，用于策略的动态调整。

SDP是当前零信任架构中应用较多的一种实现方案，本书第5章会对SDP零信任方案的具体落地实施给出建议。

时至今日，SDP仍在不断的发展和完善中，比如借助SDP实现物联网零信任等场景，都是当前的研究热点及未来的发展方向。

3.3 微分段

如前文所述，IAM重点解决了认证和动态授权的问题；SDP实现了用户访问应用流量（即南北向流量）的零信任安全防护，确保只有授权用户才能访问服务器资源。但是，园区内部用户终端、数据中心服务器资源等之间的互相访问（即东西向流量）仍然缺少相应的安全防护手段，微分段技术补充了这个空白。作为零信任的三大关键技术之一，微分段可以和IAM、SDP两种技术结合，提供用户终端或服务器等之间东西向流量的安全防护。

1. 传统安全隔离技术的问题

当今网络的边界逐渐变得模糊，很难再以物理意义上的外网和内网来划分网络边界，同时，逻辑网络拓扑根据业务的需求随时可变。在这种情况下，传统的基于物理边界隔离的安全架构已经无法对内网进行有效的安全防护。这对安全隔离技术提出了新的诉求。

此外，随着数据价值越来越大，网络"内鬼"事件也越来越多，内网预设了过度的"信任"，忽视了内部的安全措施，反而令信任成为最大的漏洞，导致各种数据泄露事件频发。企业和组织迫切需要更精细的安全隔离技术来防止出现风险快速大范围扩散的问题。

传统安全隔离技术主要通过划分业务子网、配置ACL（Access Control List，访问控制列表）等方式，对网络流量进行隔离。但是这些技术存在如下一些固有问题。

- 同一子网无法隔离：根据VLAN、VNI（Virtual Network Interface，虚拟网络接口）等划分业务子网可以实现的业务隔离。显然，这种方式是基于子网的隔离（即子网A与子网B之间进行隔离），不能实现同一子网内不同资源之间的隔离。同时，当不同子网共用同一个网关设备时，由于在网关设备上存在到各子网之间的路由信息，也无法实现不同子网内不同资源之间的隔离。
- 海量ACL难以配置：通过配置ACL规则，可以实现不同资源之间的隔离。但是在数据中心网络中，服务器或虚拟机的数量非常庞大。若要实现服务器或虚拟机之间的隔离，则需要部署海量的ACL规则，配置、维护相当复杂。同时，网络设备的ACL资源有限，通常很难满足部署海量ACL规则的需求。

因此，传统的安全隔离技术已经不能满足IT基础设施的发展。在新一代的网络中，必须重新分析和审视安全隔离的重要性，重新定义安全边界以及新的安全隔离技术，才能实现网络内部的安全保护。

2. 微分段简介

微分段技术的出现很好地解决了传统安全隔离技术存在的各种问题。微分段也称为基于精细分组的安全隔离，是指将网络中的资源按照一定的原则进行分组，然后基于分组来部署流量控制策略，从而达到简化运维、安全管控的目的。

传统的物理网络分段基于VLAN/VNI来划分子网，即属于不同VLAN/VNI的设备之间相互隔离，属于同一VLAN/VNI的设备之间可以互通。与物理网络分段相比，微分段提供了比子网粒度更细、维度更广的分组规则，重点解决网络内部的东西向访问的安全控制问题。微分段可以根据终端类别、所属部门、IP地址、IP网段、MAC地址、VM（Virtual Machine，虚拟机）名称、容器、操作系统等来实现子网划分。这样，即使属于相同VLAN的不同设备，也能实现相互隔离。微分段部署简单、方便，只需按照一定的规则将网络中的资源划分为不同的分组，然后基于分组来部署流量控制策略，就可以实现资源与资源之间的业务隔离。

如图3-12所示，VM1、VM2、VM3、VM4属于同一个广播域VNI 10，其中，VM1和VM3属于同一个安全分区，VM2和VM4属于另一个安全分区。在物理网络分段的情况下，VM1和VM4属于同一个广播域，因此它们之间可以相互通信，即属于同一个广播域、不同安全分区的设备之间可以通信。在微分段的情况下，VM1和VM4虽然属于同一个广播域，但其安全分区不同，因此不可以相互通信，即属于同一个广播域、不同安全分区的设备之间相互隔离。

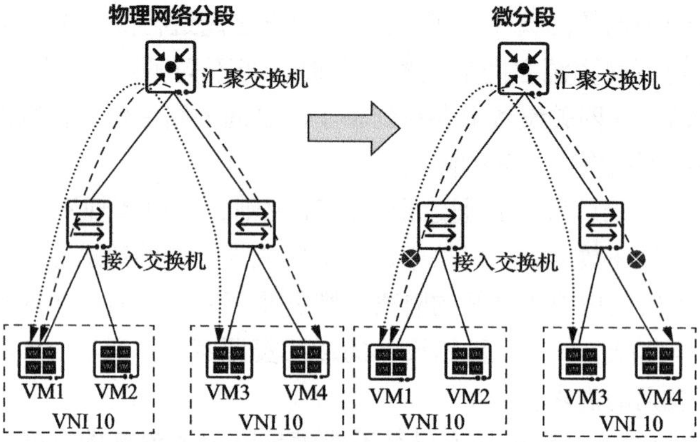

图 3-12 物理网络分段与微分段的对比

由此可以看出，微分段提供了比物理网络分段粒度更细的分组规则。而且，微分段可以按照IT系统需求重新定义网络，使用IT语言而不是网络语言来分段，更符合实际业务诉求。

3. 微分段实现方案

当前，业界微分段实现方式主要有3种，分别是基于安全网关设备、基于网络设备和基于客户端代理。这3种实现方式具体对比如表3-2所示。

表3-2 微分段实现方式对比

序号	实现方式	方式说明	特点
1	基于安全网关设备	通过防火墙或API网关等安全网关设备对流量进行集中处理，对访问策略进行管控	业务流量都要引流经过安全网关设备，这些设备容易成为“瓶颈”，比较适用于南北向流量、内外网之间、子网之间的策略控制
2	基于网络设备	通过物理或虚拟的网络设备对资源之间的访问策略进行管控	网络设备连接着各个接入节点，可以在网络中部署控制器，由控制器部署微分段，从而达到简化运维、安全管控的目的
3	基于客户端代理	在主机或虚拟机上安装客户端软件，通过客户端软件代理流量，并对访问策略进行管控	依赖客户端，需要在每台主机或虚拟机上安装客户端。一些物联终端无法安装客户端，因此无法采用客户端代理方式。 此外，从安全的角度，主机或虚拟机是被保护的对象，在被保护对象上执行安全管控策略容易被绕过，并不总是安全可靠的

综上分析，采用基于网络设备的方式，在物理或虚拟网络上实现微分段，更为简单易行，且不易被绕过，无论从安全性还是可维护性角度看，都是优于其他两种方式的。

基于网络设备方式的微分段有很多种不同的实现方案，如根据安全组、VXLAN（Virtual Extensible Local Area Network，虚拟扩展局域网）等方式实现微分段。下面以当前业界主流的VXLAN微分段为例进行详细介绍。阅读后文需要对VXLAN有一定的了解，本书未介绍VXLAN的基础知识，请读者自行查阅其他资料。微分段详细的处理如图3-13所示。

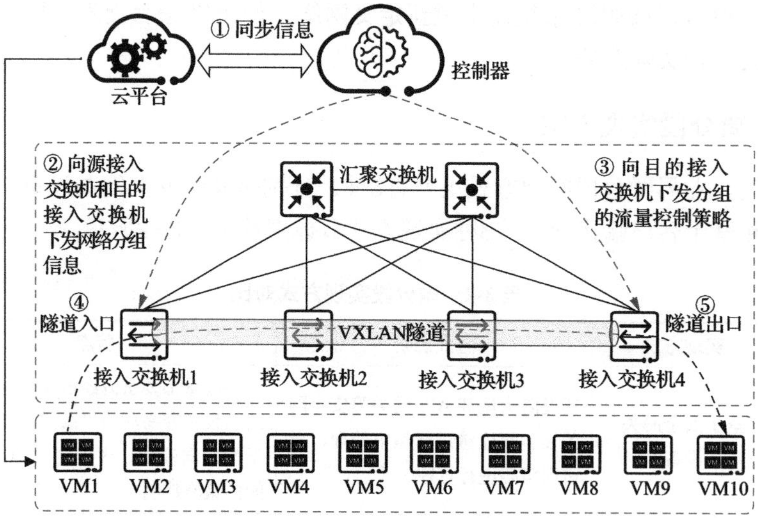

图 3-13　微分段详细的处理

以其中VM1访问VM10为例，微分段的处理流程如下。

步骤①　同步信息。按照一定的原则对网络中的资源进行分组，同一个组内的资源具有相同安全属性，分组信息可以从云平台获取。根据IT系统需求定义网络分组，可以确保分组更符合业务需求。

步骤②　向源接入交换机和目的接入交换机下发网络分组信息。对于VM1访问VM10业务，需要在接入交换机1下发VM1所属的网络分组信息，在接入交换机4下发VM10所属网络分组信息。

步骤③　向目的接入交换机下发分组的流量控制策略。对于VM1访问VM10业务，需要在接入交换机4下发VM1所属组和VM10所属组之间的流量控制策略。

步骤④　VM1访问VM10的业务报文到达VXLAN隧道入口（即接入交换机1）时，因为不是本地转发业务，接入交换机1根据跨设备转发的微分段流程，将VM1所属的网络分组信息封装到VXLAN报文头的预留字段中，并转发给下游设备。

步骤⑤　业务报文到达VXLAN隧道出口（即接入交换机4）后，接入交换机4解析VXLAN报文头，从中获取VM1所属的网络分组信息（即业务的源分组），同时根据本地VM10所属网络分组信息得到业务的目的分组。随后，接入交换机4根据源分组和目的分组之间的流量控制策略，确认是放行流量还是阻断流量。

以上是从VM1访问VM10业务的微分段处理流程。可见，在VXLAN中，微分段在VXLAN隧道出口的目的接入交换机上，按照组间策略的要求对报文进行流量控制。组间策略的控制点是VXLAN隧道出口。因此，若要对双向流量进行控制，则需要在VXLAN隧道入口和VXLAN隧道出口（即源接入交换机和目的接入交换机）上分别部署微分段功能。如果要控制VM10访问VM1业务，则需要以接入交换机1作为组间策略的控制点，在接入交换机1上应用流量控制策略。除了可以在不同分组之间应用流量控制策略，在同一分组的多个成员之间也可以应用流量控制策略。

3.4　零信任策略引擎

在传统的网络安全架构中，通常由管理员在防火墙等安全设备上配置静态的访问控制策略，以此来控制用户的访问权限。配置静态的访问控制策略，需要管理员提前明确用户和应用的访问关系，并且访问控制策略不会随着用户行为、终端环境和网络流量等的变化而更新。这种一成不变的访问控制策略在面对随时可能变化的网络环境时就难以胜任了。为了解决这一问题，零信任架构提出了动态控制访问权限的方法，其核心思想是，实时感知业务访问过程中的环境（Context）变化，综合评估环境状态，并根据评估结果动态调整安全级别、更新访问控制策略，保障用户访问业务全流程安全、可控。

零信任策略引擎就是零信任架构中为了实现动态访问控制而引入的一个必不可少的关键组件，承担着“安全大脑”的角色。顾名思义，“安全大脑”就像我们人类的大脑一样，大脑需要收集人体各个感官传递的各种信息，并对其进行综合分析，根据分析结果下发指令，指导人体的下一步动作。比如，一位缝纫工正在工作，突然看到针断了，又或者被针扎到了手指导致疼痛，这些异常的信息都会及时地传递到大脑中进行分析。经过快速的综合评估，大脑下达停止缝纫的指令，于是这位缝纫工的缝纫行为就暂停了。类比零信任策略引擎的工作过程，缝纫动作就相当于用户去访问应用的正常行为。如果出现了异常的情况，比如在终端上检测到了进程崩溃，或者用户突然越权去访问了本不该访问的应用，这些异常信息上报到“安全大脑”之后，“安全大脑”会进行综合评估，认为业务访问存在风险，于是下达调整该用户访问权限、立刻中止该用户当前访问行为的指令。

从这个例子中可以看出，零信任策略引擎是整个零信任架构中承上启下的关键组件，它的工作内容包括接收各种异常信息以实现多维环境感知、综合环境评估和下发策略调整指令以实现动态访问控制。其中，多维环境感知是综合环境评估的基础，综合环境评估的结果是动态访问控制的判断依据。基于多维环境感知实现动态访问控制的模型如图3-14所示。

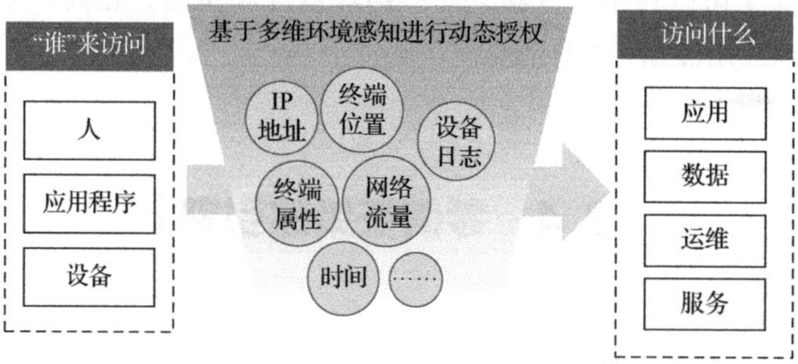

图 3-14　基于多维环境感知实现动态访问控制的模型

1. 多维环境感知

在零信任方案中，环境感知的维度至少应包括终端、用户行为和网络流量等。终端是用户发起访问时使用的物理设备；用户行为是用户访问应用过程中的各种行为；而流量在网络中传输，极易遭受攻击和篡改，故同样需要对网络流量进行威胁检测。需要注意的是，"多维环境感知"中的"环境"是一个广义的概念，并不只局限于终端环境。只要与用户访问应用的安全性有关，从网络环境、操作行为、应用环境到设备或用户的固有属性，都属于多维环境感知的范畴。我们的大脑同时调动的感官越多、越敏锐，获得的信息就越丰富、越准确，基于这些信息做出的反应就越恰当。同样，零信任策略引擎收集到的环境信息维度越多、内容越详尽，其综合环境评估的结果就越准确。

（1）终端环境感知

终端环境感知的前提是为终端设备生成具有唯一性、防篡改的设备标识。就像每个人都拥有自己独一无二的身份证号码一样，每个设备也应该具有自己唯一的设备ID，用于标识该设备的身份。在用户访问应用的过程中，对设备ID进行有效性检测，可以及时识别并规避各类资产风险，如已下线的资产又出现了访问行为，仿冒设备窃取合法的设备ID发起访问等。

终端环境感知通常需要检测以下内容。

- 检测终端安全策略配置是否符合安全基线。通常，为了确保安全，企业会制定统一的安全策略配置模板作为安全基线，所有终端按照安全基线进行设置。比如，设置定时锁屏，默认关闭文件共享功能，不允许开启桌面远程协助功能，强制要求安装系统高危漏洞的补丁，等等。如果终端的安全策略配置违反了安全基线，则需要修复、隔离入网或上报告警等。
- 检测各类软件的安装及运行状态是否符合要求。原则上，所有的终端设备都应该统一部署具有合法授权的软件，不应安装未经授权的软件、破解软件或盗版软件，也不能私自安装具有潜在攻击风险的工具软件，如扫描软件或黑客工具等。有些企业还禁止安装可能会造成数据泄露的社交软件或网盘。此外，安装的软件版本也需要符合要求，建议使用经过充分评估的成熟版本。例如，过时的版本可能存在安全风险，或已经停止服务；最新版本可能不稳定或存在兼容性问题。
- 检测终端的IP地址变化。合法终端应该通过已知且可信任的网络接入。如果突然出现了使用异常IP地址的终端，则怀疑终端连接了不可信的Wi-Fi等情况。
- 检测终端的进程、注册表等运行状态是否发生变化。如果突然检测到了应当时刻保持运行状态的系统进程异常中止，或者莫名其妙地多出来一些陌生进程，又或者注册表在没有相关操作的情况下发生了改变，则有可能是系统被病毒或木马入侵，应当立刻上报告警。

（2）UEBA

UEBA主要关注用户与实体的行为是否正常，可以发现用户的异常或违规行为，比如访问未授权应用、在非工作时间访问核心业务系统等异常行为。基于行为进行风险建模和关联分析，进而确定用户实体行为的可信评价。

常见的用户实体行为检测范围包括以下内容。

- 短时间内连续多次的认证失败。这是暴力破解攻击的典型现象。一旦出现疑似暴力破解攻击，建议立即取消用户访问敏感应用和数据的权限，必要时可以锁定用户，以防止攻击者在暴力破解成功后窃取关键信息资产。
- 短时间内连续多次访问应用或API鉴权失败。出现这种情况时，账号密码可能已经泄露，攻击者正在使用合法账号寻找可能存在的权限漏洞。如果未严格执行最小权限原则，则可能被攻击者发现隐藏的访问权限，造成越权访问。

- 短时间内用户登录IP地址频繁变化。正常情况下，用户访问应用的IP地址应该相对稳定。如果短时间内IP地址频繁变化或者反复跳变，例如用户初始登录IP地址在北京，一分钟内地址变换到了上海，下一分钟又变换到了深圳，这就是一种异常行为。很显然，以现在交通工具的速度，不可能发生这样的事情。
- 在异常时间段内访问业务系统。某些“内鬼”为了掩人耳目，会选择在办公区空无一人的深夜访问关键业务系统并窃取关键信息。因此，访问时间也是异常行为的一个重要判断依据。
- 存在大量可疑的下载行为。正常情况下，流入数据中心的流量大于流出的流量。如果流出的流量突然异常增大甚至超过流入的流量，则有可能发生了数据泄露。

UEBA的难点在于如何准确地区分正常的业务行为和异常的攻击行为，因为两者的行为往往非常相似。攻击者将自己的攻击行为伪装成正常的业务行为，这非常好理解，但是正常的业务行为有时候也会看起来像异常的攻击行为。这样的例子有很多。比如，我们忘记了某个长时间未登录的应用系统的账号和密码，尝试登录5次均失败了，就会被系统判定有暴力破解风险，锁定账号5分钟。再比如，研发人员正常的工作时间应该是朝九晚六，然而由于产品处于交付冲刺阶段，小张加班到深夜，系统判定其工作时间异常，自动取消了小张访问核心代码库的权限，小张只能找管理员重新恢复权限。因此，对用户实体行为的风险评估需要深入业务流程中，制定业务行为基线，兼顾好业务效率与安全性。

（3）NTA

除了终端和用户实体行为的风险，网络流量中也充满着威胁，如常见的DGA（Domain Generation Algorithm，域生成算法）域名非法外联、命令注入攻击、SQL注入攻击等。随着APT攻击的愈演愈烈，对未知威胁的检测成为NTA（Network Traffic Analytics，网络流量分析）的重点。常见的NTA技术包括Netflow/NetStream、sFlow、安全沙箱等。此外，传统的NTA技术主要针对明文流量。然而，随着人们对安全性要求的提高，网络中出现了越来越多的加密流量，如何对加密流量进行威胁检测和安全分析也成为研究热点。关于加密流量检测，我们将在3.10节中进行详细介绍，此处不赘述。

（4）应用环境分析

在应用访问应用或应用访问服务的场景中，应用是访问的发起端。此时需要评估应用的安全状态，例如，应用所在的服务器是否开放了非必要的端口、是否存在未修复的高危漏洞等。当应用所处的环境风险过高时，同样应该限制其访问其他应用或服务的权限，以防止风险在内网扩散开来。

（5）通过开放标准API接收其他环境信息

没有哪种产品能够发现所有的环境风险，环境感知的维度也不仅限于前文所列出的几种。零信任策略引擎应当支持通过标准的API对接其他的安全产品，接收更加全面的环境信息，以便给出更加准确的风险评估结果。

2. 综合环境评估

在接收到前文所述的各个维度的环境信息以后，零信任策略引擎进行综合分析和评估。需注意，综合环境评估并非各类环境信息的简单叠加，而是需要根据用户访问应用的各种风险，建立评估模型并加以训练，最终得到评估结果。例如，可以根据风险等级，将评估结果划分为低风险、中风险和高风险。在具体应用中，由于各企业所处的环境、业务不同，其所重点关注的风险类别可能也有所不同，此时可以通过配置感知策略来调整评估模型。例如，某企业仅允许办公计算机访问企业内网，可以将某用户访问互联网的风险行为定义为高风险，同时该用户综合环境评估的结果也是高风险；允许用户连接互联网的企业则可以将这种风险行为设置为低风险，降低其对综合环境评估结果的影响权重。

综合环境评估结果可以以打分的形式来直观表示。当出现安全风险时，评分降低；当安全风险消除后，评分恢复。比如，我们将满分定义为100分，代表最高的安全状态，80～99分为低危状态，50～79分为中危状态，0～49分为高危状态。不同的安全状态具有不同的应用访问权限，如果对权限管控粒度要求较高，用户也可以自行划分更细致的风险等级。

3. 下发策略调整指令

零信任策略引擎完成综合环境评估后，通知零信任策略管理器评估结果，由策略管理器根据风险维度向策略执行点下发策略调整指令。例如，在综合环境评估中，用户行为风险为主要风险，则可以针对该用户下发锁定用户、要求二次认证等指令；如果终端侧风险严重，则可以调整用户的访问权限，禁止其访问包含敏感数据的业务应用。

典型的零信任策略引擎工作流程如图3-15所示。

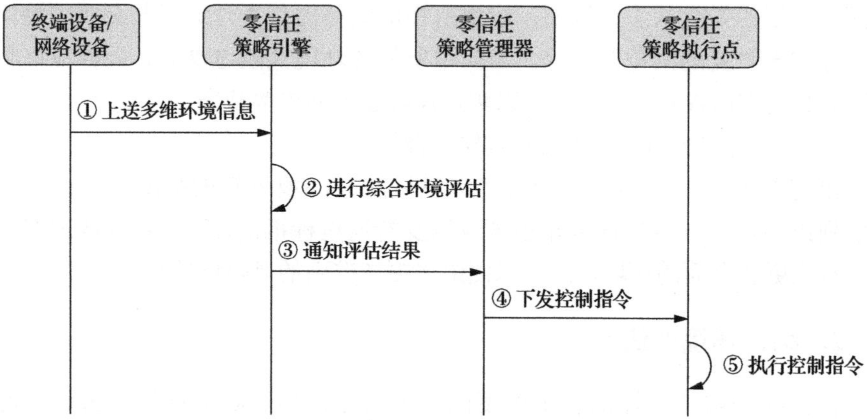

图 3-15 典型的零信任策略引擎工作流程

步骤① 零信任策略引擎收集终端设备/网络设备的多维环境信息，如终端风险日志、设备地理位置、登录时间段、用户访问日志、各类安全设备上报的日志和安全事件、情报信誉等，并上送。

步骤② 零信任策略引擎利用收集到的各类信息，对用户进行综合环境评估，给出用户画像和评估结果。

步骤③ 零信任策略引擎通知零信任策略管理器评估结果。

步骤④ 零信任策略管理器根据评估结果实时调整用户访问应用的安全策略，并下发控制指令到零信任策略执行点。

步骤⑤ 零信任策略执行点执行控制指令，放通或阻断访问流量，保护业务安全。

3.5 零信任网关

零信任网关作为策略执行点，主要实现对访问主体的访问代理和策略执行。根据场景的不同，零信任网关可分为应用代理网关、API网关、运维代理网关和物联网关。当访问主体对资源进行访问时，访问流量会经过零信任网关。零信任网关拦截流量并对其进行解析，将解析出的主体身份、设备属性等信息发送给策略管理器进行校验，并根据校验结果执行转发或阻断等操作。

1. 应用代理网关

传统的应用访问模式需要在网络中公布应用的地址，以便用户可以随时访问。这必然将应用暴露在网络之中，攻击者可以很容易地对应用进行扫描探测，并发起DDoS攻击，或利用漏洞进行渗透，极大地增加了应用安全风险。因此，越来越多的应用开始采用代理的方式对外提供服务，应用代理网关逐渐流行起来。

应用代理网关的主要作用是识别访问主体，在主体访问Web应用时提供代理。同时，应用代理网关从策略管理器中获取授权信息，执行允许访问、二次认证或阻断访问等控制动作。

应用代理网关的主要功能及部件配合关系如图3-16所示，其中策略引擎的介绍参见3.4节。

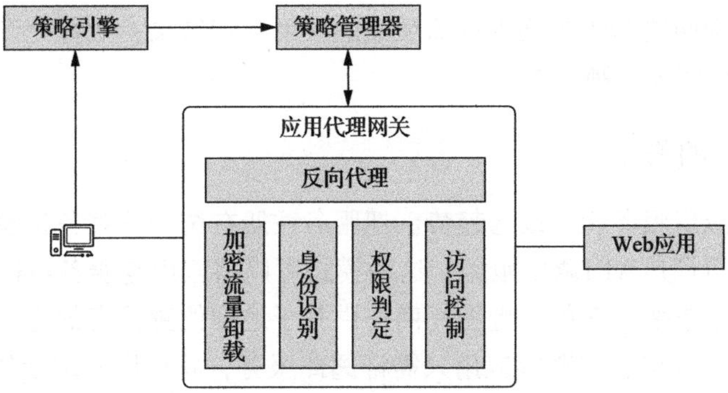

图 3-16　应用代理网关的主要功能及部件配合关系

以下是应用代理网关所具备的主要功能。

（1）反向代理

应用代理网关隐藏了Web应用的真实地址，用户只能通过应用代理网关的地址访问应用，这就是应用代理网关的反向代理功能。反向代理可以避免将应用的真实地址直接暴露在网络中，减少暴露面。反向代理功能是实现其他功能的前提。有了反向代理，应用代理网关可以执行认证授权动作，禁止非授权用户访问应用，进一步增强应用的安全性。

（2）加密流量卸载

当今90%以上的Web应用采用HTTPS提供服务，当加密流量到达应用代理网关时，应用代理网关应先对加密流量进行卸载，以便解析设备身份、令牌、终端环境、访问域名等关键信息，用于身份识别。因此，应用代理网关需要支持加密流量卸载，并支持标准的WebSocket协议。对于某些特殊场景，应用代理网关还需要支持国密算法的加密流量卸载。

（3）身份识别

在用户访问应用过程中，应用代理网关需要对用户及其使用的终端进行身份识别，以保证主体的唯一性。身份识别的目的在于防止攻击者伪装成合法用户、使用仿冒终端接入网络或者实施中间人攻击等。如果应用代理网关没能从流量中识别出用户的身份信息，则一般会跳转至认证界面，强制用户进行身份认证。

（4）权限判定

识别出主体身份（例如设备唯一识别码）、令牌和访问应用域名等信息后，应用代理网关将上述信息发送给策略管理器进行权限判定，并接收策略管理器反馈的判定结果。

（5）访问控制

应用代理网关基于策略管理器反馈的权限判定结果，执行允许访问、二次认证、拒绝访问等控制动作。

2. API 网关

如今，应用服务化已成为趋势。把服务注册在统一的服务管理平台上，不同的应用均可通过API调用服务。这种模式可以将应用与服务解耦，极大地提高服务的共享效率。例如，地图厂商提供基于地理位置信息的定位服务，可将此服务开放，打车、团购等应用只需订阅此服务，就可以实现定位功能。API网关就是注册和发布服务的管理平台。

API网关的主要功能及部件配合关系如图3-17所示。

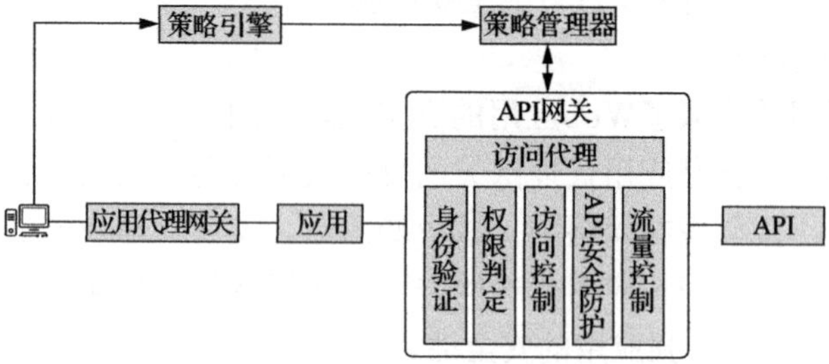

图 3-17　API 网关的主要功能及部件配合关系

API网关的作用跟应用代理网关的类似，区别在于应用代理网关针对用户访问应用提供访问控制，而API网关针对应用调用API提供访问控制。当应用调用服务的API时，API网关提供代理转发和访问控制服务。API网关隐藏API，缩小了暴露面。因此，API网关也可以作为策略执行点，接收策略管理器下发的策略，进行API粒度的访问控制。

以下是API网关所具备的主要功能。

（1）访问代理

对API请求进行代理转发是API网关的核心功能。API网关首先对加密流量进行卸载，解析应用身份、应用环境、令牌等信息，将上述信息发送给策略管理器进行权限判定，并根据策略管理器反馈的判定结果处理API请求。只有通过鉴权的API请求才会被转发至API。

（2）身份验证

在应用调用API的过程中，API网关会对应用的身份进行验证。一般情况下，应用会将自己的身份信息插入请求头中，API网关从请求头中解析、识别身份信息。如果未能从请求头中识别出应用的身份信息，API网关会返回错误码，提示应用的身份信息错误。

（3）权限判定

API网关的权限判定功能跟应用代理网关的类似。API网关从应用的请求头中解析出令牌信息，发送给策略管理器进行权限判定，并接收策略管理器反馈的判定结果。

（4）访问控制

API网关基于接收到的判定结果执行访问控制策略，访问控制策略通常包括允许访问、阻断访问、二次认证等方式。

（5）API安全防护

API网关可解析API调用的内容和行为，识别常见的API攻击。当发现API攻击时，API网关可以阻断API请求，或者中止当前会话。API网关接收到API访问请求后，从访问请求中提取出应用和环境等信息，比如IP（XFF优先）、Host、URI（Uniform Resource Identifier，统一资源标识符）、User-Agent、访问时间段、request_body_size等，然后与API网关上配置的Deny规则集进行匹配。如果匹配了规则集中的规则，则阻断访问请求。

（6）流量控制

API网关可以限制每个主体对API的访问速率（如请求频率、下载速率等），也可以限制API的全局访问速率，避免突发流量或者恶意工具影响API的稳定性和QoS（Quality of Service，服务质量），低于额定速率的请求可以正常转发。当出现异常流量时，API网关的管控措施包括延迟转发和拒绝访问。

- 延迟转发：当API访问速率超过服务的额定速率时，超出额定速率的请求会进入有限的缓存空间。在服务处理完额定速率内的请求后，API网关再转发超出额定速率的请求。这样，在瞬时访问少量超出额定速率时，用户会感知到服务响应速度变慢，但不至于出现大面积的访问错误。
- 拒绝访问：当API访问速率过大、超出额定速率的请求数量超过了缓存空间的规模时，API网关会拒绝访问请求，并返回HTTP状态码503给用户。这样，在访问请求持续超出额定速率时，API网关通过对流量进行管控，保护服务的负载维持在可接受的范围内，从而保证服务的稳定性。

3. 运维代理网关

在传统的运维场景中，运维人员通常会先登录堡垒机，再以堡垒机为跳板，访问被运维对象，进行运维操作。若将运维操作与零信任联系起来，将堡垒机当作运维代理网关，并作为零信任策略执行点，在为运维人员提供访问被运维对象、进行运维操作管理与审计等的功能时，也可协同策略管理器，执行策略管理器针对运维操作过程中的风险评估结果所调整的安全策略，实现对运维人员的动态访问控制。

运维代理网关主要的功能及部件配合关系如图3-18所示。

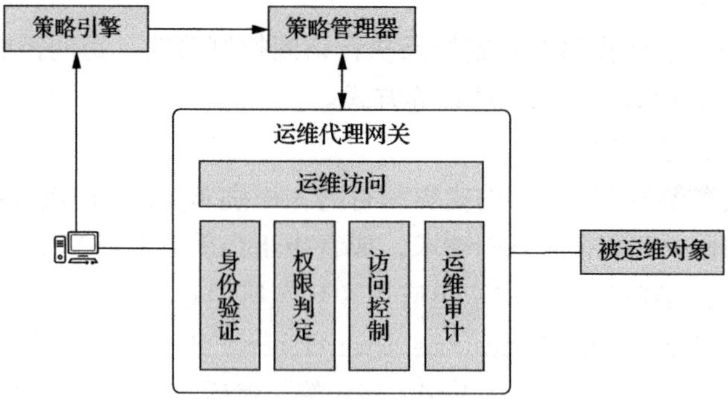

图 3-18　运维代理网关的主要功能及部件配合关系

以下是运维代理网关所具备的主要功能。

（1）运维访问

对于授权范围内的运维操作，运维代理网关支持SSH（Secure Shell，安全外壳）、RDP（Remote Desktop Protocol，远程桌面协议）等常见的运维协议，对运维访问进行转发。

（2）身份验证

运维用户访问运维代理网关时，运维代理网关会对用户的身份进行验证。与应用代理网关类似，运维代理网关也需要进行用户身份验证和终端唯一性识别。运维代理网关从运维用户的请求头中解析身份信息，如果运维代理网关未能从请求头中识别出用户的身份信息，则将请求跳转至认证页面，强制运维用户进行身份验证。

（3）权限判定

识别出运维用户的身份、令牌等信息后，运维代理网关将这些信息发送给策略管理器进行权限判定，并接收策略管理器反馈的权限判定结果。运维用户即可执行授权范围内的运维操作，例如访问防火墙、读写数据库等。

（4）访问控制

运维代理网关基于策略管理器下发的权限判定结果，执行允许操作、二次认证、拒绝操作等访问控制动作。

（5）运维审计

运维操作均属于特权操作，因此在运维用户进行操作的全过程中，需要记录运维业务授权日志、命令行操作记录、运维操作录像等信息，并上报审计日志，以便对运维操作进行风险分析。

4. 物联网关

物联网已经逐渐成为企业信息化建设的重要场景之一。物联网一般采用物联网通信协议，如蓝牙、ZigBee等实现人与物、物与物之间的通信。因此，对物联网关来说，最重要的是支持常见的物联网通信协议与物联终端连接，并对物联终端进行管理。与其他零信任网关不同的是，物联网关一般不需要对流量进行代理。

物联网关的主要功能及部件配合关系如图3-19所示。

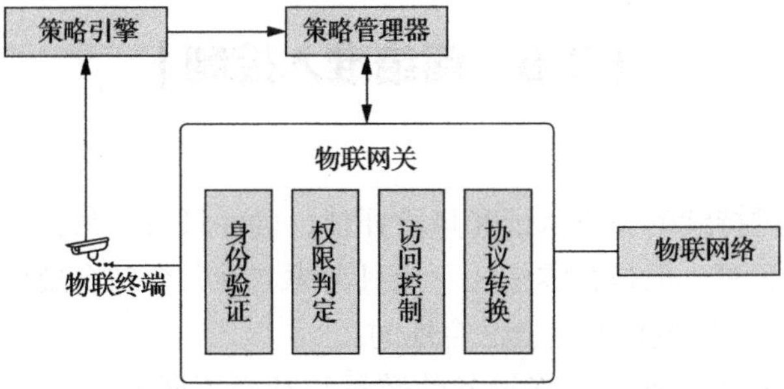

图 3-19　物联网关的主要功能及部件配合关系

以下是物联网关所具备的主要功能。

（1）身份验证

物联终端一般采用MAC认证或802.1X认证方式。但是，这两种认证方式存在终端仿冒等问题，其安全性一直被诟病。相比而言，证书认证是一种较为安全的认证方式。令人欣慰的是，物联终端厂商也认识到此类问题，证书认证已经广泛被物联终端厂商所接受，国家标准化管理委员会等也出台了诸如《公共安全视频监控联网信息安全技术要求》（GB 35114—2017）这样的强制标准来规范物联终端安全。

（2）权限判定

当物联终端通过身份验证后，策略管理器可以基于预设的权限向物联网关下发策略。物联终端接入物联网后，策略引擎根据其网络流量进行特征提取和行为分析，形成业务流量基线。策略引擎持续监控和分析物联终端的网络流量。如果检测到网络流量偏离了流量基线，策略引擎会将分析结果传递至策略管理器。策略管理器动态调整此物联终端的权限，并下发权限判定结果给物联网关。

（3）访问控制

物联网关基于策略管理器下发的权限判定结果，对物联终端执行操作放行、拒绝操作等访问控制动作。

（4）协议转换

物联网关需要将物联网通信协议，如蓝牙、NB-IoT（NarrowBand Internet of Things，窄带物联网）、ZigBee等，统一转换成标准的协议，如HTTP、MQTT（Message Queuing Telemetry Transport，消息队列遥测传输）协议等。然后，物联管理系统才能方便地跟物联终端通信，以便集中管理多种类型的物联终端。

3.6 网络准入控制

零信任通过持续的身份认证和风险评估，确保只有合法合规的用户才能访问相应的业务资源。但是，零信任不能只考虑“谁”合法合规访问业务资源，更要考虑网络上的哪些设备是合法合规的。

随着物联网的发展，网络设备的数量和种类不断增加，包括摄像头、IP电话机、打印机、门禁系统等物联设备。物联设备没有用户界面，不能使用用户名和密码来标识它们的身份和角色。另外，用户使用智能终端访问业务资源时，第一步需要接入网络。把网络层打通了，用户终端才能和身份管理系统、风险评估系统建立连接。如果没有任何校验和限制，用户终端就可以随意接入网络，随意访问其他设备（如相同VLAN内的设备）。如果该用户终端携带病毒，接入网络后就会攻击其他设备，导致风险扩散，这并不符合零信任的理念。要落地零信任，首先要知道网络上所有的设备及其状态。网络准入控制就是用于解决设备的信任问题的技术，是零信任的起点。

1. 网络准入控制介绍

网络准入控制是用于发现和控制终端设备接入的技术。通过网络准入控制可以准确发现和识别在网络上已经接入以及试图接入的设备，可通过对其进行身份认证和各种合规检查，以确保设备身份合法并且没有潜在风险（如携带病毒），然后才基于角色和风险对该设备进行动态精细授权。网络准入控制通过检查、隔离、加固和审计等手段，加强终端设备的主动防御能力，保证每个终端设备的安全性，进而保护企业整网的安全性。

网络准入控制的技术架构如图3-20所示。

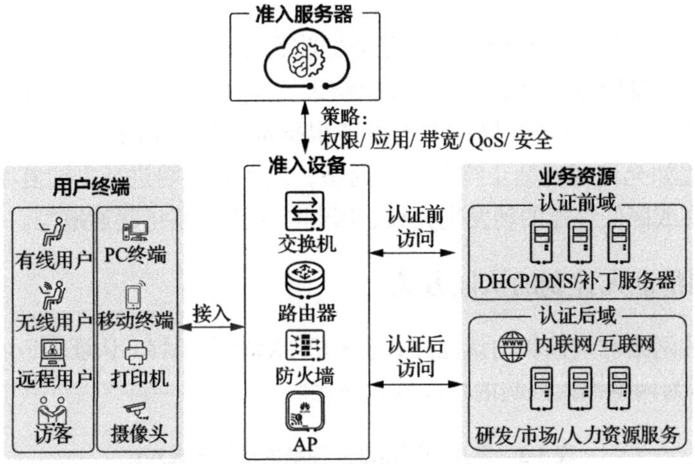

注：AP 即 Access Point，接入点。

图 3-20　网络准入控制的技术架构

网络准入控制的技术架构由3类组件组成。

- 用户终端：各种终端设备，例如PC终端、移动终端、打印机、摄像头等。

- 准入设备：终端设备访问网络的认证控制点，用于对接入网络的终端发起认证要求，并把终端提交的用户信息上报给准入服务器进行认证。准入设备是准入策略的执行者，按照制定的准入策略实施相应的控制动作（如允许接入网络或拒绝接入网络）。准入设备可以是交换机、路由器、防火墙、AP（Access Point，接入点）或其他安全设备。
- 准入服务器：网络准入控制的“大脑”，主要功能是实现对终端的认证和授权，用于确认尝试接入网络的终端身份是否合法，并向终端下发应用访问、带宽、QoS、安全等策略，对终端行为进行授权。准入服务器通常有认证服务器（如RADIUS服务器）和用于存储用户身份信息的用户数据源服务器。

网络准入控制系统把业务资源分为两类：认证前域的资源和认证后域的资源。顾名思义，认证前域即终端设备在完成认证之前可以访问的区域。该区域主要用于部署DHCP服务器、DNS服务器、补丁服务器等。在终端通过认证前，准入设备只允许终端访问认证前域的资源。其他核心资源，即认证后域的资源，如各种业务系统等，只允许认证通过的终端访问。网络准入控制的工作流程如下。

步骤① 终端身份认证请求：终端发送自己的身份凭证给准入设备。

步骤② 终端身份认证：准入设备将终端的身份凭证发送给准入服务器进行身份认证。

步骤③ 终端身份校验：准入服务器收到终端的身份凭证后，进行身份校验，确定终端身份是否合法，并将校验结果及准入策略下发给准入设备。

步骤④ 终端策略授权：准入设备根据准入服务器的结果对终端实施准入控制，比如允许或者禁止终端访问网络；或者对终端进行更加复杂的管控动作，如提高或降低终端的转发优先级、限制终端的网络访问速率等。

2. 网络准入控制的认证方式

常见的网络准入控制的认证方式有802.1X认证、MAC认证、Portal认证，表3-3所示为网络准入控制的认证方式对比。

表 3-3 常见的网络准入控制的认证方式对比

认证方式	简介	优点	缺点	适用场景
802.1X 认证	基于端口的网络准入控制协议，通过对端口上接入的用户终端进行认证来控制对网络资源的访问	用户名和密码方式安全性、可靠性高	实施及维护工作量大，需要在每台用户终端上安装并配置 802.1X 客户端，并在每个交换机端口上配置 802.1X 认证	适用于网络安全要求严格的场景

续表

认证方式	简介	优点	缺点	适用场景
MAC认证	以MAC地址作为用户终端的身份凭据，到认证服务器进行认证	无须安装客户端，部署简单，易维护。无须输入用户名、密码，用户终端基于MAC地址直接向认证服务器发起认证	MAC地址很容易被仿冒	主要用于哑终端认证，包括IP电话机、打印机等
Portal认证	也称为Web认证，用户可以通过Web认证页面，输入用户账号信息，实现对终端用户身份的验证。 准入设备感知到终端在访问网络资源时，自动重定向到Portal认证页面，用户输入用户名和密码进行认证	无须安装客户端，方便且易用。可以在Portal认证页面上发布宣传消息	用户入网第一步需要打开浏览器，体验不好。 安全性差，未认证前的终端可以互访	主要适用于无须客户端接入的场景，安全性较低

在园区网络中，建议针对PC终端采用802.1X认证，针对哑终端采用MAC认证，针对访客场景采用Portal认证。

3. 网络准入策略控制

认证用于确认尝试接入网络的用户终端身份是否合法，但是用户终端身份合法，并不意味着其可以访问网络内的所有资源。网络准入策略控制基于用户终端的身份，赋予身份合法的用户终端所能拥有的网络访问权限，即终端能够访问哪些网络资源。

网络准入策略控制即网络访问策略，管理员在准入服务器上定义用户终端的网络访问策略，然后把策略下发给准入设备，由准入设备按照网络访问策略对用户终端执行管控动作。网络准入策略控制常见的授权方式有以下3种。

- VLAN：为了将受限的网络资源与未认证的用户终端隔离，通常将受限的网络资源和未认证的用户终端划分到不同的VLAN中。用户终端认证成功后，准入服务器将指定的VLAN授权给用户终端。
- ACL：用户终端认证成功后，准入服务器将指定的ACL授权给用户终端。准入设备根据该ACL对用户终端的报文进行控制。
- UCL：UCL（User Control List，用户控制列表）是网络成员的集合，UCL的网络成员可以是PC终端、移动终端等网络终端设备。借助UCL，管理员可以将具有相同网络访问策略的终端划分为一个组，然后为其部署一组网络访问策略。相对于为每个终端部署网络访问策略，基于UCL的网络访问策略能够极大地减少管理员的工作量。

4. 零信任理念增强网络准入控制

传统的网络准入控制方案主要在用户终端入网时验证身份合法性，并基于终端的身份进行网络访问控制。在零信任理念的指导下，网络准入控制应该增强“持续验证”。建议按照图3-21所示的架构来加强对终端设备的风险分析能力，基于风险等属性实时调整网络访问策略，实现主动防御能力，提高每个入网用户终端的安全性。

按照零信任理念改造的网络准入控制架构增加了终端安全态势分析平台。作为零信任策略引擎，终端安全态势分析平台用于持续验证用户终端的安全状态，实现用户终端接入的零信任。

为了提升安全状态分析的准确率，终端安全态势分析平台需要收集尽可能多的信息，特别是终端身份、流量、日志、威胁情报等信息。这些信息分散在网络的不同位置，必须对端、网、云、安进行统一纳管并收集，以获得更精准的分析结果，同时考虑信息收集的成本。例如，流量探针的部署，建议在流量集中的网络节点部署流量探针；或者复用网络和安全设备的能力，减少独立探针的数量。

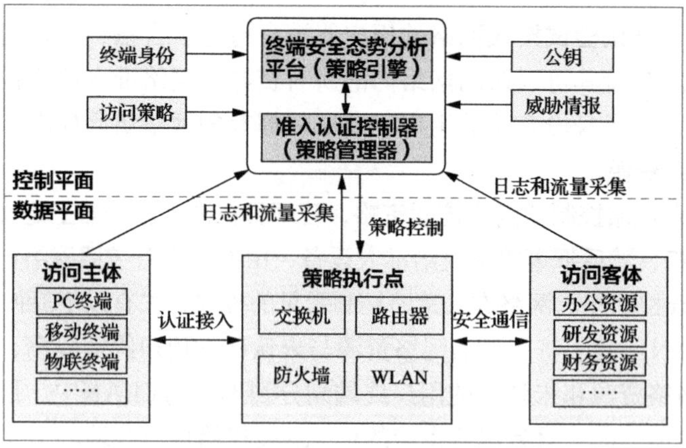

图 3-21 使用零信任理念改造的网络准入控制架构

信息收集之后，终端安全态势分析平台还需要基于智能威胁分析模型和算法，进行大数据关联分析、综合分析和研判等，提高威胁告警的准确率，减少无效告警。在用户终端通过认证后，终端安全态势分析平台对用户终端的风险进行实时评估，评估的维度包含终端风险、网络流量异常和终端违规行为（例如终端访问位置的突然变化）等信息。基于评估结果，更新终端安全状态和评分。

准入认证控制作为零信任策略管理器，从终端安全态势分析平台获取用户终端的安全状态信息，并结合终端身份、位置、时间等信息，动态调整网络访问策略，并下发给作为策略执行点的交换机、防火墙等准入设备。

| 3.7　SDN |

在Forrester发布的《零信任扩展框架》里，网络是构建零信任的七大能力之一。Forrester认为网络是零信任防护的基础能力，网络侧能力主要提供网络的隔离和分段，同时网络数据也是可视化分析的重要数据来源。零信任需要与广泛的IT环境集成，通过自动化编排动态调整访问控制策略，这些都是零信任对网络提出的新要求。传统的网络架构无法满足零信任的要求，需要引入新的网络架构，即SDN架构。

1. 传统网络的局限性

传统网络采用分布式控制架构，分为管理平面、控制平面和数据平面。

- 管理平面主要包括设备管理系统和业务管理系统。设备管理系统负责网络拓扑、设备接口、设备特性等的管理，同时可以给设备下发配置脚本。业务管理系统用于对业务进行管理，例如业务性能监控、业务告警管理等。
- 控制平面负责网络控制，主要功能为协议处理与计算。例如，路由协议用于路由信息的计算和路由表的生成等。
- 数据平面负责根据控制平面生成的指令，完成用户业务的转发和处理。例如，根据路由协议生成的路由表，将接收的数据包从相应的出接口转发出去。

传统网络通常将网管系统部署为管理平面，控制平面和数据平面则分布在每个设备上运行。传统网络的局限性主要体现在以下几个方面。

- 缺乏网络的全局视角，缺乏流量可视化功能，无法基于全局视角做出全局最优的网络决策，流量路径的调整需要通过在多个网元上分别配置流量策略来实现。对大型网络来说，流量策略的调整不仅烦琐，还很容易出现故障，无法快速响应需求。

- 数据平面缺乏统一的抽象模型，控制平面无法基于数据平面编程来支持网络新功能。这就导致网络缺乏自动化能力，无法自动调整流量策略和访问控制策略。业务上线周期长，无法满足大规模业务快速变化的需求。
- 传统网络的协议较复杂，如IGP（Interior Gateway Protocol，内部网关协议）、BGP（Border Gateway Protocol，边界网关协议）、MPLS（Multi-Protocol Label Switching，多协议标签交换）、组播协议等，而且还在不断增加。另外，除了标准协议，设备厂家还有一些私有协议，导致设备操作命令繁多、运维复杂。

2. SDN简介

2006年，以斯坦福大学尼凯·麦基翁（Nick McKeown）教授为首的团队，借鉴计算机领域的通用硬件、软件定义和开源理念，提出了OpenFlow的概念。OpenFlow将传统网络设备的数据平面和控制平面分离，通过集中式的控制器，以标准化的接口对各种网络设备进行管理和配置。这为网络资源的设计、管理和使用提供了更多的可能性，从而推动了网络的革新与发展。2009年，基于OpenFlow，该团队进一步提出了SDN的概念，引起了行业的广泛关注和重视。

在SDN架构中，网络的控制平面与数据平面相分离，如图3-22所示。数据平面变得更加通用化，与计算机通用硬件类似，只需要接收控制平面的操作指令并执行，不再需要具体实现各种网络协议的控制逻辑。网络设备的控制逻辑由软件实现的SDN控制器来定义，从而实现网络功能的软件定义化。

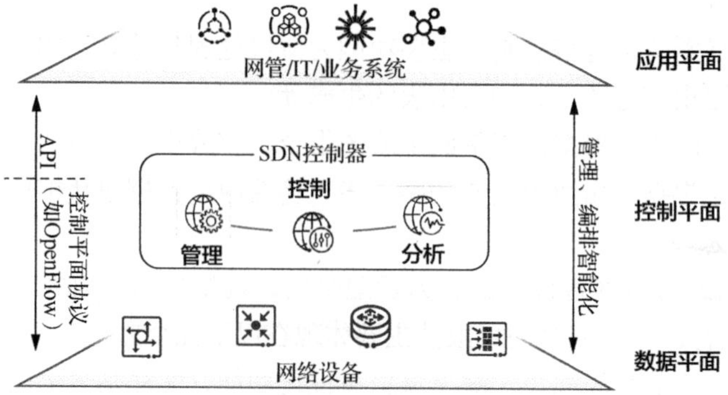

图 3-22　SDN 架构

SDN架构主要有以下3个特征。

- 转控分离：控制平面与数据平面解耦，两者可以独立演进。控制平面即SDN控制器，负责协议计算，生成转发规则。数据平面即网络设备，负责根据控制平面生成的转发规则进行数据报文转发。
- 集中控制：集中管理分布式网络状态。通过SDN控制器集中管理设备、下发转发规则，就不需要逐个操作设备，这为网络自动化管理提供了可能。通过集中控制，可以根据业务需求快速实现网络微分段。
- 开放编程：SDN建立了新的网络抽象模型，为用户提供了一套完整的通用API。第三方应用只需通过SDN控制器提供的开放接口，采用编程方式定义新的网络功能，SDN控制器就可以将用户语义翻译为网络语义，实现对网络的管理、控制和分析。基于API，零信任策略引擎可以根据风险分析结果，快速联动SDN控制器调整安全策略并下发到网络设备中。

在这3个特征中，控制平面与数据平面分离为集中控制创造了条件，集中控制为开放编程提供了架构基础，开放编程是SDN的核心特征。

SDN架构将负责管理流量的控制平面与数据平面分离，通过集中控制，实现动态流量调整和微分段链路的分段控制，支持动态调整访问控制策略。基于SDN架构的SD-WAN（Software Defined Wide Area Network，软件定义广域网），是SDN架构在WAN（Wide Area Network，广域网）领域的应用。2019年，在SD-WAN的基础上融合了零信任安全原则，提出了SASE（Secure Access Service Edge，安全访问服务边缘）。SASE是融合了网络和安全能力的新兴方案，自诞生起就备受关注，4.7节中将详细介绍。

3. SDN 赋能安全

SDN强调的转控分离、业务自动化、流量可视、自动调优等理念都和零信任安全理念不谋而合。SDN赋能安全，让零信任更易落地。

（1）网络微分段

网络分段是提高安全性的重要手段。根据业务需求，可以部署VPN、VLAN等来实现宏分段，也可以部署VXLAN、安全组等来实现微分段。微分段提高安全性的效果非常明显。但是，网络微分段的隔离粒度太细，提高了运维的复杂度。部署网络微分段，需要运维人员了解业务数据流，理解系统之间的通信机制，熟悉业务的通信端口、协议等。如果贸然启用微隔离，会导致正常业务不可用。因此，在传统网络架构下，很多企业只实现了宏分段。多数企业分隔了外网和内网，做得稍微好一些的企业会在内网划分区域，实现区域之间的隔离。SDN架构的出现，使运维人员可以方便地采用SDN，根据业务情况轻松实现网络微分段。

（2）可视化分析

为了实现流量自动编排，SDN对流量可视化提出了更高的要求，因此采集了大量的网络流量数据。SDN通过网络设备内置能力来采集和分析全网流量数据，提供了全面准确的数据采集和分析能力，这些数据也可以用来分析和识别网络中的安全风险。

例如，SDN需要获得用户网络资源利用的详细情况，进而用于高效地规划和分配网络资源，这样就对流量统计分析提出了更高的要求。传统的流量统计技术，如SNMP（Simple Network Management Protocol，简单网络管理协议）、端口镜像等，由于统计方式不灵活，无法满足网络精细化管理的要求。SDN采用NetStream技术（一种基于网络流信息的统计技术）来提高采样频率，对网络中的业务流量和资源使用情况进行分类统计，并将统计信息发送至SDN控制器进行更为详尽的统计分析。利用NetStream的统计信息，不仅可以发现DDoS攻击、暴力破解、异常扫描等威胁，还可以分析业务的互访关系，并通过SDN控制器自动调整微分段，使访问策略控制更加精细、准确。

（3）自动化编排

SDN的自动化编排能力使运维人员可以方便地调用安全资源池中的安全能力，从而提高工作效率，并降低发生人为错误的概率。

首先，利用SDN的自动化编排能力，可以根据业务的属性，编排成不同的业务链，为不同的业务提供不同的安全防护能力。安全业务链编排如图3-23所示，用户访问网页的业务需要经过WAF（Web Application Firewall，Web应用防火墙），而视频流不经过网页应用防火墙。这就将重复和烦琐的安全任务转换为自动、计划或者自定义方式去执行。

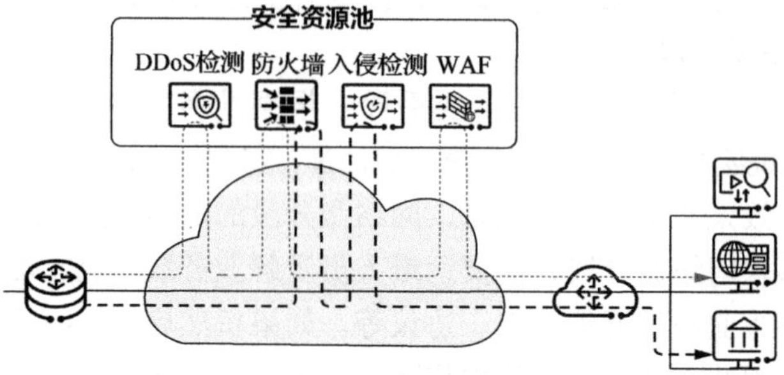

图 3-23　安全业务链编排

其次，基于持续的风险可视化分析，可以为不同等级的安全风险定义不同的安全策略，并使用SDN的自动化编排能力在网络层进行实时阻断。

SDN和安全结合的另一个应用场景是，当检测到网络中存在严重威胁（如某台终端失陷）时，需要立即自动或者手动对威胁进行确认和遏制，以免威胁进一步扩散。实施威胁遏制的设备在网络中的位置很重要，如果设备的部署位置过高，则威胁会扩散至同区域内的其他资产。因此，必须尽可能选择在接近攻击源且可控制的设备上实施遏制。如果采用手动方式对失陷终端的接入位置进行排查，通常需要查找多台网络或安全设备的日志、表项，还有可能涉及跨部门的协同，往往需要花费小时级甚至天级的时间，效率低下。通过终端安全态势感知平台与SDN控制器协同联动，SDN控制器可以在网络层最接近攻击源的位置，也可以选择最佳的遏制方式，实现分钟级阻断，有效提高运维效率。

3.8 SIEM

从2.1节中可以看到，完善的零信任方案除了包括零信任策略引擎、零信任网关等核心部件，还需要一系列的周边组件对其进行支撑，SIEM就是其中一个重要的支撑组件。SIEM能够对网络流量、资产、安全设备的日志进行收集、监测和分析，为零信任引擎提供风险分析的来源，为零信任网络提供可视化分析能力。

1. 发展历程

SIEM是安全运营中心最重要的产品之一，对安全运营有所了解的读者应该都对它不陌生。随着国内的安全运营逐步从粗放型转向业务与技术双轮驱动的精细化运营，SIEM产品也在这个过程中得到了持续发展。接下来就结合安全运营中心的演进过程介绍SIEM的发展历程。安全运营中心的演进过程如图3-24所示。

（1）萌芽阶段

安全运营中心诞生于2000年以前。当时，计算机病毒如特洛伊木马和蠕虫爆发，并在计算机网络间传播，给信息安全造成了严重破坏。在这个阶段，为了构建安全防御体系，防火墙、防病毒系统、IDS（Intrusion Detection

System，入侵检测系统）和漏洞扫描系统等各式各样的新技术应运而生。其中，IDS注重网络入侵检测，在这个阶段发挥了重要作用。

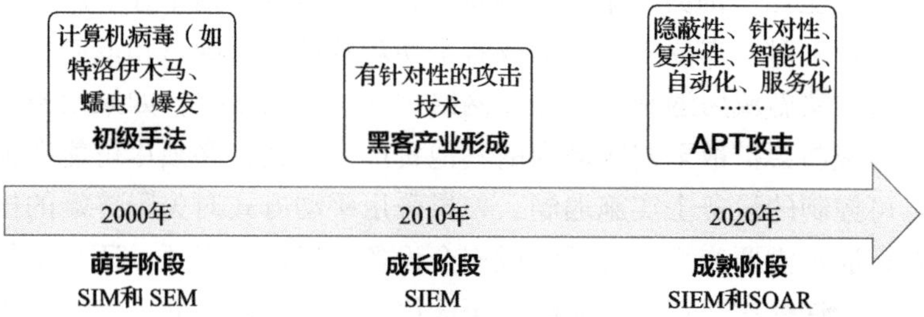

图 3-24　安全运营中心演进过程

安全运营中心的萌芽阶段主要以防御为主。企业和组织开始制定基于漏洞修复的管理流程，并通过脚本、IDS的控制台和其他自主开发的工具等来初步分析安全事件。运营人员使用SIM（Security Information Management，安全信息管理）产品收集IT网络资源、各类安全产品产生的日志等信息，并进行关联分析，从海量信息中分析出有价值的安全事件。同时，更关注实时事件监控和应急处理的SEM（Security Event Management，安全事件管理）产品也开始逐渐出现。SIM和SEM的出现标志着SIEM技术的萌芽。

（2）成长阶段

安全运营中心在2010年左右快速发展。随着互联网技术的进一步发展，恶意软件从传播具有破坏性的僵尸、木马、蠕虫等病毒开始转向有针对性的攻击，并逐渐形成了黑客产业。企业和组织开始意识到，即使部署了具有防御性的安全技术，网络入侵的发生也不可避免。基于此，企业和组织将安全运营的工作重点从入侵的检测转向信息泄露的检测、防御与阻断。然而，SIM、SEM产品仍然各自为政、缺乏联动，难以形成有价值的、全面系统的安全态势分析报告，也就难以应对复杂多变的安全威胁。一小部分中小型企业开始构建SIEM系统，用于监测网络流量、安全设备日志等、服务器日志与终端日志等，同时建设应急处理流程，并利用大数据技术实现安全态势感知。

2005年，全球IT研究与顾问咨询机构Gartner首次将SIM、SEM整合到一起，明确提出了SIEM概念，为安全运营揭开了新的篇章。Gartner对SIEM的定义是“SIEM技术通过收集和分析安全事件以及各种其他事件和上下文数据源，支持威胁检测、合规性和安全事件管理。核心功能是广泛的日志收集和管理、跨不同来源分析日志和其他数据，以及运营能力（例如事件管理、仪表板和报告等）”。

（3）成熟阶段

第三代安全运营中心（2020年至今）诞生在21世纪20年代初期，并且仍在不断发展中。在这个阶段，安全威胁呈指数级增长，典型的如APT攻击，通常由特定组织对特定对象展开持续的攻击，具有极强的隐蔽性和针对性。APT攻击通常会综合使用受感染的移动存储设备、供应链攻击和社会工程学等多种手段，复杂性更高，威胁更强。随着大数据、AI等新技术的应用，网络攻击开始向智能化、自动化、服务化趋势发展，并日趋复杂。

在这个背景下，网络安全标准组织和合规性工作都在不断推进安全产品和实践的发展，各个企业和组织都在争先恐后地寻找降低网络安全风险和限制攻击影响的最佳方法。安全运营开始从被动防御转变为主动防御，更注重从防御、检测、响应和预测4个维度构建网络安全体系。安全运营“闭环”的概念也随之形成，安全运营中心开始走向更加体系化的道路。

针对传统SIEM所面临的被动分析和响应、事件过载、网络安全专业技能与人才匮乏等问题，SOAR概念诞生了。第三代安全运营中心利用安全设备、SIEM和SOAR，结合大数据分析、AI等技术，寻找未知的攻击向量以及长期未检测出的攻击迹象，更加注重通过主动化、智能化的方式实现合规性，而不是简单地依照合规性法规来提供网络安全。关于SOAR，3.9节将进行详细介绍。

2. 技术架构

如今，SIEM的定义融合了SIM、SEM、SOAR三者。基于大数据基础架构的集成式SIEM，对企业和组织的所有IT资源产生的安全信息进行统一实时监控、审计分析、溯源取证、周期报告和应急处置等，实现IT资源合规性管理的目标。

典型SIEM技术架构如图3-25所示。SIEM包含如下几个关键技术组件。

- 数据接入：SIEM强调数据源的多样性，用于采集、监测和分析网络流量、网络设备日志、主机日志、安全设备日志、应用服务日志等多种数据，结合威胁情报、资产等数据，以支持全网威胁的及时检测与分析。负责采集数据的组件包括流量探针和日志采集器。流量探针一般用于收集互联网、办公网、数据中心等出口的流量信息。流量信息包括网络监测功能的Netflow数据、流量协议解析后的Metadata。日志采集器一般用于收集各种日志，日志源一般包括资产扫描系统、漏洞扫描系统、安全设备（如IDS、WAF、防火墙、EDR等）。流量信息和日志统一上传到数据处理组件。

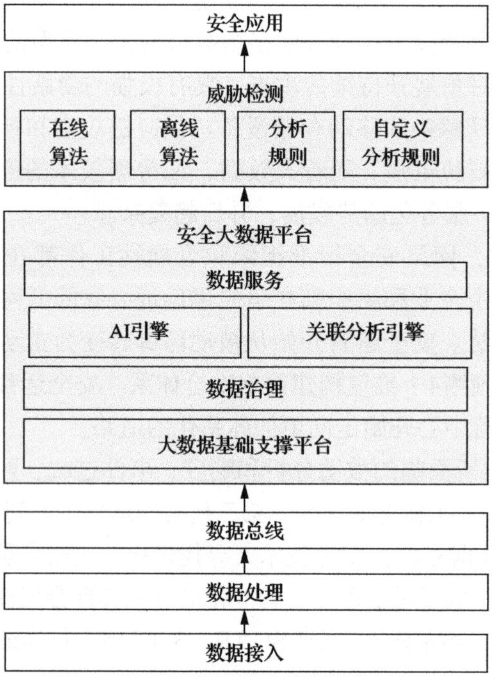

图 3-25　典型 SIEM 技术架构

- 数据处理：数据处理组件对采集的流量信息和日志进行清洗、转换与存储等操作，完成数据的规范化处理。规范化过程包含对异构系统的日志字段、流量信息向SIEM系统的映射，补齐用户信息、资产信息、地理位置信息等。规范化统一了不同模块的数据模型，提高了数据质量，便于上层组件的分析和检测。
- 数据总线：数据总线定义了组件间数据交换的标准，使数据可以在各个组件之间高性能、低时延地流转。数据总线还提供了数据订阅与通知能力。
- 安全大数据平台：安全大数据平台提供强大的计算与分析能力，并为上层应用提供分布式分析引擎，具有高可用、高性能、开放性、可持续演进的特点。通过AI引擎、关联分析引擎，安全大数据平台为威胁检测组件提供检测算法、检测规则的运行环境。
- 威胁检测：威胁检测是SIEM的核心能力。基于网络流量和日志数据，构建检测算法，如NTA算法、日志关联分析算法、用户行为分析算法等，在关联分析引擎、AI引擎等多种引擎支撑下，检测内、外部攻击行为。各种检测算法和分析规则是威胁检测的关键，SIEM不仅支持丰富的在线算法、离线算法和分析规划，还支持自定义分析规则。

- 安全应用：安全应用是直接向运营人员提供的配置与可视化界面，通常包括安全态势监控、风险监控、事件分析、响应闭环、资产管理等功能。

3. 技术价值

SIEM可帮助安全运营团队收集和分析安全数据，管理安全信息和安全事件，并根据预先设定的规则给出通知。SIEM还支持设置符合特定安全问题的规则、报告、告警和仪表板等策略。SIEM能够帮助安全运营团队获得如下方面的好处。

- 数据收集：根据企业安全诉求，可收集、监测和分析数据中心、办公网络、互联网出口等区域的网络流量。根据纵深防御诉求，可收集各种安全设备的日志。根据资产风险评估的诉求，可收集资产管理系统的日志，用于绘制资产画像。根据办公安全诉求，可收集环境感知系统日志，通过UEBA技术绘制用户画像。
- 事件研判：在收集流量信息与日志后，通过在线学习技术、离线学习技术、关联分析技术，生成安全事件、资产画像、用户画像、用户行为基线等，进而支撑安全分析与事件研判。
- SOAR：SIEM检测到事件后，可以自动或手动触发安全响应工作流，按照预先设定好的剧本（playbook），快速完成调查取证和攻击遏制。SIEM和SOAR的结合，能够帮助识别正在发生的攻击活动，并及时采取消减措施，避免因攻击造成严重损失。在安全运营由被动防御向主动防御转变的过程中，SOAR把数据感知、安全检测、响应与处置等有机结合在一起，提高了安全运营的效率与能力。
- 指标和报告：SIEM提供的威胁处置率、阻断率、高风险资产排行、高风险事件等指标，不仅提示了安全运营团队当前的网络安全状态，也体现了安全运营团队的工作价值。安全报告则可以快速呈现全局安全风险与脆弱性，更好地支撑安全运营团队的工作。

3.9 SOAR

在Forrester发布的《零信任扩展框架》里，自动化编排是零信任的七大关键能力之一。3.8节提到SOAR已发展成为SIEM的一个重要组件。本节将对SOAR一探究竟。

1. 发展历程

近些年，安全攻防对抗日趋激烈，单纯依靠防范和阻止的策略已无法有效对抗攻击，因此必须更加注重安全运营。

企业和组织在安全运营活动中需要使用多种不同的安全产品，综合利用这些安全产品，监测网络风险、识别潜在的攻击活动，只是安全运营活动的第一步。在检测到安全事件以后，及时、准确地开展安全响应和处置，才是安全运营的重中之重，体现着安全运营的成熟度。愈演愈烈的安全事件，与日俱增的安全设备，有限的安全运营人员和技能水平，是安全运营的三大挑战。利用自动化技术取代人工响应与处置，提高安全运营的效率和安全响应的速度，成为业界的共识。企业和组织急需一套编排驱动的安全产品协同工具和响应处置平台。

Gartner在2015年首次提出了SOAR的概念，2017年将SOAR重新定义为安全编排自动化与响应，并将其看作SOA（Security Orchestration and Automation，安全编排与自动化）、SIRP（Security Incident Response Platform，安全事件响应平台）和TIP（Threat Intelligence Platform，威胁情报平台）3种技术/工具的融合。SOAR自诞生以来，围绕安全运营、聚焦安全响应，旨在通过灵活的流程编排，基于事件触发自动化响应来提高安全运营效率。目前，SOAR已发展为SIEM的一个重要组件，并仍然在快速演进。

2. 技术架构

根据Gartner的定义，SOAR是由SOA、SIR和TIP整合而来的，其组成如图3-26所示。SOAR旨在通过灵活的流程编排，基于事件触发自动化执行来提高安全运营的效率。

（1）SOA

安全编排与安全自动化是两个截然不同的概念。安全编排聚焦组合过程，安全自动化聚焦按照playbook来执行策略。

安全编排（Orchestration）是指通过可视化的playbook编辑器，将企业或者组织的一个、多个系统内部不同组件的安全能力按照业务逻辑关系组合到一起，用以完成某个特定运营任务的过程。安全编排的结果是一个个针对特定运营任务的playbook，由一系列的判断条件和操作步骤组成。playbook是安全运营流程的形式化描述，也是运营经验的沉淀和总结。

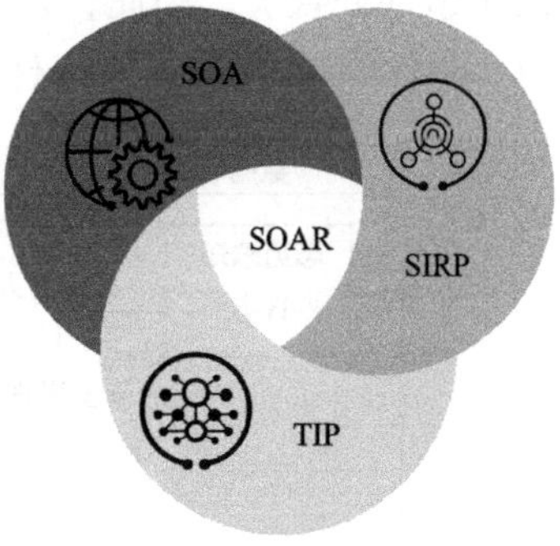

图3-26　SOAR组成

安全自动化（Automation）在这里特指自动化的执行过程。安全编排并不等于安全自动化，编排的playbook可以人工执行、自动执行，也可以半自动执行。安全自动化的重点是定义自动化的执行周期、触发条件、成功后置操作等，提高自动化程度。

（2）SIRP

通常，SIRP包括安全事件管理、工单管理、案件诊断等功能。

安全事件的核心实现过程包含安全事件的采集、检测、展示、溯源和响应等。其中，溯源包含事件分诊和事件调查等步骤，经过溯源可以提高事件的质量，减少事件的误报。

工单管理用于支撑安全运营团队协同化、流程化地进行事件处置与响应，并确保响应过程可审计、可度量、可考核。

案件诊断是安全运营智能化的基础，是安全运营能力的积累。通过一系列流程、制度的建立，可以帮助用户对一组相关的事件进行流程化、持续化的调查分析与响应处置。

（3）TIP

TIP是面向企业用户提供威胁情报服务的软件系统，可提供本地化、全方位的威胁情报能力。TIP为企业安全运营提供平台支撑，其主要能力包括及时发现关键威胁、对已有告警进行误报筛除或分级、为事件响应提供决策所需的上下文、提供安全预警能力、提供自有情报运营能力等。

SOAR是各类技术的集合，它的运作需要与多个外部组件配合，其系统组成如图3-27所示。

虽然SOAR的演进过程整合了TIP、SIRP、SOA这3个核心子系统，但从系统工程的完整性角度来看，完整的SOAR还需要包含输入（数据收集）和输出（事件处置）。因此，在SOAR系统中，通常包括数据收集、取证分析与响应、事件处置3个阶段性组件集合。不同阶段的安全目标如下。

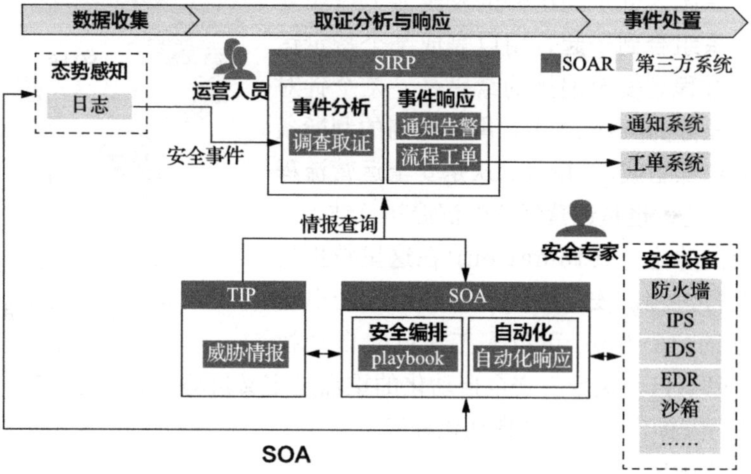

图 3-27　SOAR 系统组成

- 数据收集：为了保护业务安全，SOAR需要基于海量的日志来识别安全事件，并通过取证分析来判断安全事件对业务的影响，进而执行不同的编排流程。因此，数据收集是SOAR的重要输入。
- 取证分析与响应：SOAR检测到安全事件后，根据安全事件的响应操作的优先级，触发playbook的执行。playbook是一种根据经验预先编排好的安全事件响应工作流，可以自动化或手动响应，结合了调查取证、情报查询等确认动作，从而发现正在发生的攻击活动，及时采取消减措施，避免攻击造成破坏。playbook提供了一种更有效的方法来处理安全事件和提高安全运营效率。
- 事件处置：检测到安全事件后及时进行处理，其中具体处置措施在动作库中定义，并被playbook引用。常见的安全处置动作包括防火墙阻断、EDR查杀、文件隔离，IPS（Intrusion Prevention System，入侵防御系统）阻断、沙箱检测等。此外，也可能涉及工作流程通知，例如系统通知预警、工单系统联动等。

下面以一个例子来展示SOAR的处置流程。主机感染木马或病毒后，通常会发起DNS请求或者HTTP连接请求，通过建立DNS隧道或者HTTP隧道来连接C&C（Command and Control，命令与控制）服务器。如果恶意C&C连接建立成功，被感染主机将存在被勒索、被窃取文件、信息泄露等风险。当检测到恶意C&C连接事件时，SOAR处置流程如图3-28所示，说明如下。

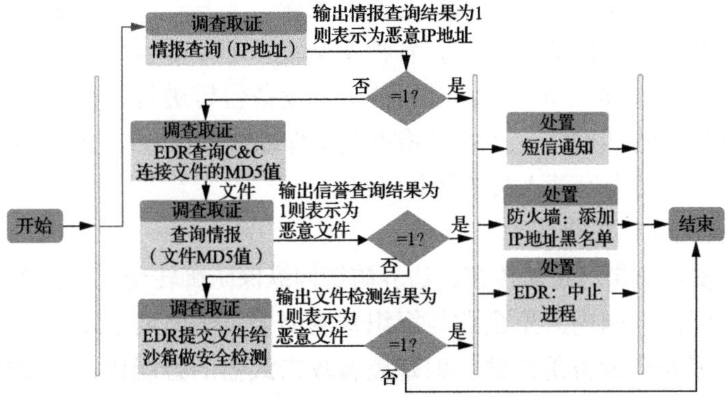

图 3-28 SOAR 处置流程

步骤① 通过TIP查询C&C服务器的IP地址。如果该IP地址为恶意IP地址，则进入响应处置流程，可以选择直接发送短信通知、在防火墙上添加IP黑名单，或者调用EDR中止相关进程。

步骤② 如果C&C服务器IP地址不是恶意IP地址，则由EDR查询C&C连接文件的MD5（Message Digest Algorithm 5，消息摘要算法第五版）值。

步骤③ 通过TIP查询该文件的MD5值，根据反馈判断该文件是否为恶意文件。如果为恶意文件，则重复步骤①中的响应处置流程。

步骤④ 如果该文件不是恶意文件，则由EDR提交文件给沙箱做安全检测。

步骤⑤ 如果沙箱检测的结果为恶意文件，则重复步骤①中的响应处置流程。如果不是恶意文件，则中止playbook。

3. 技术价值

SOAR的核心在于将安全技术和经验转换为playbook，自动响应威胁事件，从而实现安全运营工作的自动化、半自动化。SOAR是降低客户安全运营成本、减小安全技能差距的必备能力。SOAR有助于在单个平台内协调人员与工具，按照安全运营流程，自动化和半自动化执行任务。这使组织不仅能够快速响应网络安全攻击，还能够观察、了解和预防未来的事件，从而改善整体安全态势。在实际的网络安全活动中，SOAR可以提供如下价值。

（1）推进安全运营智能化

根据相关报告，43%的中国企业认为公司存在“网络安全疲劳”现象，远高于全球平均水平（30%）。大量的安全告警，尤其是其中的虚假告警，是引发“网络安全疲劳”的原因之一，各种安全设备的堆叠也是导致安全告警增加的重要原因。通过建设SOAR，对多种安全设备告警进行归类和关联分析，不仅可以提高告警的准确性，还可以将重复工作编排成playbook，实现自动化处置，减轻对专业安全运营人员的依赖程度。

（2）提高纵深防御能力

目前，安全防御已经从传统的边界防御向纵深防御转变，更注重多级防御、及时检测和阻断。国内大型企业与组织普遍部署了防火墙、IPS、WAF等防护设备，构建了安全设备防御链。但是黑客攻击武器的智能化，对攻击事件的发现和处置提出了更高的要求。通过SOAR，把多级安全设备编排进面向事件的playbook，加强安全设备的协同联动能力，提升了纵深防御体系的有效性。

（3）提高闭环响应速度

网络安全由单点防御转向纵深防御，更注重检测与响应。企业和组织要假定网络已经遭受攻击，并在此前提下构建集阻止、检测、响应和预防于一体的全新安全防护体系。正是在这样的背景下，在国际上检测和响应类产品受到了极大的关注。放眼国内，更多的注意力集中于新型检测产品，尤其是未知威胁检测领域。借助这些产品和技术，用户获得了更少的MTTD（Mean Time To Detect，平均检测时间），能够更快更准确地检测出攻击和入侵。但是，这些产品和技术大多没有帮助用户降低MTTR（Mean Time To Respond，平均响应时间）。事实上，对用户而言，更快地检测出攻击仅仅是第一步，如何快速地进行响应更加重要。提高安全响应速度，不能仅仅从单点（譬如单纯从端点或者网络）去考虑，还需要从全网整体安全运营的角度去考虑，要将分散的检测与响应机制整合起来，而这正是SOAR要解决的问题。

（4）降低运营成本

随着自动化编排技术的发展，过去企业或者组织中由安全运营团队靠人力完成的运维工作、通过管理流程支撑的运营和运维工作，都可以通过SOAR的自动化编排技术，实现安全运营工作的任务编排与自动化运行。SOAR将防火墙、IPS、IDS、EDR、WAF等设备组织在一起，联合协同工作，可高效地完成检测与响应，极大地降低安全运营成本，提高了工作效率。

SOAR利用可视化的编排工具，整合不同的数据集和安全技术，通过自动化编排能力与威胁情报能力，实现检测、溯源与响应的快速闭环。当前，SOAR正处于蓬勃发展的“青春期”。随着国内外各安全厂商的持续投入，SOAR将不断丰富、完善。

3.10 加密流量检测

3.4节中提到，网络流量分析是综合环境感知中的一个重要维度。常见的网络流量分析主要针对明文流量，然而随着人们对安全性要求的提高，网络中出现了越来越多的加密流量。下面我们来看一看应该如何对加密流量进行威胁检测和安全分析。

1. 发展历程

企业在实现数字化的过程中越来越依赖互联网，一些重要数据和个人信息不得不在公开的互联网上进行传输。这类关键信息如果采用明文传输，极易被窃取或篡改，安全风险很高。为保证数据和应用服务的安全，越来越多的流量采用加密方式传输。加密是保护数据安全和隐私的一个重要手段，能够有效保护我们的数据不被窥探。端到端的加密可以防止中间人窃取信用卡、密码等关键数据。不过，加密也给网络流量分析带来了新的挑战。

当前，针对加密流量的检测方案主要是利用中间人技术对流量进行解密，称为代理解密。代理解密的基本思路是，先利用中间人技术解密流量，分析加密通信通道中传输的通信行为和内容，再重新加密并发送。代理解密方案存在一定局限性，具体如下。

- 代理解密方案本质上是一种中间人攻击方法，这侵犯了数据的隐私性，破坏了流量加密的初衷。例如，当用户需要向银行发送银行卡号、密码等敏感信息时，代理解密方案就会破坏加密信任链，从而侵犯用户隐私。
- 代理解密方案不能总是保证通信的畅通。对于一些严格校验客户端证书的网站，代理解密方案不再奏效。另外，一些恶意软件通信可能采用非标准加密方式，这也无法通过代理方式来解密。
- 代理解密方案需要先解密再加密，流量的加解密会消耗大量的计算资源。如果加密流量持续增加，极易造成网络设备性能的急剧下降。

通过对加密流量的分析和研究，研究人员发现，无论是在客户端还是在服务端，正常的加密流量和恶意的加密流量都存在着很多明显差别。例如，正常的加密流量通常会采用较新和较强的加密算法、参数，而恶意的加密流量通常会采用较旧、弱，甚至已经被证明不再安全的加密算法和参数。又例如，正常的加密流量通常上行流量小于下行流量，而恶意的加密流量通常存在较大的上行流量，以实现其恶意攻击的目的。在此研究基础之上，一种对加密流量进行分析的新技术ECA（Encrypted Communication Analytics，加密通信分析）应运而生。

2. 技术架构

ECA技术不需要解密加密流量，而是需要基于加密流量的握手信息、加密通信过程中的传输模式、加密流量的统计信息、加密流量的背景流量等信息，利用机器学习算法提取相关特征并训练模型，用模型对网络中正常的加密流量和恶意的加密流量进行分类、识别。在保护隐私且无延迟的情况下，帮助用户发现恶意的加密流量中潜伏的威胁，从而及时避免、阻止或缓解威胁。这里的恶意加密流量，指的是攻击过程中的命令与控制阶段产生的流量。

ECA技术可基于流量特征的机器学习检测实现，包含模型训练与模型检测两种连续的检测方法。在实际使用中，这两种检测方法相辅相成，以保证ECA检测的效果、精度和性能。

（1）模型训练

机器学习中的模型可以理解为函数，确定模型就是研究人员评估样本数据的特征符合哪个函数的过程。模型训练是利用样本数据，通过一些方法（最优化等）确定函数参数的过程。参数确定后的函数就是模型训练的结果，可以用于后续的模型检测。模型训练过程如图3-29所示。

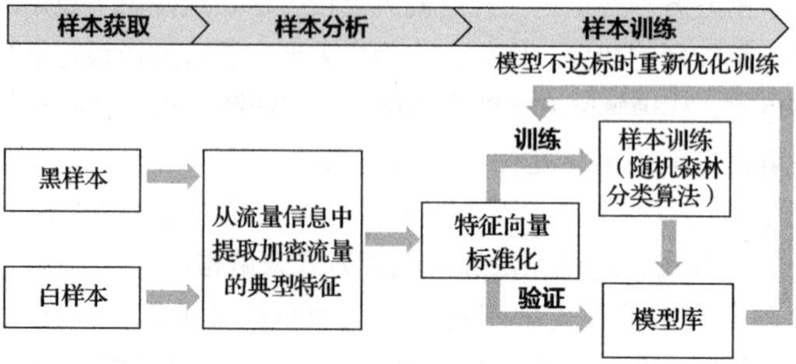

图 3-29　模型训练过程

步骤①　样本获取。样本获取是模型训练的重要过程，样本的好坏直接影响分类模型库的生成，进而影响ECA检测效果。ECA基于随机森林分类算法进行分类模型训练，需要获取的样本包括黑样本、白样本。黑样本一般是在沙箱中检测出的恶意程序发起的恶意TLS协议流，白样本一般是根据证书信息筛选之后确定为正常的TLS协议流。

步骤②　样本分析。样本分析的作用是从流量信息中提取加密流量的典型特征。流量信息包括握手信息、加密通信过程中的传输模式、加密流量的统计信息、加密流量的背景流量信息等。提取的特征信息包括TCP流相关的统计特征、TLS协议流的握手信息特征、TLS协议流的目的IP地址关联的DNS信息特征等。

步骤③　样本训练。通过流量信息提取加密流量特征后，先进行特征向量标准化，然后通过随机森林分类算法进行样本训练，样本训练的过程称为模型训练。训练数据的质量对最终训练出来的模型精度起非常重要的作用，可以说，数据质量决定了检测效果的上限。为了提高样本训练的质量，通常要结合验证过程，不断增强算法，积累模型数据，进而形成模型库，模型库用于模型检测过程。样本训练通常是反复的过程，当样本训练不达标时，需要重新进行优化训练。

模型训练过程可以通过联邦学习的方式在云端执行，再将训练生成的模型库同步到客户端本地；也可以在实验室完成模型训练后，通过导入或者预制模型数据的方式，快速获得模型库的能力。是否在线训练，取决于模型检测效率指标、模型精度指标等。

（2）模型检测

模型检测过程一般利用流量探针组件的信息提取能力，提取加密流量的关键信息，上传到分析系统完成检测，如图3-30所示。

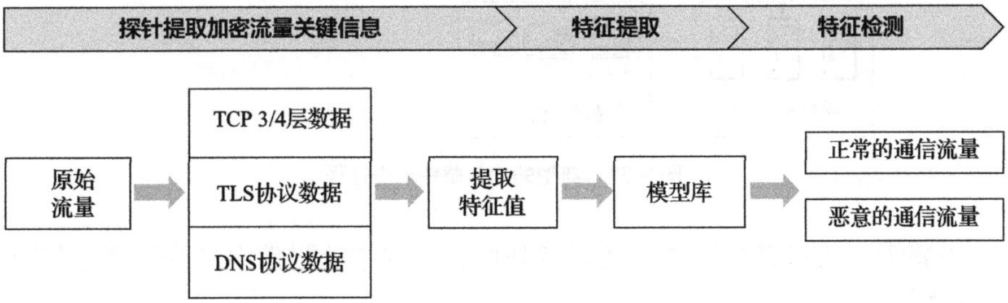

图 3-30　模型检测过程

步骤①　探针提取加密流量关键信息。利用交换机、防火墙等产品的探针组件，或者专用流探针产品，从原始流量中提取加密流量的关键信息，例如

TCP 3/4层数据、TLS协议数据、DNS协议数据等，发送给分析系统。

步骤② 特征提取。分析系统利用自身的大数据能力，从接收到的各类关键信息中提取特征值。特征值与原始流量的会话相关，不同会话可能具有相同特征值，或者不同特征值。

步骤③ 特征检测。分析系统使用提取的特征值与模型库进行匹配检测，识别正常的通信流量和恶意的通信流量。

3. 技术价值

ECA技术的产生有效提升了加密流量的检测能力，弥补了代理检测的不足，保证了加密通信的隐私性。利用ECA技术识别加密流量中的异常C&C连接，是安全检测领域的成功实践，可以有效发现加密流量中的"僵尸"主机或者APT攻击在命令控制阶段的异常行为。

以钓鱼邮件攻击为例，其攻击过程通常包括以下7个步骤，如图3-31所示。

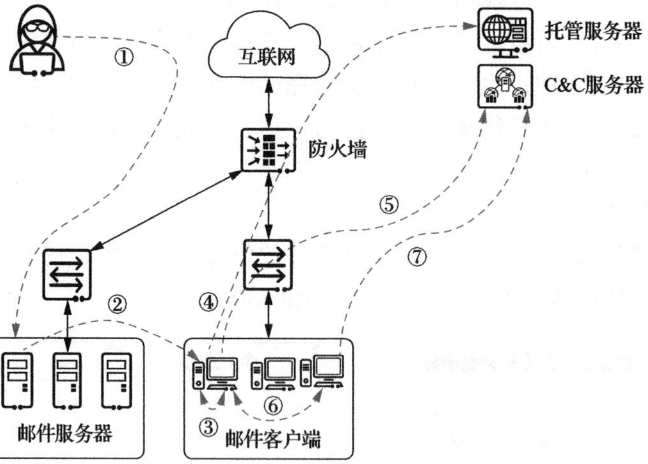

图 3-31 典型的钓鱼邮件攻击过程

步骤① 攻击者构造并发送恶意邮件，邮件中的附件为隐藏了恶意代码的Word文件。

步骤② 收件人（内部用户）下载邮件，恶意邮件从邮件服务器进入内部用户本地的邮件客户端。

步骤③ 内部用户读取邮件，当其打开附件中的Word文件时，本地计算机被感染。

步骤④　恶意代码从托管服务器下载远控工具，并在本地计算机上运行。

步骤⑤　远控工具通过加密方式连接C&C服务器，并接收远程指令。

步骤⑥　远控工具根据C&C服务器的指令，在内网继续渗透，并收集关键信息资产。

步骤⑦　远控工具将收集到的关键信息资产发送给C&C服务器，完成信息窃取。

ECA技术主要用于检测步骤⑤中的恶意域名连接和恶意外联流量、上报安全事件等。

零信任策略引擎通过对网络中的各种威胁，包括ECA上报的安全事件进行关联分析，可以从多维度、更准确地刻画攻击画像，获得更全面的风险评估结果，为后续的策略处置提供更准确的判断依据。

3.11　本章小结

IAM是系统安全的基础，是网络及系统安全运营的必然选择。IAM可以保护系统和资源免受未授权的访问，提高访问安全性，保护关键信息资产，还可以提供充分的审计数据，帮助企业满足安全性和合规性要求。部署以IAM为基础的零信任方案，可以采取“三步走”策略。首先，部署IAM实现全面身份化，进行统一身份认证与访问管理以及用户账号的全生命周期管理。其次，实现动态授权，基于终端安全状态和用户行为风险实现应用、API和数据粒度的访问控制，最大化收缩攻击面。最后，通过完善、准确的审计日志帮助企业通过合规审查。

SDP采用控制平面和数据平面分离架构，实现安全控制。SDP通过SPA技术实现网络隐身，极大地缩小了攻击面；通过动态预授权和最小权限原则，保证每次访问都只能获得符合访问上下文的最小权限；并通过双向认证和TLS加密实现流量的安全传输。

微分段主要提供终端或服务器之间东西向流量的安全防护。微分段与IAM、SDP一起并称为零信任三大关键技术。

零信任策略引擎是零信任架构中的“安全大脑”，是整体架构中承上启下的关键组件，其核心功能在于实时感知用户访问业务过程的环境变化，持续收集终端状态、用户行为日志、网络流量、安全事件及各种设备日志等信息，通过综合评估实现对安全环境的精确判断，并根据评估结果动态调整安全级别，向策略管理器下发阻断策略，保障用户访问业务全流程安全、可控。

零信任网关作为策略执行点，主要实现对主体的访问代理和访问策略执行。零信任网关可以由多种产品来担任，根据其访问代理内容和形式的不同，可以分为应用代理网关、API网关、运维代理网关和物联网关等。

网络准入控制是用于解决设备信任问题的技术，是零信任的起点。网络准入控制从对接入网络的终端安全控制入手，将终端安全状态和网络准入控制结合在一起，通过检查、隔离、加固和审计等手段，加强网络用户终端的主动防御能力，保证企业中每个终端的安全性，进而保护企业整网的安全性。

SDN架构负责管理流量的控制平面与数据平面分离，通过集中控制实现动态流量调整和微分段链路的分段控制，支持动态调整访问控制策略。SDN通过网络微分段、可视化分析、自动化编排等技术赋能安全，让零信任更易落地。

SIEM是零信任架构中重要的支撑组件。SIEM能够对网络流量、资产、安全设备的日志进行收集、监测和分析等，为零信任网络提供可视化分析能力，为零信任策略引擎提供环境风险数据。

SOAR旨在通过灵活的流程编排，基于事件触发自动化执行来提高安全运营的效率，利用可视化的编排工具整合不同的数据集和安全技术，通过自动化编排能力与威胁情报能力，实现检测、溯源与响应的快速闭环。SOAR已发展为SIEM的一个重要组件。ECA是在无须解密加密流量的情况下对加密流量进行威胁检测的技术，可有效提升加密流量的可检测性，为零信任策略引擎提供更加丰富、完善的安全事件来源。

第4章　零信任典型场景和实施方案

零信任的诞生，主要是为了解决办公场景下的身份可信和访问行为合规的问题，因此最初的典型场景主要涉及园区办公、远程办公等。近几年随着零信任的发展，其“永不信任、持续验证”的理念成为共识，其典型场景也逐渐从基本办公延伸到跨网数据交换、数据中心、物联接入、运维管理、SASE等。本章介绍上述零信任典型场景的业务需求及实施方案。

4.1 园区办公

4.1.1 场景描述

园区办公是指企业员工和访客在企业园区进行网络接入、应用访问的场景，是企业级用户最为普遍的业务场景之一。园区办公主要包括企业员工终端的网络接入和通过终端访问应用两类，其中通过终端访问应用时，有些企业会将应用依据敏感性分为敏感应用和普通应用，员工访问敏感应用时需遵守更严格的访问措施。园区办公的典型组网如图4-1所示。

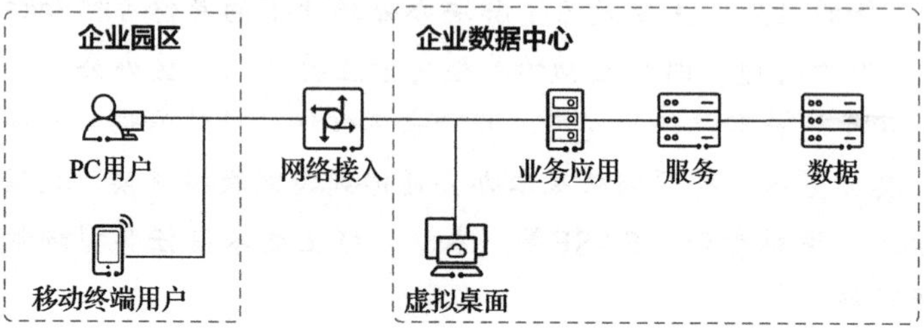

图 4-1 园区办公的典型组网

园区办公主要涉及3类场景：员工通过终端进行网络接入；接入网络后员工访问企业数据中心的业务应用；若员工访问的是敏感应用，在物理终端先进行虚拟桌面访问，再进行敏感应用访问。

1. 网络接入

企业员工在园区办公时，使用的终端采用有线或无线的方式，通过网络准入认证接入企业的园区网络。常见的认证方式主要包括802.1X认证、MAC认证、Portal认证等，具体请参见3.6节的内容。

2. 应用访问

当员工的终端接入网络后，对于B/S应用，可通过浏览器直接访问；对于C/S应用，可通过应用客户端访问。员工在访问业务应用时一般先进行身份认证，通过认证后，业务应用会根据用户权限展示不同的应用功能模块。当业务应用的某些功能模块对应用后端的服务执行操作时，通常需要调用对应的API进行操作并返回数据。

3. 虚拟桌面访问

企业的某些应用因为敏感度高，一般会限制员工直接使用终端进行访问，避免敏感应用涉及的数据保存到本地造成数据泄露。员工通过虚拟桌面的方式访问敏感应用是较为常见的方案，员工先通过终端上的云桌面客户端登录虚拟桌面，再通过虚拟桌面的浏览器访问敏感应用。

4.1.2 需求分析

在园区办公场景中，企业面临的安全问题可以总结为以下3类。

- 应用过度暴露：应用过度暴露在园区网络中，面临较高的威胁。例如，攻击者可以使用终端或者探针对应用进行探测，探测到应用地址之后，对应用的潜在漏洞和配置缺陷进行扫描识别，并针对应用存在的漏洞和配置缺陷发起渗透攻击。
- 终端管控困难：企业对“带病运行”的终端缺乏有效的管控措施。例如，终端的操作系统存在高危漏洞，员工仍可以通过此终端访问企业的应用资源，企业在决定是否能提供访问权限前没有先评估该终端的安全状态。

- 权限管理粗放：用户在进行身份认证之后默认不再进行认证，且对用户的权限依赖管理员通过手动方式进行配置，缺乏认证和权限动态调整手段。例如，用户通过认证后访问应用，若存在用户行为异常（如异地登录、越权访问等），则无法动态调整应用访问权限。

针对以上园区办公场景面临的问题，可以从企业用户实际使用的角度出发，从终端、网络、应用、数据这几个维度进行安全需求分析。

1. 终端安全需求

应确保终端处于"健康状态"，及时发现并处置"带病运行"的终端。

- 当终端访问应用时，应对终端环境进行安全感知和用户权限匹配，高风险终端和未授权用户禁止访问应用。例如，用户通过终端访问应用时有多人围观，则调整该用户权限，限制该用户继续访问。
- 应确保终端自身的安全性。例如，终端必须安装安全管理软件，定期更新操作系统补丁和查杀病毒等。
- 应对终端运行环境进行监控和分析，当终端自身安全性较差或发起高风险操作时，及时对终端进行网络隔离、限制访问等操作。例如，终端进行网络接入时，先对终端环境进行检查，禁止存在高危漏洞的终端接入网络。

2. 网络安全需求

园区网络应具备网络访问控制、网络入侵防御、安全威胁监测与分析等能力。

应先对PC、手机等终端进行认证，再允许其接入园区网络，并确保终端进行最小权限网络访问。

用户通过终端访问应用时，应对网络流量进行加密，防止网络流量被非法截获。

3. 应用安全需求

园区网络应具备Web安全防护能力，针对SQL注入、跨站攻击等Web攻击进行防护。应用部署的计算和存储环境应确保自身安全性，例如，做好隔离机制、防止攻击横向移动等。

基于敏感程度对应用进行分类，针对敏感应用的访问，应确保数据不存储到物理终端。

减少应用的风险暴露面，应用仅面向有权限的访问对象提供访问服务，当主体进行异地登录、越权访问等高风险操作时，应用可以限制访问或要求二次认证。

4. 数据安全需求

这里主要介绍数据通过数据服务的方式对外提供服务的场景，对文件、数据库同步等场景的安全需求在4.3节中介绍。

- 敏感数据应通过加密方式存储。
- 当应用通过API调用数据时，应先进行认证和鉴权，禁止未授权的调用行为。当主体进行高频访问、越权调用等高风险操作时，应进行流量限制或熔断等操作。
- 应支持API安全监测和防护，防止匿名API私下对外提供服务，对API攻击进行防御。

4.1.3 方案设计

园区办公零信任方案以园区办公典型业务场景为参照，可分为网络接入、应用访问和虚拟桌面3类子场景零信任方案。方案遵循最小权限原则，确保用户和终端进行最小权限网络访问，并进行从应用级到接口级的动态访问控制。

1. 零信任网络接入

员工终端接入网络是员工进行园区办公的第一步，通过身份认证后，终端根据预设的网络访问策略访问网络。通常情况下，管理员根据最小权限原则设置网络访问策略，但传统网络策略配置以预设和手动配置的方式为主。当园区网络中发现高风险终端时，如果无法及时调整网络访问策略，限制此终端的网络访问权限，就会存在该终端横向移动感染园区其他终端的风险。

（1）方案设计思路

零信任网络接入方案设计思路如下。

- 先认证后访问：员工的终端应先进行身份认证，认证通过后，才能接入园区网络。
- 最小权限访问：策略管理器对终端设置最小权限网络访问策略，终端仅能访问策略所允许的网络区域。

- 访问策略动态调整：当策略引擎感知到终端存在高风险行为时，可联动策略管理器自动变更终端的网络访问策略，并让接入交换机充当策略执行点，执行高风险终端网络隔离操作。待终端的安全威胁排除后，策略管理器再变更策略，并通知接入交换机允许终端接入园区网络。

（2）方案架构和流程

以常见的802.1X认证为例，零信任网络接入方案分为有线接入和无线接入两类场景，有线接入场景下，PC终端通过接入交换机接入网络；无线接入场景下，移动终端通过AP接入网络。方案的关键组件主要包括环境感知客户端（安装在终端上）、接入交换机、AP、策略管理器、策略引擎等。零信任网络接入方案架构如图4-2所示。

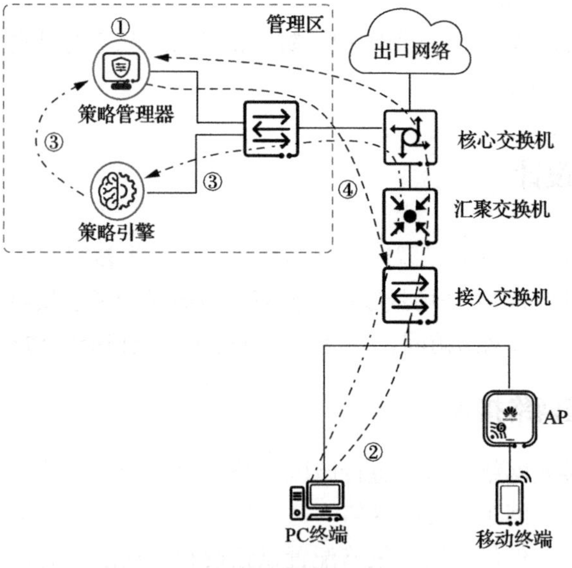

图 4-2　零信任网络接入方案架构

零信任网络接入方案流程如下。

步骤①　在策略管理器上配置用户账号信息，并配置用户子网，认证方式选择802.1X认证，配置802.1X认证授权策略。

步骤②　在终端认证客户端上进行802.1X认证，输入用户名、密码并通过认证后，终端成功接入园区网络。

步骤③　策略引擎通过终端上的环境感知客户端上报的信息，感知终端安全状态并进行可信评分。当终端存在高风险行为（如进行端口扫描渗透等）时，策略引擎降低其可信评分，并将评分传送至策略管理器。

步骤④ 策略管理器根据评分结果，联动接入交换机对终端进行隔离，禁止终端接入园区网络中。

（3）方案落地关键挑战和应对措施

① 终端资产管理

策略管理器应具备终端资产管理能力，通过建立终端资产的台账信息（如资产编号、IP地址、设备信息等），为终端接入认证提前做好准备。在方案实施过程中，企业可能会出现同时运行多套资产管理系统的情况。例如，有些企业会同时建设NOC（Network Operations Center，网络运营中心）、SOC（Security Operations Center，安全运营中心）、IT运维管理系统等平台，这些平台都会对资产进行识别和管理，难免造成资产重复识别、遗漏、资产信息不一致等情况，给资产管理带来困扰。建议企业建立独立的资产管理系统，并通过同步接口对外部系统进行同步，这样能保证资产信息的唯一性。策略管理器在对终端资产进行管理时，可通过从资产管理系统同步终端资产信息的方式获取资产信息。如果企业未建设资产管理系统，策略管理器可以提供自注册服务，终端接入网络前，可以先在策略管理器中进行终端自注册。此外，还可以在企业网络中部署资产扫描探针，进行主动资产识别，并将识别的结果上传到策略管理器做资产管理。

② 终端环境评估与评分

终端环境评估与评分的目的在于确保员工使用的终端健康、访问环境安全，杜绝"带病访问"终端。策略引擎负责对终端进行信任评估，例如检测终端是否感染病毒、是否被攻击者远程控制当作跳板机对园区内其他资产进行渗透等。企业应对终端设计统一的环境评估基线，作为终端环境评估的检测标准。表4-1所示为终端环境评估基线样例，读者可在进行方案设计时参考。

表4-1 终端环境评估基线样例

评估分类	评估子分类	评估项	安全等级
物理环境风险感知	多人围观	验证是否存在多人围观的违规操作	中等级
外部设备接入	外部设备接入状态	监控外部设备接入及使用情况	提示
	移动存储审计	审计移动存储设备的接入情况及使用情况	提示

续表

评估分类	评估子分类	评估项	安全等级
系统账户风险感知	系统账户变化	操作系统账户监控	提示
		操作系统账户状态监测	提示
		操作系统账户组监控	提示
		操作系统账户组状态监测	提示
		禁用 Guest 账号	高等级
	弱口令	检查系统弱口令	低等级
网络环境变化风险感知	违规外联	监测终端是否发生违规外联行为	严重
	Wi-Fi 监控	禁止创建 Wi-Fi 热点	高等级
		允许创建 Wi-Fi 热点但控制接入	高等级
	高危端口	检测终端是否存在或启用高危端口	中等级
	共享服务	监测终端是否存在共享服务	高等级
系统环境风险感知	漏洞补丁	系统漏洞补丁状态采集	中等级
		系统补丁安装	中等级
		系统补丁卸载	中等级
	操作系统内核防护	监控操作系统内核环境	中等级
	网络环境防护	监控操作系统网络环境	中等级
	多操作系统监控	监控终端是否存在多操作系统情况	中等级
	系统防火墙状态	监控系统防火墙运行状态	中等级
系统关键对象风险感知	关键进程	监控进程黑名单	高等级
		监控进程白名单	高等级
	关键服务	监控服务黑名单	低等级
		监控服务白名单	低等级
	关键注册表	监控注册表配置	低等级
安全配置风险感知	身份鉴别安全	系统账户配置安全	低等级
	访问控制	系统安全访问控制	低等级
	资源控制	系统重要资源安全控制	低等级
	入侵防范	系统入侵安全防范	低等级
恶意代理风险感知	防病毒软件安装	检查防病毒软件的安装运行情况	高等级
	恶意代码	检查终端是否存在恶意代码	中等级
应用软件风险感知	软件安装监测	安装软件黑名单	低等级
		安装软件白名单	低等级
系统正版化感知	系统正版化检查	操作系统正版化检查	提示

评估项的评分依据来源于安全等级和事件的数量。安全等级共分为5个级别，依次为“严重>高等级>中等级>低等级>提示”。安全级别越高，风险事件越多，最终评分越低，最高级别风险事件决定用户可信评分范围。

- 如果存在严重或高等级事件，用户可信评分结果范围为0~50分。
- 如果最高级别事件为中等级事件，用户可信评分结果范围为51～80分。
- 如果最高级别事件为低等级或提示事件，用户可信评分结果范围为81～100分。

对用户可信评分采取阶梯形式，建议检测到终端有高风险事件时，采取一票否决机制，禁止终端接入网络。

2. 零信任应用访问

用户终端成功接入企业的园区网络之后，便可访问企业的应用资源。当前企业的大部分应用可分为UI层、服务层、数据层3部分，各层之间相互解耦，并通过接口调用的方式进行相互通信。按应用资源的敏感等级不同，应用分为普通应用和敏感应用。相比普通应用，对敏感应用的访问应采取更加严格的控制。这里先介绍普通应用访问方案，敏感应用访问方案在后文“零信任虚拟桌面”部分中进行介绍。

（1）方案设计思路

零信任应用访问方案设计思路如下。

- 先认证后访问：应用在网络中被隐藏，员工在访问应用前先进行身份认证，认证通过后才能访问应用。
- 最小权限访问：策略管理器对员工访问应用、应用功能和接口服务的权限进行统一管理，员工访问应用、应用功能和接口服务时均需通过策略管理器进行鉴权。
- 访问策略动态调整：当策略引擎感知到员工行为存在高风险时，可联动策略管理器自动变更策略，当员工访问应用或通过应用调用接口服务时进行访问控制，执行二次认证、拒绝访问等操作。

（2）方案架构和流程

零信任应用访问方案的场景主要包括员工访问应用、通过应用调用接口服务两类。方案关键组件主要包括应用代理网关、API网关、策略引擎、策略管理器、环境感知客户端等。零信任应用访问方案架构如图4-3所示。

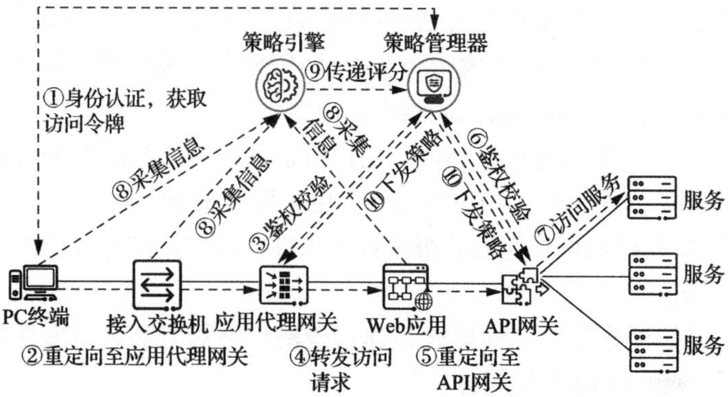

图 4-3　零信任应用访问方案架构

零信任应用访问方案流程如下。

步骤①　用户访问应用前，先通过策略管理器进行身份认证，认证通过后获取访问令牌。

步骤②③④　终端浏览器携带访问令牌访问Web应用，访问被重定向至应用代理网关。应用代理网关从访问请求中解析出访问令牌，并到策略管理器进行鉴权校验。鉴权校验通过后，应用代理网关转发访问请求至Web应用。

步骤⑤⑥⑦　用户浏览Web应用需要调用应用服务或数据服务时，Web应用向服务发起请求，访问被重定向至API网关。API网关从访问请求中解析出访问令牌并到策略管理器进行鉴权校验。鉴权校验通过后，API网关放行请求，允许Web应用访问服务，并将结果返回Web应用。

步骤⑧⑨⑩　在访问过程中，策略引擎持续采集终端环境、网络流量和用户访问行为等信息，并进行综合信任评估。当检测到高风险终端和用户行为时，策略引擎降低评分并将评分传送至策略管理器。策略管理器依据评分结果向应用代理网关和API网关下发策略，执行二次认证、拒绝访问等操作。

（3）方案落地关键挑战和应对措施

零信任应用访问方案的关键点包括终端环境评估与评分、应用对接零信任等。其中终端环境评估与评分在前文“零信任网络接入”部分中有详细描述，下面重点介绍应用对接零信任。

应用对接零信任是园区办公场景零信任方案中的关键部分。在对接零信任之前，用户访问应用的认证和权限信息由该应用独立管理，每个应用都需要管理用户的认证和权限信息。对接零信任之后，用户访问应用的认证和权限信息由零信任策略管理器统一管理，应用根据认证和鉴权结果进行访问结果呈现。

这里给出应用对接零信任的样例供读者参考。

第一个样例：认证集成。

由于企业的应用众多，因此建设统一的应用门户，并将门户与不同的应用进行SSO集成。员工在经过身份认证登录应用门户后，可以免认证直接访问有权限访问的应用，无须再单独认证，具体步骤如下。

步骤① 资源注册：将应用信息注册到策略管理器，包括应用名称、应用ID凭证、应用URL等。

步骤② 用户注册：将用户及组织结构信息注册到策略管理器。

步骤③ 开发应用SSO入口：应用系统新增SSO入口，完成获取用户访问令牌、认证用户等操作。

步骤④ 同步logout：改造应用系统logout，用户在退出应用后，跳转到策略管理器提供的认证页面，完成统一退出。

在应用访问过程中，访问令牌从终端浏览器一直传递到后端服务，因此需要对令牌进行加密传输。此外，还需要对令牌的存放位置做好规范，建议将令牌存放在HTTP报文头中。

第二个样例：权限集成。

应用集成零信任权限服务的主要工作就是，调用策略管理器提供的服务接口进行应用级和应用功能级的鉴权操作。策略管理器提供针对权限的服务接口，例如应用级鉴权接口、功能级鉴权接口等，具体步骤如下。

步骤① 权限申请：用户在访问应用前，先进行权限申请，申请动作可通过审批电子流的方式进行。管理员收到权限申请后，在策略管理器权限服务中对该用户的访问权限进行配置。

步骤② 应用级鉴权：用户登录应用门户时，应用门户携带访问令牌，调用策略管理器权限服务的应用鉴权接口进行鉴权。鉴权通过后，将该用户有权限访问的应用列表返回到应用门户进行展示，用户可通过应用门户直接访问应用。

步骤③ 功能级鉴权：用户访问业务应用时，业务应用携带访问令牌，调用策略管理器功能级鉴权接口，完成功能级鉴权。鉴权通过后展示业务应用对应的功能菜单。

第三个样例：访问代理。

应用部署时，通过应用代理网关进行反向代理，确保所有访问应用的请求都统一经过应用代理网关，由应用代理网关作为策略执行点执行允许、拒绝访问的操作。同时，对外暴露的应用服务和数据服务统一在API网关上进行注册，统一由API网关提供代理访问，确保所有访问应用服务和数据服务的请求先经过API网关，由API网关作为策略执行点执行允许、拒绝服务调用的操作。

3. 零信任虚拟桌面

当员工访问敏感应用时，应采取增强的安全措施确保敏感应用涉及的数据不被保存到终端本地，用户通过登录虚拟桌面访问敏感应用是一种比较典型的方式。但虚拟桌面本身也是一种资源，为保证敏感数据不流出数据中心，虚拟桌面通常会跟应用一起部署在数据中心。

（1）方案设计思路

零信任虚拟桌面方案设计思路如下。

- 先认证后访问：将虚拟桌面当作应用，并隐藏在网络中，员工访问虚拟桌面前先进行身份认证，认证通过后才能访问虚拟桌面。
- 最小权限访问：策略管理器对员工访问虚拟桌面的权限进行统一管理。
- 访问策略动态调整：当策略引擎感知到员工行为存在高风险时，可联动策略管理器自动变更策略，执行拒绝访问虚拟桌面的操作。

（2）方案架构和流程

虚拟桌面作为一种应用对接零信任，用户访问敏感应用前先访问虚拟桌面，再通过虚拟桌面访问敏感应用。方案的关键组件包括虚拟桌面客户端与服务端、应用代理网关、策略引擎、策略管理器、环境感知客户端等。零信任虚拟桌面方案架构如图4-4所示。

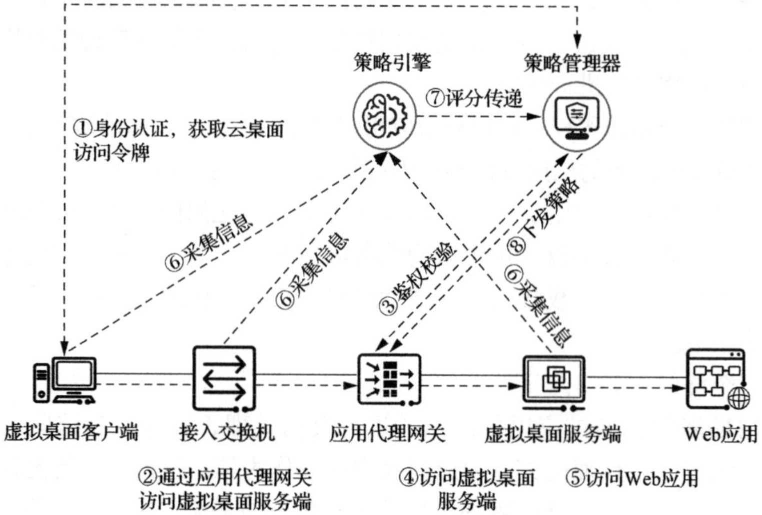

图 4-4　零信任虚拟桌面方案架构

零信任虚拟桌面方案流程如下。

步骤①　用户先在虚拟桌面客户端通过策略管理器进行身份认证，认证通过后，策略管理器向虚拟桌面客户端发放云桌面访问令牌。

步骤②③④　虚拟桌面客户端携带访问令牌，通过应用代理网关访问虚拟桌面服务端。应用代理网关解析访问令牌并向策略管理器进行鉴权校验。鉴权校验通过后，应用代理网关将请求转发至虚拟桌面服务端，即允许虚拟桌面客户端访问虚拟桌面服务端。

步骤⑤　虚拟桌面服务端接收请求并拉起镜像，用户登录虚拟桌面操作系统，并通过浏览器访问Web应用。对于Web应用调用后端服务的过程，这里不再重复介绍，具体参见前文“零信任应用访问”部分。

步骤⑥⑦⑧　在访问过程中，策略引擎持续采集物理终端环境信息、虚拟桌面环境信息、网络流量信息和用户访问行为信息，并进行综合信任评估。当检测到高风险终端和用户行为时，策略引擎降低评分并传递评分至策略管理器。策略管理器向应用代理网关下发策略，执行拒绝访问操作，禁止员工登录虚拟桌面。

（3）方案落地关键挑战和应对措施

零信任虚拟桌面方案的关键点在于，将虚拟桌面当作应用角色与零信任对接。虚拟桌面登录过程流量一般涉及认证流量和视频流量两种，从虚拟桌面客户端登录虚拟桌面服务端的流量属于认证流量，通过HTTP/HTTPS进行传输；认证通过后客户端和服务端建立视频流量，视频流量通过TLS层传输。因此用户在进行虚拟桌面认证时，访问令牌可通过HTTP报文头携带。在建立起视频流量后，若要实现访问控制功能，则需要在TLS层中插入访问令牌，并且能被应用代理网关解析。

另外，为了避免员工在使用虚拟桌面的过程中因多次手动认证而影响使用体验，通常会对虚拟桌面进行SSO设计，用户只需在虚拟桌面客户端进行一次身份认证即可。

4.1.4　方案价值

在园区办公场景中，通过零信任网络接入、应用访问和虚拟桌面3个子场景方案，可在以下方面提升企业的安全能力。

- 增强网络安全：当园区的终端出现攻击行为时，可及时感知终端威胁，并自动对终端进行隔离，增强园区网络的安全性。

- 提高管理效率：按最小权限原则统一配置终端的网络访问策略，并基于用户可信评分自动化动态调整策略，提高网络运维管理效率。
- 减少应用攻击面：通过应用代理网关隐藏应用，减少应用的风险暴露面，提升应用安全性。
- 确保主体可信：对员工进行身份认证和持续鉴权，对员工提供最小化资源的服务。
- 确保访问行为合规：根据在员工访问过程中发现的异常行为及时调整访问权限，确保资源访问过程满足合规性要求。
- 确保敏感数据安全：敏感数据不流出数据中心，本地终端存储敏感数据和访问敏感数据行为可审计。

4.2 远程办公

4.2.1 场景描述

1973年，美国火箭专家杰克·尼勒斯（Jack Nilles）首次提出了远程办公的概念，他认为远程办公就是远离传统工作场所或在家办公。到了20世纪90年代，个人计算机和家庭网络日益普及，为远程办公的兴起打下了坚实基础。很多欧美企业开始逐步尝试远程办公方式，硅谷的远程办公氛围尤其浓郁，如IBM、Amazon、谷歌等公司都是远程办公的拥护者。

近年来，出于降本增效的目的，以及为了吸引更多的高质量人才，各企业不断寻求更灵活的办公方式，远程办公作为一种方便、快捷的办公方式逐渐在国内兴起。比如，一家位于北京的公司想要将一位居住于上海的高级专家纳入麾下，允许其在上海的家中远程办公就是招聘条件的一部分。

伴随着移动终端尤其是智能手机的发展，移动办公近年来也得到了长足发展。移动办公的核心是指员工能够在任何时间、任何地点，通过任何设备接入办公应用，常见的方式就是通过手机端随时接入互联网，并通过公共网络访问企业内部办公应用。出差员工携带便携式计算机，在机场或火车上办公的场景，可能我们每个人都不陌生甚至都亲身经历过。移动办公可以认为是远程办公的一种特殊形式。

远程办公极大地提高了企业的办公效率。但是，由于办公地点不位于企业内部，甚至不固定，办公设备也不仅仅局限于公司计算机，甚至可能是个人手机，这些办公的便利性给企业带来了更多的安全暴露面。如何在保证便利性的同时保证应用数据安全，是企业必须考虑的问题。

4.2.2　需求分析

在远程办公场景下，企业一般面临如下问题。

- 接入终端的种类不确定：员工除了使用公司配备的计算机，也有可能通过个人计算机或手机进行远程接入。这些个人终端的安全状态不可控，无法确保都按照企业安全要求安装杀毒软件等防护软件。如果一些敏感的业务数据被下载到个人终端上，就存在着较大的数据泄露风险。
- 访问者身份难以有效确定：在园区办公场景中，默认通过有效门禁进入园区的用户都是合法的员工或可信任的访客，进行简单认证后即可确认身份。而在远程办公场景中，缺少依靠物理门禁或人工检查对用户身份进行验证的步骤，此时仅依靠一次简单认证，难以有效保证用户身份可信，统一进行身份认证与访问管理的难度增大。
- 静态权限无法动态调整：依赖管理员手动分配用户访问应用的静态权限，无法根据用户访问业务应用过程中的异常行为风险进行动态调整。
- 流量互联网传输不安全：与园区办公中通过企业内网接入不同，远程办公中用户通常通过互联网接入来访问企业应用。流量在不安全的互联网上传输，有可能被攻击者劫持、仿冒或篡改等。
- 对外服务暴露面大：为便于远程访问，企业应用需要在公网对外提供服务，这将暴露企业应用的业务地址，扩大内部资源的暴露面，也给了攻击者更多的可乘之机。

我们可以从终端、用户、流量以及应用4个维度来详细分析远程办公场景下的安全需求。

1. 终端安全

对于终端安全，需要满足的安全需求有如下几点。

- 终端安全基线：需要为接入终端建立统一的安全基线。不论什么类型的终端，都需要经过基线核查，满足终端安全要求后才允许接入内网，最大限度降低终端侧安全风险。
- 最小权限：针对不同类型终端，提取终端关键属性，并基于属性授予不同权限。例如，根据计算机的归属来确定访问权限，如果归属于个人，则不允许下载关键业务数据；如果归属于企业，则授予下载权限。

2. 用户安全

对于用户安全，我们可以考虑加强认证机制，并对用户行为加以分析来增强安全性。

- 多因子认证：在识别到用户为远程接入时，可以采用多因子认证机制来验证用户的身份。除了常规的用户名、密码以外，还可以增加手机验证码、人脸识别、指纹识别等无密码认证方式，协同保证用户身份可信。尤其当用户访问包含敏感数据的应用时，务必增加一次认证以提升安全性。
- 用户行为分析：实时对用户行为进行监测分析，当识别到用户行为与正常的业务行为有偏差时，如频繁访问没有权限的业务应用，则根据用户行为风险大小，采取降低用户权限、二次认证或强制注销用户等操作，以最大限度降低由用户行为带来的越权或数据泄露风险。

3. 流量安全

可以采用强制加密和威胁检测的方法确保流量安全。

- 强制加密：强制采用加密隧道传输流量，降低流量在互联网传输中被劫持及仿冒的风险。
- 威胁检测：针对业务流量进行威胁检测，无论是加密流量还是明文流量均需进行检测，发现风险及时进行处置。

4. 应用安全

除了从访问的角度来进行防范，从应用角度也应该采取一定方法来保障应用安全。

- 应用分级：对应用进行分级、分类，只有用户安全等级高于应用等级时才允许进行访问，若用户安全等级低于应用等级，则拒绝访问。

- 应用代理：采用代理方式对外发布应用，隐藏业务真实IP地址，最大限度减少暴露面。
- 虚拟桌面：在员工使用个人计算机进行远程办公时，为了避免数据被下载到本地带来泄露风险，可以要求员工通过虚拟桌面访问企业内网，实现“数据不落地”。

4.2.3 方案设计

在传统的远程办公场景下，为了确保访问安全，很多企业常采用的方式是通过SSL VPN接入企业内网，但是SSL VPN存在很多明显的安全问题。例如，企业网络需要某种程度地隐式或显式信任拥有正确SSL VPN凭证的用户，并赋予其访问权限。但若SSL VPN用户恰好是恶意用户或盗取了凭证的未授权用户，则会引发相应安全问题。同时，SSL VPN服务器始终暴露在互联网上，极易遭受攻击，SSL VPN设备自身的安全性也饱受诟病。此外，SSL VPN设备按照传统边界安全模型部署在边界上，对远程接入的终端侧缺乏安全管控，无法适应当前物理边界逐渐消失的时代。出于诸如此类的原因，越来越多的企业逐步摒弃了传统SSL VPN接入方式，转而寻求更为安全的新型远程接入方案。

我们可以利用在第3章中介绍的SDP、IAM及零信任策略引擎等技术及组件，构建一个既可以满足远程办公安全需求，又摒弃了SSL VPN方案固有缺点的远程办公零信任方案。

1. 方案设计思路

远程办公零信任方案设计思路如下。

- 预认证：利用SDP中的SPA技术实现“先认证，后连接”，即在员工能够连接内网之前，首先经过一次认证。员工在所使用的终端上安装SDP客户端，由该客户端向SDP控制器发出SPA报文，并在校验通过之后获取可访问的业务资源信息。同时结合零信任网络准入的技术，SDP客户端同时对终端进行安全基线的核查，只有满足安全基线的终端才被允许连接企业内网，从而确保终端及用户的合法性，大幅降低请求被仿冒或劫持的风险。
- 全面身份化：建设IAM作为统一身份认证与权限管理系统，对用户及终端进行统一认证和授权。IAM可通过对接短信网关、指纹识别系统或人脸识别系统等实现多因子认证，提升用户及终端身份可信度。在为用户分配权限时，需遵循“最小权限原则”，只授予用户所必需的最小权限。还可以结合终端的设备类型、所处位置，乃至用户访问时间段等信息对用户权限进行调整，尽量降低越权访问的风险。

- 流量加密：SDP客户端与SDP网关之间通过双向认证，建立HTTPS隧道。终端访问应用的流量，可以在该HTTPS隧道中安全地传输，以实现安全的远程接入。
- 网关隐身：众所周知，不可见的才是安全的，暴露出来的都有可能成为“靶子”。在终端用户SPA通过前，SDP网关默认在网络上是隐身的，不放通任何流量，甚至不给予到访的报文任何回应。即使在SPA通过后，也仅仅放通命中了用户可访问业务资源列表的流量，对其他的任何流量仍然采取丢弃处理的方式，最大限度地保护网关自身安全。
- 动态授权：零信任策略引擎基于SDP客户端上报的终端风险信息、IAM上报的用户认证/鉴权/用户行为信息，以及各类安全设备上报的网络流量风险信息，进行综合智能分析，持续评估用户当前访问行为的安全等级。一旦发现风险，及时调整用户访问应用的权限，即刻进行阻断。

2. 方案架构和流程

远程办公零信任方案整体架构如图4-5所示，其中主要包括SDP客户端、SDP控制器、SDP网关、IAM及零信任策略引擎几个关键组件。

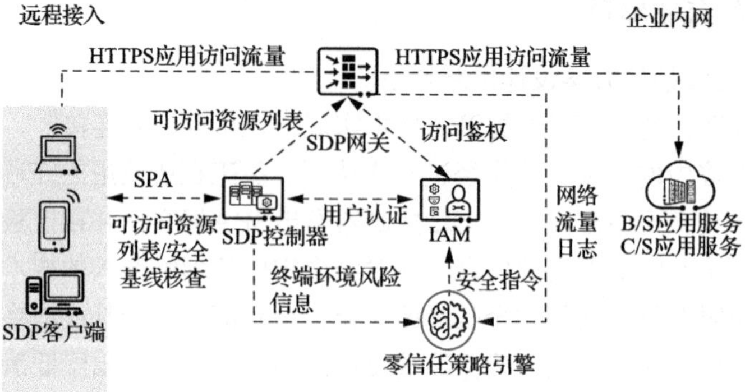

图 4-5　远程办公零信任方案整体架构

远程办公零信任方案组件功能如表4-2所示。需注意，为了保证整体方案的可靠性，除SDP客户端之外，各组件均需集群或双机部署。

表 4-2　远程办公零信任方案组件功能介绍

关键组件	功能介绍
SDP 客户端	支持向 SDP 控制器发起 SPA，并接收用户可访问资源列表。 在 SDP 网关之间建立加密隧道，将所代理的 HTTPS 应用访问流量封装到隧道中进行传输。 对终端进行安全基线核查，采集终端环境风险和设备属性信息，并通过 SDP 控制器上传到零信任策略引擎
SDP 控制器	支持对 SPA 进行校验，校验通过后，向 SDP 客户端和 SDP 网关下发可访问资源列表。 支持与 IAM 对接，获取用户认证及权限信息
SDP 网关	接收 SDP 控制器下发的可访问资源列表。 支持与 SDP 客户端之间建立加密隧道，为 HTTPS 应用访问流量提供加密传输及代理转发功能。 与 IAM 协同实现用户－应用级权限的动态访问控制
IAM	提供人员身份统一管理和身份认证管理，负责对权限进行维护，并对访问资源的请求进行访问鉴权，提供精细化的权限管理功能，与 SDP 网关联动下发动态访问控制指令
零信任策略引擎	提供风险汇聚能力，对终端设备属性、终端环境风险、用户访问行为、网络流量日志等信息进行汇聚，并且根据汇聚结果做信任评估，进行联动通报和安全指令下发

员工通过远程办公零信任方案办公的典型流程如下。

步骤①　技术专家老张携带公司配发的便携式计算机出差到合作伙伴处进行交流，在交流过程中，需要登录公司内部应用查看一些文档，以澄清技术细节。老张的便携式计算机已经提前安装好了SDP客户端。打开计算机后，老张在SDP客户端的认证界面，输入用户名、密码信息请求认证。

步骤②　在进行SPA之前，SDP客户端首先对终端进行安全基线核查，确保终端设备安全状态满足基线要求后，才继续向SDP控制器发起SPA请求。同时，将采集的终端安全状态及设备类型等属性信息上报到SDP控制器。

步骤③　SDP控制器对接收的SPA请求进行校验，校验通过后，SDP控制器提取请求中的用户名、密码等认证信息，到IAM进行统一认证。认证通过后，IAM向SDP控制器返回认证用户的认证结果和用户令牌。

步骤④　SDP控制器接收到用户令牌后，向访问用户颁发用户令牌，并下发可访问资源列表到SDP客户端。同时，SDP控制器通知SDP网关放通该用户相关访问策略。

步骤⑤　认证通过后，SDP客户端自动拉起门户网站，老张在门户网站上点击准备访问的应用。此时，SDP客户端与SDP网关之间建立了HTTPS加密隧道，将HTTPS应用访问流量封装到隧道中进行安全传输。

步骤⑥　HTTPS应用访问流量到达SDP网关，命中访问控制策略，得以继续向后转发。在转发之前，SDP网关根据来访的用户及要访问的应用，到IAM进行用户-应用级的鉴权，以确保用户具备访问对应应用的权限。鉴权通过后，老张成功访问了想访问的应用，查看了对应的技术文档。

步骤⑦　在老张访问应用的整个过程中，SDP客户端持续采集终端安全状态及属性信息，IAM持续监控用户鉴权等各种行为，各类安全设备持续对流量进行检测，这些信息均及时上报到零信任策略引擎。零信任策略引擎持续对终端安全状态、用户安全状态及流量安全状态等进行综合评估。一旦发现风险，则立刻下发安全指令至IAM及SDP控制器，要求增加二次认证，降低用户权限，甚至撤销该用户令牌。

步骤⑧　技术交流完毕，老张退出登录。IAM与SDP控制器注销该用户，并通知SDP网关删除该用户的访问策略和鉴权结果表项，阻止该用户所有访问流量通过。

3. 方案落地的关键挑战和应对措施

在远程办公零信任方案的实际落地过程中，经常会遇到一些标准方案之外的挑战。这些挑战往往决定了整个方案的成败，因此要对这些关键点格外关注。

（1）终端环境评估

不同的用户具有不同的网络环境和业务诉求，很难一概而论。4.1节给出了终端环境评估基线，供读者参考。在实际落地过程中，可根据企业具体情况进行调整。

（2）终端标识的选择

在园区办公场景下，我们一般使用真实IP地址或MAC地址等信息来识别终端。但是在远程办公场景下，用户需通过互联网访问企业应用，此时NAT（Network Address Translation，网络地址转换）几乎是必然会遇到的情况。经过NAT之后，从流量的网络层信息中已经无法获得终端的真实IP地址，而能够获取的终端公网IP地址同时被多个终端使用。在远程办公场景下，通常也跨越了多个三层网络，从而失去了真实的MAC地址。如果仍然简单地使用IP

地址或MAC地址信息来标识终端，则无法准确识别用户在终端上访问业务应用的安全状态。例如，SDP网关上使用终端IP地址作为用户访问资源列表的key值，用来匹配用户是否具备某应用的访问权限。这种方法在NAT场景下会出现两方面的问题，一方面，当一个终端认证通过之后，所有使用该公网IP地址的终端都会获得对应的访问权限，造成越权风险；另一方面，也有可能仅仅某个特定终端存在风险，而联动感知错误地将使用同一公网IP地址的所有终端的状态都判定为不安全，从而出现“一人生病，全家吃药”的尴尬局面。

为了使远程办公零信任方案适用于NAT场景，可以采用终端唯一标识替代IP地址或MAC地址来标识终端设备。终端唯一标识可以是一串字母与数字的组合，具有唯一性及防篡改性，可以精确地标识具体终端设备，具体好处如下。

- 当用户发起认证请求时，请求中需携带发起认证的终端唯一标识，IAM根据这个标识可以识别出认证用户所使用的具体终端设备，并将用户与终端的关联关系上传到零信任策略引擎。
- 当用户访问应用时，SDP客户端将终端唯一标识添加至流量报文中并一直向后传送。SDP网关接收网络流量，将流量上传到零信任策略引擎进行安全检测。
- 零信任策略引擎在对网络流量进行安全分析时，根据终端唯一标识，可以准确识别出该安全事件来自哪个终端设备。类似地，在终端风险日志、用户行为日志、网络流量及其周边安全设备日志中，都可以通过终端唯一标识识别风险来自哪个终端设备。
- 零信任策略引擎在进行综合评估时，可以根据风险所属的具体终端设备，以及用户与终端的关联关系，对用户的风险做出完整、准确的评估，还可以为后续的行为审计及溯源等工作提供便利。

通过这种方法，即使跨越多级NAT，远程接入零信任方案也可以为业务资源提供很好的安全保护。

（3）虚拟桌面环境联动感知

如4.1节所述，在园区内部办公时，员工通常使用计算机直接访问普通的业务应用，仅仅在访问高风险敏感应用时才使用虚拟桌面。而在远程办公场景中，由于办公地点不固定，且员工有可能使用个人计算机接入企业内网，数据泄露风险进一步增大。为确保数据安全，有些企业会强制要求员工在远程办公时使用虚拟桌面访问。这样一来，员工在访问应用时，需同时使用虚拟桌面与物理终端，这两者的安全状态都有可能影响用户访问应用的安全性。

虚拟桌面虽然是虚拟终端，但是与普通终端一样具有操作系统及应用软件等，因此也存在着类似的安全风险。在进行综合环境感知时，除了感知物理终端的安全状态，虚拟桌面内部的安全状态也不可忽略，同样需纳入感知维度中。同时，需要将访问虚拟桌面所使用的物理终端安全状态与虚拟桌面的安全状态进行关联感知，两者中任意一个发生风险时都需要对其做出处置，如降低用户访问权限、增加二次认证等。

4.2.4 方案价值

远程办公零信任方案有效地弥补了传统SSL VPN接入的缺点，确保员工能够在任意地点安全地接入企业内网进行办公，实现终端、用户、流量以及应用的端到端可信。

- 终端可信：通过安全基线及SPA等，实现先认证后连接，确保终端可信。
- 用户可信：通过全面身份化、多因子认证及动态授权等，实现用户可信。
- 流量可信：通过加密隧道传输及加密流量检测等，实现流量可信。
- 应用可信：应用通过SDP网关进行隐藏，减少应用的风险暴露面，提升应用安全性。

4.3 跨网数据交换

4.3.1 场景描述

企业数据中心除了对本企业的员工和应用提供资源访问之外，另一个典型场景是与企业外部的应用进行跨网数据交换。由于很多企业所处的行业有强制性的监管要求，因此企业数据中心一般会通过隔离交换系统的方式与外网进行文件传输、数据同步、消息传递等操作。跨网数据交换场景组网如图4-6所示。

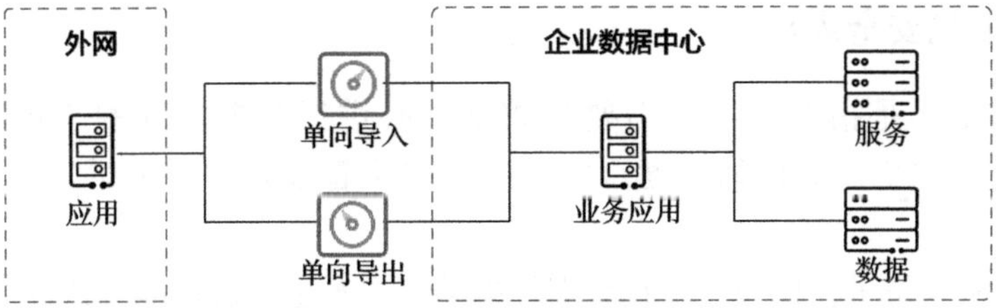

图 4-6　跨网数据交换场景组网

在跨网数据交换场景中，外网的主体一般是应用而不是用户，主要包括外部数据单向导入企业数据中心、企业数据中心内部数据单向导出到外网两个子场景，说明如下。

- 外部数据单向导入企业数据中心：当外网的应用需通过数据交换系统与企业数据中心进行数据传输时，数据交换系统先在企业网络外侧外网应用的原始连接进行代理，对传输数据进行安全检查。检查通过后，采用摆渡或单向传递的方式将数据传输到企业网络内侧，保证在企业网络和外网物理隔离的前提下进行数据安全传输。
- 企业数据中心内部数据单向导出到外网：内部数据单向导出场景与外部数据单向导入场景基本一致，仅数据传输的方向不同。在此场景中，数据交换的发起方为企业数据中心的业务应用，接收方为外网的应用。

4.3.2　需求分析

在跨网数据交换场景中，企业面临的安全问题可以总结为以下两类。

- 安全部门缺乏管控机制：传统的数据交换模式的责任主体是应用服务商，其决定是否进行数据的导入和导出。相比而言，安全部门主要负责搭建用于隔离交换的数据交换系统，将数据从外网安全地导入企业内部，但对传输数据的内容缺乏认证和鉴权机制。
- 安全设备自身并不安全：在近几年多次“红蓝对抗”活动中发现，用于物理隔离的隔离交换系统因为自身存在高危漏洞、弱口令配置等问题，频繁遭到攻击者的渗透攻击，并被当作用来窃取数据中心内部数据的“跳板”。

以外部数据单向导入企业数据中心为例，对跨网数据交换场景面临的安全问题进行需求分析，可以从主机安全、边界安全、数据安全3个维度总结。

1. 主机安全需求

主机主要是指在外网中需要与数据中心进行数据交互的应用主机，应确保主机的安全性。例如，通过安装主机安全管理软件对主机入侵行为进行防御。

对主机身份进行标识，并在数据传输前，先对主机进行准入认证。

对主机的运行环境的安全性进行监控，当监测到主机在数据传输过程中存在高风险行为，可以及时进行阻断。

2. 边界安全需求

企业数据中心通常会与多个行业专网或互联网进行跨网数据交换，网络场景复杂、风险暴露面大，因此企业面向外网的边界应具备抗DDoS、网络入侵防御、安全威胁防护等能力。

数据交换系统在对传输的文件、消息等数据进行单向导入和单向导出的过程中，应对数据进行权限校验，防止数据被违规泄露。

3. 数据安全需求

在外部数据单向导入企业数据中心时，对数据传输的主体进行认证和鉴权，禁止未授权的跨网数据交换操作。

在企业数据中心内部数据单向导出到外网时，应先经过管理层审批同意，再进行数据传输操作，并对传输的数据主体进行认证和鉴权，禁止未授权的跨网数据操作。

4.3.3 方案设计

跨网数据交换方案将企业数据中心作为防护对象，从外部数据单向导入企业数据中心、企业数据中心内部数据单向导出到外网两个场景进行展开。外网和企业数据中心应用均作为访问主体，遵循最小权限原则，在数据传输过程中进行动态访问控制。

1. 方案设计思路

零信任跨网数据交换方案设计思路如下。

- 先认证后访问：外部数据单向导入企业数据中心时，外网应用在传输数据前先进行身份认证。企业数据中心内部数据单向导出到外网时，企业内网的应用也需要先进行认证再传输数据。

- 最小权限访问：策略管理器对外网应用与企业内网应用相互传输的文件类、数据库操作类、消息传递类等信息都进行鉴权，拒绝违规操作。
- 访问策略动态调整：策略引擎应感知应用主机或前置机的环境状态信息，当主机存在高风险行为时，可联动策略管理器自动变更访问控制策略，拒绝数据传输。

2. 方案架构和流程

（1）零信任数据单向导入

当外网应用需要与企业数据中心内的应用或服务资源进行数据传输时，可通过数据单向导入的方式实现文件传递、数据库调用、消息传递等操作。在传统的数据单向导入方案中，数据交换系统可以在企业网络与外网物理隔离的基础上进行数据传输，但对传输的具体内容缺乏管控手段。

在零信任数据单向导入方案中，数据跨网传输与零信任能力相互独立，通过独立的策略执行点对数据传输内容进行访问控制。方案的关键组件包括应用前置机、数据交换系统、单向导入系统、跨网数据网关、策略引擎、策略管理器等。零信任数据单向导入方案架构如图4-7所示。

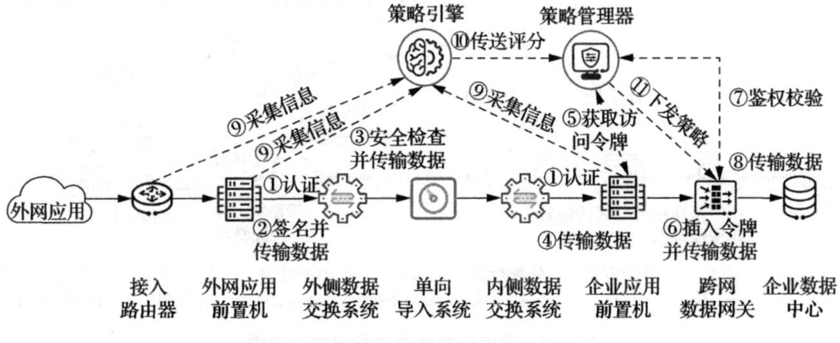

图 4-7　零信任数据单向导入方案架构

零信任数据单向导入方案流程如下。

步骤①　外侧数据交换系统与外网应用前置机互相认证，内侧数据交换系统与企业应用前置机互相认证。

步骤②　外网应用前置机接收外网应用传输到企业数据中心的数据，并对数据进行签名，签名后向外侧数据交换系统传输数据。

步骤③　外侧数据交换系统获得数据后，对数据进行安全检查（如病毒查杀等）和协议剥离，通过单向导入系统传输数据至内侧数据交换系统。

步骤④　内侧数据交换系统传输数据至企业应用前置机。

步骤⑤　企业应用前置机对获取的数据进行验签，并进行数据完整性校验。然后企业应用前置机向策略管理器发起身份认证请求，获取访问令牌。

步骤⑥　企业应用前置机将访问令牌插入传输的数据中，传输数据至跨网数据网关。

步骤⑦⑧　跨网数据网关解析访问令牌，并携带令牌向策略管理器发起鉴权校验请求。鉴权校验通过之后，传输数据至企业数据中心，否则将数据丢弃。

步骤⑨⑩⑪　策略引擎采集网络设备、主机环境等信息，对单向导入链路进行信任评估。当策略引擎检测到安全风险后，降低企业应用前置机的可信评分并传送评分给策略管理器。策略管理器根据评分进行策略动态变更，下发策略至跨网数据网关执行策略。

（2）零信任数据单向导出

零信任数据单向导出方案的场景及组件与单向导入场景及组件基本一致，只是业务的发起方变为企业数据中心内的应用，通过数据交换系统向外传输数据。零信任数据单向导出方案架构如图4-8所示。

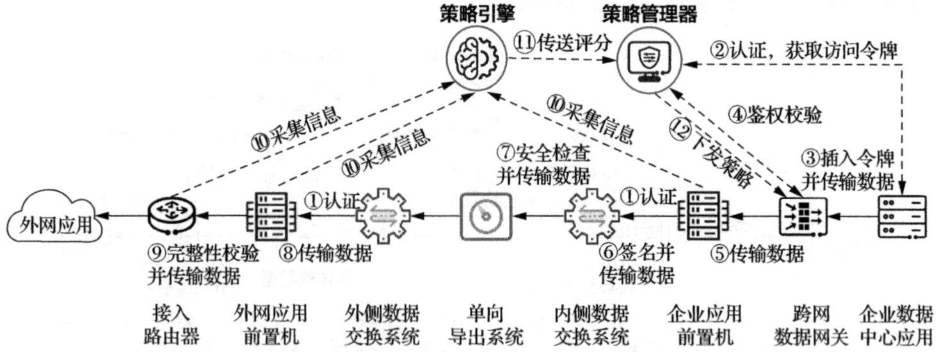

图 4-8　零信任数据单向导出方案架构

零信任数据单向导出方案流程如下。

步骤①　外侧数据交换系统与外网应用前置机互相认证，内侧数据交换系统与企业应用前置机互相认证。

步骤②③　企业数据中心应用向策略管理器发起身份认证请求，认证通过后获取访问令牌，将令牌插入向外网传输的数据里并传输数据。

步骤④⑤　数据传输至跨网数据网关，跨网数据网关解析访问令牌，并携带令牌向策略管理器发起鉴权校验请求，鉴权校验通过后，传输数据至企业应用前置机，否则将数据丢弃。

步骤⑥　企业应用前置机接收企业数据中心应用传输的数据，并对数据进行签名，签名后传输数据至内侧数据交换系统。

步骤⑦　内侧数据交换系统获得数据后，对数据进行安全检查（如病毒查杀等）和协议剥离，通过单向导出系统传输数据至外侧数据交换系统。

步骤⑧　外侧数据交换系统传输数据至外网应用前置机。

步骤⑨　外网应用前置机对获取的数据进行验签及完整性校验，校验通过后传送给外网应用。

步骤⑩⑪⑫　策略引擎采集网络设备、主机环境等的信息，对单向导出链路进行信任评估。当策略引擎检测到安全风险后，降低企业应用前置机的可信评分并传送评分给策略管理器。策略管理器根据评分进行策略动态变更，并下发策略至跨网数据网关执行。

3. 方案关键挑战和应对措施

（1）零信任如何与企业已建设的数据交换能力进行融合

数据跨网交换属于成熟的安全能力，很多企业已经建设了跨网数据交换系统与其他网络进行数据传输。如果建设零信任跨网数据交换能力需要对企业已建设的数据交换系统进行改造，就无法充分利用现有安全能力，且会增加企业建设成本。例如，某企业2010—2018年陆续建设了6套跨网数据交换系统，每套跨网数据交换系统都有一条外网连接。这些系统的建设时间已经超出了售后服务时间，2021年，该企业对跨网数据交换进行零信任升级，如果采用跨网数据交换系统与零信任对接的方式，就无法对已建设系统提出升级和改造要求。

跨网数据交换方案主要提供数据跨网传输，以及零信任的信任评估与访问控制等能力。在设计方案时，可以不采用跨网数据交换系统对接零信任的方式进行设计，只在网络边界增加跨网数据网关作为策略执行点，同时在应用前置机上部署环境感知客户端，以监测主机运行环境。这种设计方式在利用企业已有安全能力的基础上增强了安全性。

（2）访问令牌的承载方式

在当前主流的零信任方案中，均通过将访问令牌插入HTTP报文头中的方式传递访问令牌。但在跨网数据交换场景中，数据的跨网传输不在HTTP层进行，因此访问令牌的插入方式是跨网数据交换方案顺利实施的关键。建议企业制定令牌标准规范，约束文件传输、数据库调用、消息同步等跨网数据交换场景的令牌承载方式。下面以文件传输过程中的令牌承载方式为例，供读者参考。

当外网文件通过数据交换系统传递到企业应用前置机时，企业应用前置机向策略管理器发起认证请求，认证通过后获取访问令牌，并将令牌插入文件头再向后传输文件。文件头承载令牌信息如图4-9所示。

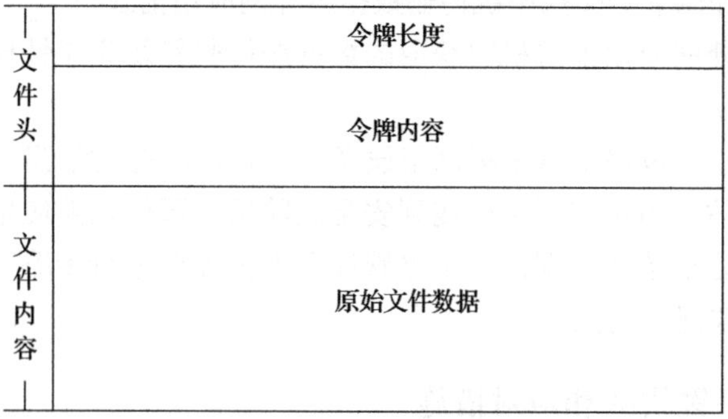

图 4-9　文件头承载令牌信息示例

跨网数据网关接收到文件后，获取文件头的令牌信息，携带令牌向策略管理器发起鉴权校验请求，鉴权校验通过后允许文件传递到企业数据中心，否则拒绝此次传输。

4.3.4　方案价值

企业跨网数据交换与零信任结合，可在以下方面提升企业的跨网数据交换安全能力。

- 在保证企业网络与外网物理隔离的前提下，安全地进行数据交换与共享。
- 基于零信任机制对传输的数据进行最小权限管理，防止数据违规外泄。
- 对数据传输持续进行信任评估，根据评估结果动态调整策略，实现数据细粒度的访问控制。

4.4 数据中心

4.4.1 场景描述

数据中心的核心目的是为外网提供服务，同时内部服务之间也可以快速地进行数据交互，以达到高性能向外部提供服务的目的。图4-10所示为数据中心场景组网及业务模型，通常包含叶子（Leaf）节点和骨干（Spine）节点。Leaf节点提供各种网络设备接入VXLAN功能；Spine节点通过高速接口连接各个功能Leaf节点，提供高速IP地址转发功能。

Leaf节点作为VXLAN接入节点，由于其接入的对象不同，又分为以下两类。

- Border Leaf：提供外部流量接入数据中心VXLAN Fabric网络的功能，用于连接路由器或者传输设备。
- Server Leaf：提供虚拟化服务器、非虚拟化服务器等计算资源接入VXLAN Fabric网络的功能，提供防火墙和负载均衡器等4～7层增值服务接入的功能。

如图4-10所示，数据中心业务模型可以归结为以下4种类型。

- 外网用户访问数据中心服务（见图4-10的①）：数据中心向外网用户提供服务。此过程中，边界防火墙集成边界隔离、IPS、AV（Antivirus，防病毒）能力，为数据中心提供基本的业务隔离及安全防护能力。
- VPC内业务互访（见图4-10的②）：数据中心单个VPC（Virtual Private Cloud，虚拟私有云）内的不同VM，因业务诉求需要进行数据互访，业务流量经过Server Leaf与Spine节点转发后在VPC内完成互访流程。
- VPC间业务互访（见图4-10的③）：数据中心两个VPC间的VM，因业务诉求需要进行数据互访，业务流量经过Server Leaf与Spine节点转发后，在VPC间完成互访流程。
- 同一个vSwitch内业务互访（见图4-10的④）：数据中心同一个vSwitch内的两个VM，因业务诉求需要进行数据互访，业务流量仅经过vSwitch转发即可满足诉求。

业界基于访问逻辑关系，通常把外网和数据中心之间的流量称为南北向业务流量，把其他流量统一称为东西向业务流量。

当数据中心传统的边界被突破时，攻击者可以随意攻击数据中心内部的服务。零信任“永不信任、持续验证”的理念对数据中心的安全提出了更高的要求。在数据中心内部，需要针对数据中心内、外部流量做全面的防护。

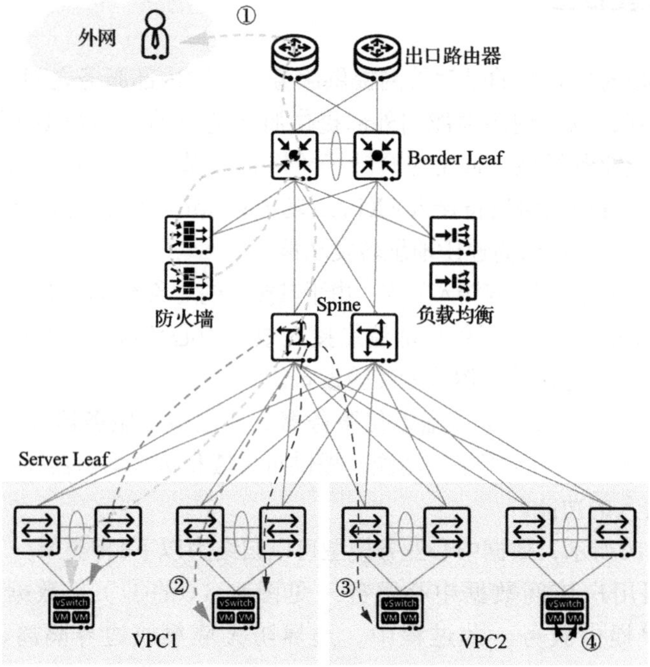

图 4-10　数据中心场景组网及业务模型

4.4.2　需求分析

相对于园区办公场景，针对数据中心场景的安全诉求有所差异。首先，园区办公场景终端类型普遍比较多样；数据中心的终端类型则较为单一，均为基于安全镜像拉起的VM系统，且机房管理严格，故终端侧安全有保障，无须对终端VM镜像实施准入认证。其次，园区办公场景不同区域的资产价值不一，比如管理区的资产价值相对较高，办公区的资产价值较低；但是数据中心VM内存储的普遍都是重要的业务数据，故更需要全面的流量监测。再次，当园区办公场景发生威胁事件时，常见的处置措施是通过ACL策略进行隔离处置，存在策略多且管理复杂的问题；数据中心场景规模大且流量模型更复杂，需引入一种新的处置方式使之具备南北向、东西向流量的威胁处置能力。综上，在数据中心场景中，企业面临的安全问题可以总结为以下3类。

（1）全流量监测困难

数据中心场景有70%的业务流量发生在东西向，传统的边界防护技术难以对数据中心东西向流量进行安全监测。如果发生黑客进入内网后的横向移动情况，流量变得更加不可见、不可管，整个数据中心场景的业务流量就毫无信任可言。

数据中心内部横向移动过程如图4-11所示。跨VPC横向移动的流量如果仅经过Server Leaf转发，则需要部署大量硬件探针，对于VPC内横向移动的流量，当前尚无有效的监测手段。

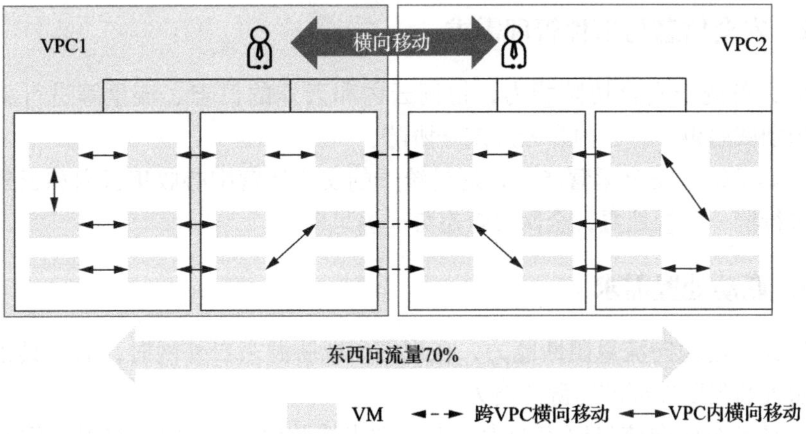

图 4-11　数据中心内部横向移动

（2）安全信息与事件管理能力弱

APT攻击一般利用0day漏洞或者高级逃逸等技术，基于内部渗透和提权，长期潜伏、挖掘，最终通过远程控制导致数据被破坏、丢失或者泄露。传统的基于精确签名的检测技术无法检测和防御APT攻击。数据中心内有网络产品日志、安全产品系统日志与威胁日志、服务器日志、终端日志等。从海量信息里提取有价值的安全信息进行关联分析，同时结合威胁事件进行有效的联动，从而识别出APT攻击，是一个巨大的挑战。

（3）联动处置能力弱

发现威胁后缺少自动化处置能力，威胁事件若不能及时处置，则极易扩散。数据中心的处置位置分为两块，一块是南北向的VPC边界阻断，另一块是VPC内或者VPC间的东西向威胁隔离。威胁事件的SOAR处置能力也是数据中心安全运营成熟度的体现。

针对数据中心场景面临的安全问题，从企业用户视角进行如下安全需求分析。

1. 全流量监测需求

应具备南北向流量监测能力，在通过边界安全设备进行安全防护的基础上，还需具备采集南北向流量进行威胁分析的能力。

应具备东西向流量监测能力，监测东西向流量时，需要考虑跨网络设备的业务流量与vSwitch内的业务流量监测、分析能力。

2. 安全信息与事件管理需求

应具备统一安全协防能力，协同云内和云外的日志、流量等进行威胁分析，识别威胁事件，云内和云外统一协防。

应具备统一安全运营能力，通过统一的安全运营中心收集云内和云外威胁事件进行统一分析处置，全网安全态势一屏呈现。

3. 联动处置需求

应具备南北向流量阻断能力，在识别出威胁源来自外网时，需要具备联动边界防火墙阻断外部威胁源的能力。

应具备东西向流量隔离能力，在识别出威胁源来自内部VM时，需要具备联动网络设备隔离内部VM的能力。

数据中心场景安全需求主要用到零信任策略引擎、SIEM、SOAR、加密流量等检测技术，同时结合微分段技术实现数据中心东西向流量的处置。

4.4.3 方案设计

如图4-12所示，零信任数据中心架构分为感知评估层、决策控制层和策略执行层。感知评估层具备SIEM能力，可联动策略管理器实现SOAR能力。决策控制层为策略管理器，可对数据中心网络和安全设备进行统一管控，配合策略执行层实现微隔离。策略执行层主要由网络、安全设备等实现，可实现数据采集、边界防护、微隔离等能力。

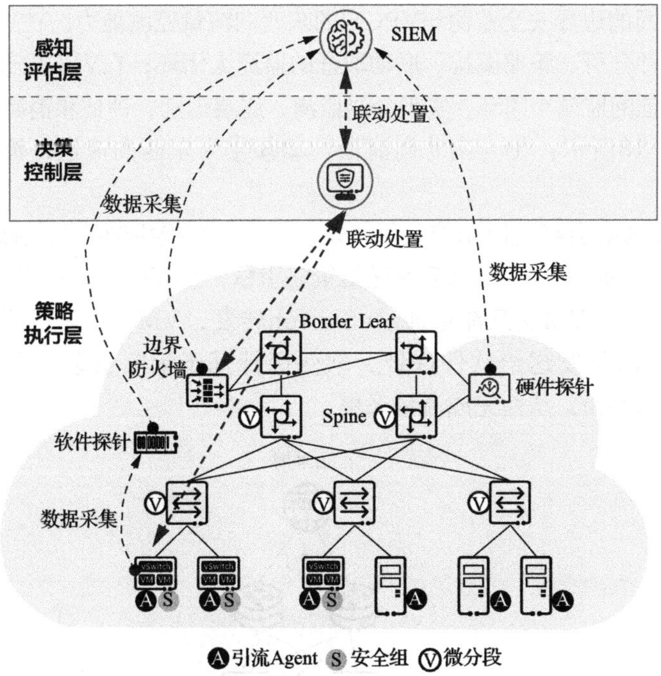

图 4-12　零信任数据中心架构

基于此架构，数据中心场景零信任重点围绕数据采集、数据中心SIEM和数据中心SOAR进行细化方案设计，下面将按这3个维度展开讲解。

1. 数据采集

想要达成零信任的持续验证，持续且全面的数据采集是零信任数据中心场景的根源。针对数据中心，南北向流量采集具备较为成熟的技术，难点主要在于全面的东西向流量采集。只有完成东西向流量的威胁监测能力覆盖，一个数据中心才能在真正意义上成为受信任的数据中心。

（1）方案设计思路

南北向流量采集：南北向威胁检测利用旧传统边界防护能力，把威胁日志上传到策略引擎，同时在边界部署探针进行流量采集。

东西向流量采集：东西向流量采集考虑VPC内、VPC间的流量采集，VPC间流量使用旁挂硬件探针采集，VPC内流量使用软件探针采集。

（2）方案架构与流程

基于数据中心流量模型分析，数据中心安全监测需要建立两级安全监测能力，即VPC间的边界安全监测与VPC内的东西向流量监测能力。在VPC间建立威胁检测、事件分析、策略编排、联动取证的监测大闭环；在VPC内部建立威胁检测和联动取证的监测小闭环，实现分层监测，逐层识别、评估和消减安全风险。

如图4-13所示，①为南北向流量，②③④为东西向流量，流量采集方法如下。

- ①②③都会经过Leaf交换机转发，考虑在交换机旁挂独立探针进行流量监测，提取Metadata后发送给策略引擎，从而完成流量采集。
- ④的两个VM交互流量通过vSwitch转发，VM内部署的引流Agent把原始流量发送给软件探针，软件探针基于策略引擎下发的算法提取Metadata，从而完成流量采集。

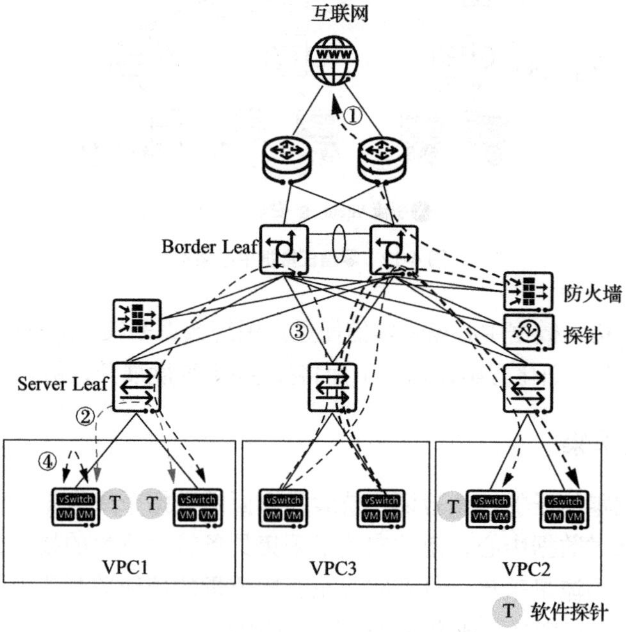

图 4-13　数据中心场景数据采集设计

（3）方案落地关键挑战和应对措施

①硬件探针部署方案

数据中心场景内部的部署形态多样，如何选择最优的硬件探针部署方案，既可以满足安全上流量采集的诉求，又可以做到成本最优。我们梳理了以下两套数据中心硬件探针的部署方案供读者参考。

- 分布式部署方案：在所有的Server Leaf部署硬件探针，通过本地端口镜像的方式将主机接入接口的流量全部镜像到探针中进行分析。该方案适用于对VPC内不同VM间互访有检测需求的场景，检测粒度细致，能发现VPC内的安全威胁。

- 集中式部署方案：在Border Leaf旁挂部署硬件探针，检测跨VPC的东西向流量和南北向流量，通过本地端口镜像的方式将流量镜像到探针中进行分析。该方案适用于仅检测跨VPC互访流量和南北向流量的场景，无法发现VPC内的安全威胁。该方案的优点是部署位置集中、便于运维管理等。

分布式部署方案适用于Server Leaf不多的网络，优点是不用改变原数据中心业务流量，缺点是每个Server Leaf均需要部署独立探针，成本略高。集中式部署方案适用于Server Leaf较多的网络，优点是成本较低，缺点是需要通过网络配置使所监测的流量都经过Border Leaf绕行。具体采用哪种方案，企业可以根据两个方案的优、缺点进行评估。注意，如果VM的交互在vSwitch下完成，则不能采用硬件探针部署方案。

②软件探针部署方案

软件探针部署方案是一种既能兼顾成本，又可解决数据中心东西向流量监测的方案，此方案有如下3个关键组件。

- 终端安全管理系统：管理引流Agent，可以对引流Agent进行状态检测，还可以进行监测策略下发。
- 引流Agent：部署在VM内部，可以基于终端安全管理系统下发的策略进行引流。
- 软件探针：部署在VM内部，接收引流Agent发送的原始流量，基于策略引擎的算法提取Metadata。

数据中心在引入软件探针后，VM内的业务如果因为引流Agent消耗了太多的资源，就极易导致业务受损甚至中断。此类问题需要通过熔断机制解决，以确保业务平稳运行。

综上，通过软件探针部署方案可实现全面的东西向流量监测，结合已有技术，可实现全流量监测。至此，零信任数据中心的第一环流量采集即可完成。

2. 数据中心 SIEM

数据中心内部业务数据有两个特点，第一个是交互流量大，第二个是非常重要。想要达成零信任中的持续验证，对数据中心SIEM的威胁检测及安全运营能力要求较高。

（1）方案设计思路

数据中心SIEM方案的设计思路如下。

- 统一安全协防能力：核心思想是尽可能多地采集网络和安全设备的日志、事件信息等，实现云内和云外信息统一共享。基于AI威胁分析模型进行大数据关联分析，减少无效告警，提高威胁告警精准率，并通过威胁溯源最终实现威胁阻断能力。
- 统一安全运营能力：实现云内和云外威胁一屏呈现，全网安全态势统一分析，提高安全运维效率。

（2）方案架构和流程

数据中心SIEM需要具备云、网络、安全的协同能力，可联合各个维度的数据进行综合态势感知，同时可以对云内和云外安全进行统一运营。SIEM云网安一体防护架构如图4-14所示。

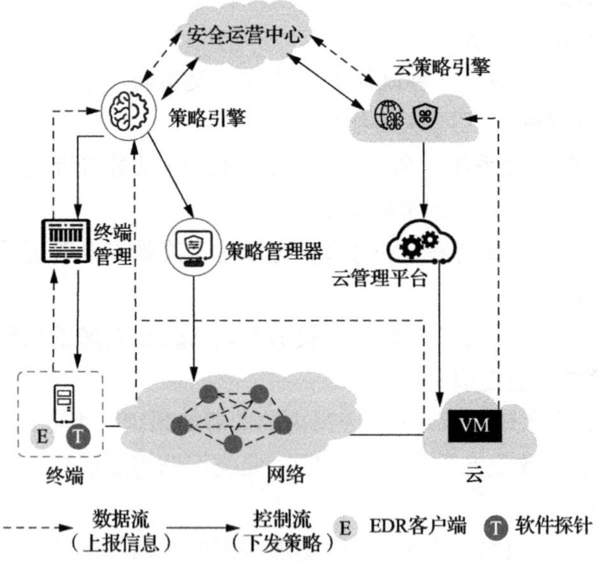

图4-14　SIEM云网安一体防护架构

SIEM云网安一体防护架构能力如下。

- 云网安协同防护：策略引擎通过收集网络流量、安全日志、漏洞扫描日志、终端安全等安全威胁事件信息，进行综合研判，提高安全分析精准率，实现精准溯源。策略引擎将分析后的安全威胁事件信息发送给安全运营中心，当发现违规主体时，安全运营中心分别通过策略管理器或云管理平台向网络、安全等设备下发阻断策略，实现云网安一体防护。

- 统一安全运营：安全运营中心通过集中管理、统一监控、安全运维等实现威胁事件的识别、防御、检测、响应、恢复等安全环节的闭环管理，构建端到端的安全运维体系，提高数据中心安全维护的数字化、智能化水平。通过安全运营中心实现云网安情报共享能力。其中，任一节点识别到威胁事件后，即可通过云网安协同进行情报共享，实现“一处识别，全局可防”的能力。

（3）方案落地关键挑战和应对措施

首先，数据中心策略引擎需要对云网安多个维度的数据进行关联分析，对策略引擎的关联分析、AI算法能力都是较大的挑战。

全面的关联分析能力。数据中心场景通常包含防火墙、交换机、EDR等设备，这些安全、网络、终端设备每天都会上报大量日志。仅通过单一的日志很难准确发现未知的安全威胁，需要关联各个设备的日志记录并综合分析，才能发现单个日志难以发现的潜在安全威胁。关联分析能力主要通过挖掘多个事件日志之间的关联和时序关系，从而发现有效的攻击。当多条日志匹配了某一个关联规则，则认为它们之间存在对应的关联关系，输出异常事件日志，同时将匹配用到的原始日志记录到异常事件日志中。

异常加密流量检测能力。当今主流的Web应用都采用HTTPS传输，数据中心作为Web应用的服务提供方，用户到数据中心的业务流量均采用HTTPS加密流量传输。传统的代理解密方案存在较多弊端，急需一种无须解密的加密流量检测技术。加密流量检测需要基于流量特征提取现有知名黑样本TLS握手信息，以及知名恶意服务器的证书内容来形成签名，建立签名库。然后对每条流进行签名库匹配，上报命中的流。同时具备基于流量的机器学习检测能力，通过机器学习对协议相关特征和背景流量（如DNS等）特征进行分析，从而识别加密流量中的恶意文件通信行为。

其次，对数据中心的精准溯源能力要求高。

数据中心的威胁既有来自外部互联网的渗透攻击，又有内部因VM中毒导致的东西向扩散行为，有效且快速地溯源是威胁处置的前提。通过蜜罐系统伪造虚假的数据中心业务系统“诱捕”攻击者，在威胁发生的前期便可感知异常行为，获取攻击者的身份信息，达成快速溯源的目的。

综上所述，通过策略引擎的SIEM技术，可以实现对数据中心进行持续威胁信息与事件管理，实现对数据中心场景进行持续验证。

3. 数据中心 SOAR

数据中心SIEM实现了零信任技术里的“永不信任、持续验证”能力。通常识别威胁事件只是第一步，能否有效且迅速地协同网络、安全等设备实现处置闭环才是数据中心零信任运维的关键。

（1）方案设计思路

数据中心SOAR方案的设计思路如下。

- 南北向威胁阻断：当威胁源在互联网时，可通过策略管理器联动边界防火墙实现威胁源阻断。
- 东西向威胁隔离：当威胁源在数据中心内部时，需要及时通过策略管理器下发隔离策略，阻止威胁在内部扩散。
- 威胁处置：通过EDR技术对隔离的VM终端下发处置动作，比如进行病毒查杀、恶意文件隔离等。

（2）方案架构和流程

数据中心SOAR由策略引擎、策略管理器、防火墙、Border Leaf、Server Leaf、Spine和EDR共7个组件配合实现，其处置流程如图4-15所示。

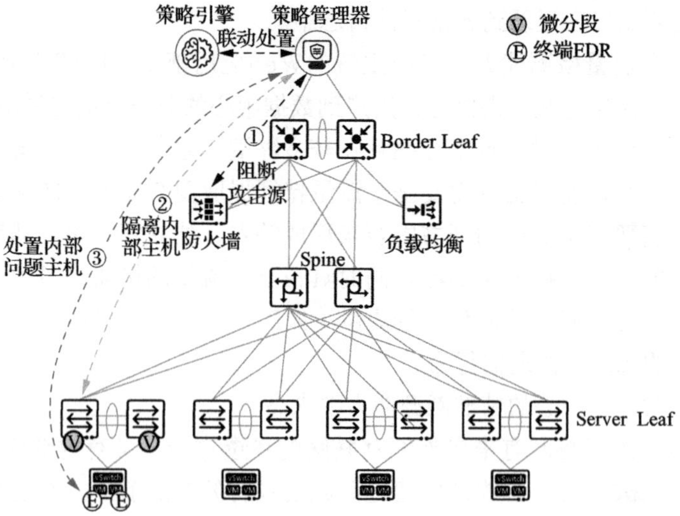

图 4-15 数据中心 SOAR 处置流程

步骤① 策略引擎检测到攻击源IP地址为外部地址，通过策略管理器联动边界防火墙，下发安全策略阻断外部攻击源。

步骤②　策略引擎检测到攻击源IP地址为内部地址，通过策略管理器联动Server Leaf交换机，采用微分段技术隔离内部主机。

步骤③　策略引擎通过EDR对内部问题主机进行处置，在解决终端问题后执行步骤②的隔离策略。

（3）方案落地关键挑战与应对措施

零信任数据中心的主要挑战是灵活、精确的业务隔离，业务隔离主要分为两个层面，第一个是进行业务策略定义，第二个是在识别威胁事件后基于策略进行精确的业务隔离。微分段是数据中心内常见的安全隔离方案，基于微分段的微隔离技术可高效实现VM级的微隔离，达成威胁处置效果。

首先，介绍一下数据中心微分段。数据中心微分段是指对业务单元进行分组形成EPG（End Point Group，端节点组），然后根据组间策略来控制流量。微分段实现方式共有如下两种。

- 分组信息和组间策略均下发在源端Leaf，采用此方式，源端容易出现表项瓶颈，但是业务流量直接在源端放行或隔离，可避免隔离流量绕行。
- 分组信息和组间策略分段下发，源端Leaf下发源IP分组信息，目的端Leaf下发目的IP分组信息和组间策略。采用此方式，源端不容易出现资源瓶颈，但是业务流量必须转发到Leaf节点处理。

本着尽力管控的原则，建议的微分段编排下发方式如下。

- 若源端Leaf存在源和目的分组信息以及组间策略，则在源端Leaf处理业务流量。
- 若源端Leaf仅存在源IP地址分组信息，目的端存在目的IP地址分组信息、组间策略，则在目的端Leaf处理业务流量。
- 若源端Leaf不存在源IP地址分组信息，目的端Leaf存在目的IP地址分组信息、组间策略，则在目的端Leaf匹配未知组策略。
- 若源端Leaf存在源IP地址分组信息，目的端Leaf不存在目的IP地址分组信息、组间策略，则在目的端Leaf匹配未知组策略。
- 若源端Leaf存在源IP地址分组信息，目的端Leaf存在目的IP地址分组信息，不存在组间策略，则在目的端Leaf丢弃业务报文。

常见微分段策略实现如图4-16所示，具体说明如下。

步骤①　对Leaf1下发Server1对应的分组信息EPG1。对Leaf2下发Server2对应的分组信息EPG2，以及EPG1与EPG2之间的EPG策略，策略动作为Permit。

步骤② Leaf1根据报文目的IP地址查找IP地址路由表，得知目的IP地址下一跳为VXLAN隧道，用VXLAN报文封装原始报文，发送到远端Leaf2。

步骤③ Leaf2收到VXLAN报文后，对其进行解封装，获取EPG1，根据原始报文目的端IP地址，获得目的IP地址所属的EPG2。

步骤④ Leaf2根据EPG1和EPG2，获取EPG策略，并且按照EPG策略动作指导报文转发。

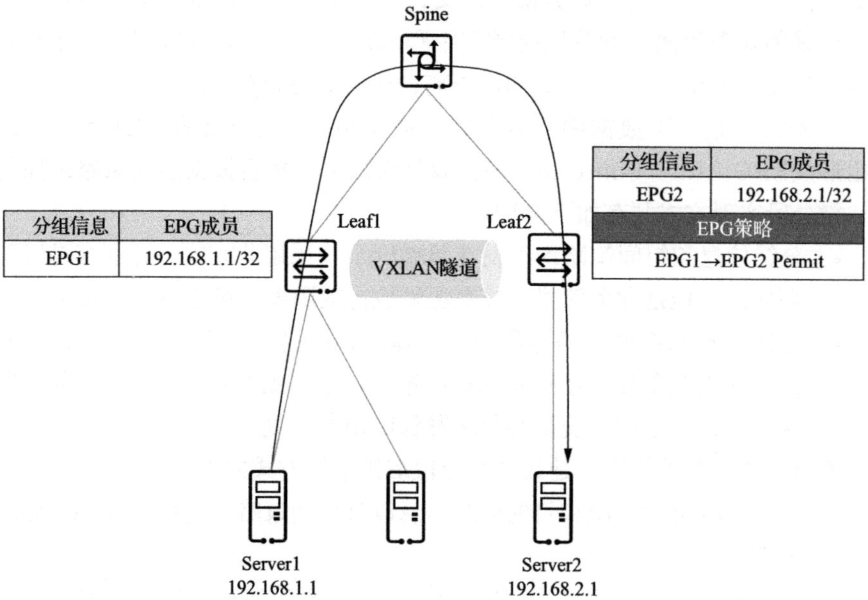

图 4-16 常见微分段策略

其次，介绍一下数据中心微隔离。数据中心场景的威胁处置还需要实现内部VM的主机隔离，借用微分段技术即可实现微隔离。微隔离实现分为以下几步。

步骤① 如图4-16所示，EPG1与EPG2通过默认为Permit的组间EPG策略可以实现互通。

步骤② 预置EPG3与EPG2间默认为Deny的组间EPG策略，如图4-17所示。

步骤③ Server1发生威胁事件后，数据中心策略管理器下发指令调整Server1的EPG1到EPG3，通过默认组间EPG策略达成微隔离的目的。

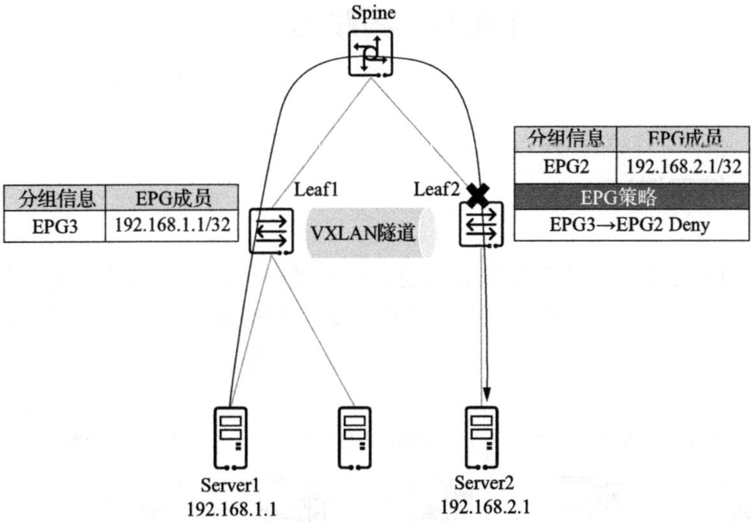

图 4-17　微隔离实现

综上所述，通过微分段技术可有效实现企业数据中心场景的东西向流量微隔离，在零信任的持续验证基础上进一步达成持续处置。

4.4.4　方案价值

结合零信任技术的数据中心方案，可以从以下几方面解决数据中心流量的全面监测及自动化威胁处置问题。

- 全场景的数据采集：通过软、硬件探针结合的方式实现全网的数据采集，达成对数据中心东西向流量的全面监测，实现数据中心场景零信任要求。
- 安全信息与事件管理：通过大数据分析技术结合威胁算法，实现对全网威胁事件精准、快速识别与管理等。
- 自动化编排能力：基于威胁源的不同自动联动策略编排，实现威胁事件自动化闭环能力。

4.5 物联接入

4.5.1 场景描述

如图4-18所示，随着业务的发展，互联网时代逐渐迈向物联网时代，物联终端类型越来越多。之前大部分零信任方案主要针对用户访问应用或数据进行管控，物联网时代针对物联终端的管控逐渐成为关注的焦点。

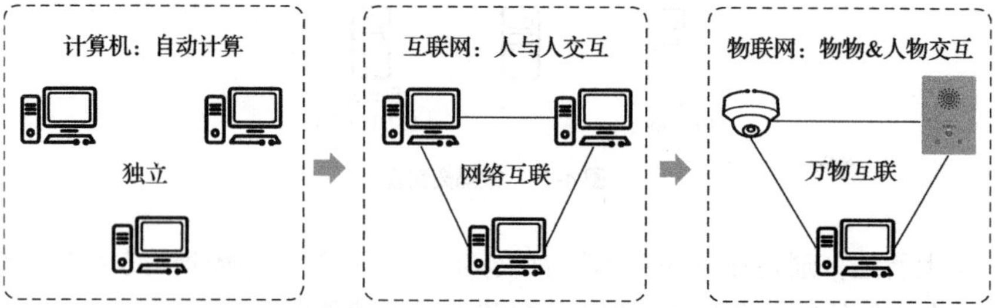

图 4-18 物联网时代来临

2005年，ITU（International Telecommunication Union，国际电信联盟）在突尼斯举行的信息社会世界峰会（World Summit on the Information Society）上正式确定了“物联网”的概念，并在之后发布的《ITU互联网报告2005：物联网》中给出了较为公认的定义：物联网是通过智能传感器、射频识别设备、卫星定位系统等信息传感设备，按照约定的协议，把任何物品与互联网连接起来，进行信息交换和通信，以实现对物品的智能化识别、定位、跟踪、监控和管理的一种网络。显而易见，物联网所要实现的是物与物之间的互联、共享、互通，因此又被称为“物物相连的互联网”。根据ITU的定义，物联网主要解决T2T（Thing to Thing，物与物）、H2T（Human to Thing，人与物）、H2H（Human to Human，人与人）的互联。

物联终端应用于各行各业、各种网络场景，例如，在园区中，有摄像头、IP电话机、打印机、打卡机等；在安防网中，有摄像头、门禁等；在公路网络中，有摄像头、IP电话机、车道控制器、天线控制器等。如今，物联网建设进入了爆发期，各省市面向“十四五”，陆续发布了数字化转型发展规划和行动计划，在全国范围内形成旺盛的物联网建设需求，进入物联网赋能基础设施转型的规模建设期。智慧城市、智慧医疗、智慧交通、智慧水利等物联网基础设施建设成为建设热点。以智慧城市为例，根据《深圳市推进新型信息基础设施建设行动计划（2022—2025年）》，到2025年，深圳智慧城市物联网感知终端超过1000万个，多功能智能杆超过4.5万个。图4-19所示为智慧城市场景。

图 4-19　智慧城市场景

在这个场景的路口，有大量的物联终端，如视频监控终端、交通信号终端、环境监控终端、停车诱导终端等。随着智能社会的发展，将出现越来越多物联终端。

与传统的IT网络相比，在物联网中，海量的物联终端部署在道路、楼宇等公共场合，网络边界模糊，很容易成为攻击者的攻击跳板或目标。如不能解决物联终端安全问题，将导致物联网业务无法安全、可信，物联网建设难以落地。

4.5.2　需求分析

与PC、手机等通用计算设备相比，物联终端设备有很多不一样的特征，如表4-3所示。

表 4-3　通用计算设备与物联终端设备对比

序号	类别	通用计算设备	物联 / 哑终端设备
1	物理环境	部署在相对封闭或安全的场景	很多部署在户外等不安全的物理环境中，易被私接、仿冒
2	操作系统	使用典型操作系统，如 Windows、Linux、Android 等操作系统。 操作系统可以自动优化升级。 系统中的应用软件可以独立迭代	多种专用操作系统，操作系统只考虑了设计时已知的安全保护。 操作系统升级困难，部署后基本不升级。 应用软件与硬件关系紧密、修改困难。 由于各种定制系统长期不演进，软件漏洞风险极高
3	终端安全	终端安全软件（补丁 / 防病毒）容易部署	终端安全软件（补丁 / 防病毒）很难部署
4	终端管控	管控相对完善，操作系统有较完善的用户名和密码体系，变更操作或数据访问有规范的流程要求	未对代码或配置项变更进行权限限制，缺乏成熟的授权或认证机制，容易发生恶意敏感操作或数据未授权访问
5	网络准入认证	网络准入认证采用用户名和密码、证书等认证，相对安全	缺少操作界面，一般采用 MAC 认证，易被仿冒，部署证书相对较难
6	安全策略	访问控制可以通过多种不同的安全策略随时调整，支持通过终端代理进行策略控制	安全策略依赖网络，设备与设备之间存在数据泄露通道，同一网段或相邻网段的设备也许能查看其他设备的信息
7	通信协议	标准的通信协议和通信方式，典型的 IT 网络规程	多种工业通信协议，通信方式由物理结构、地理结构和管理结构等所决定
8	技术支持	允许多样化技术支持服务	主要依赖设备供应商提供技术支持服务
9	生命周期	3 ～ 5 年	5 ～ 20 年

由此我们可知，物联终端设备相对于传统的通用计算设备有如下缺点。

- 操作系统众多，使用时间长，难以升级补丁，系统漏洞多。
- 物联终端设备无法安装终端安全软件，无法通过终端安全软件来感知、监控物联终端设备的安全状态。
- 物联终端设备缺少操作界面，难以通过用户名和密码等方式来验证终端的合法性。

上述的问题造成在实际网络中，物联终端一般面临如下安全风险。

- 私接：物联网对物联终端的准入措施较为粗放，攻击者十分容易使用非法终端设备接入物联交换机进入物联网，对远端的服务器或者近端的其他终端发起攻击。2020年12月，某市智慧杆网关被私接入侵，进而物联平台和播放平台被控制及篡改视频内容，攻击者利用所控制的大量智慧广告屏幕投放了非法内容，造成恶劣的社会影响。

- 仿冒：伪装物联终端接入物联网，作为攻击核心系统的跳板。2019年，某交警网被黑客通过街道网络使用便携设备仿冒摄像头接入，入侵交警视频监控后台，进入车辆违规系统，植入恶意软件，为一些车辆“销分”。
- 劫持：海量物联终端被入侵、控制，沦为黑客发动DDoS攻击的“肉鸡”。2016年10月21日，攻击者使用病毒入侵了大量的摄像头，将摄像头作为肉鸡攻击DNS服务器，导致某国多个城市互联网业务瘫痪，近30个城市、1000家公司业务断网。
- 窃听：敏感数据被窃取，造成个人隐私和商业机密泄露。例如，黑客通过无线路由器接入某医院网络中，利用黑客程序入侵医院计算机系统，获取患者的信息，然后出售给非法机构。

综上所述，客户对物联终端安全的诉求在于入网终端台账清晰、合法合规。

- 台账清晰：物联终端数量多，客户希望能感知在网终端信息，确保台账清晰，便于实现物联终端的管控。
- 合法合规：物联设备常暴露在公共环境中，系统多、漏洞多，且无法安装终端安全软件，易被私接、仿冒和劫持等。客户希望加强安全措施，防止物联终端被作为跳板来攻击其他资源。

4.5.3 方案设计

1. 方案设计思路

前文介绍的园区办公零信任和远程办公零信任为了持续验证，会在终端上安装终端安全软件，对终端进行持续的监测；会提供用户界面，要求用户输入用户名和密码等来验证用户的身份。而物联终端大部分是无用户界面的设备，安装终端安全软件困难，无法通过用户界面提供用户名和密码来识别设备身份及角色。对于这些设备，需要采用网络准入控制来进行身份的认证和授权管控。下面从设计原则、流程能力和核心技术三个方面来阐述物联终端零信任的整体设计思路。

（1）设计原则

考虑到物联终端自身环境的特殊性，需要基于网络准入控制进行管控，因此对物联终端零信任需进行针对性设计。

- 先准后入：要求对全网物联终端资产进行全面、准确的备案管理，物联终端入网管理高效、物联终端身份准确且可溯源、全网资产台账清晰，只允许报备过的终端接入网络。
- 关口前移：要求对物联终端的管控尽量前移到边缘，近源阻断风险，防止风险出现东西向扩散。
- 能力内置：尽量复用网络、安全设备自身的能力，减少独立探针的部署数量，降低商用成本。
- 协同合作：将终端识别、准入控制等网络能力和流量安全风险分析等安全能力相结合，实现网安能力协同。

（2）流程能力

基于物联终端的特点，建议采用图4-20所示的流程来实现物联终端零信任。通过台账清晰、身份合法、行为合规、动态授权4个能力实现主动防御，保证每个物联终端在网络中的安全性，进而保护整网的安全性。

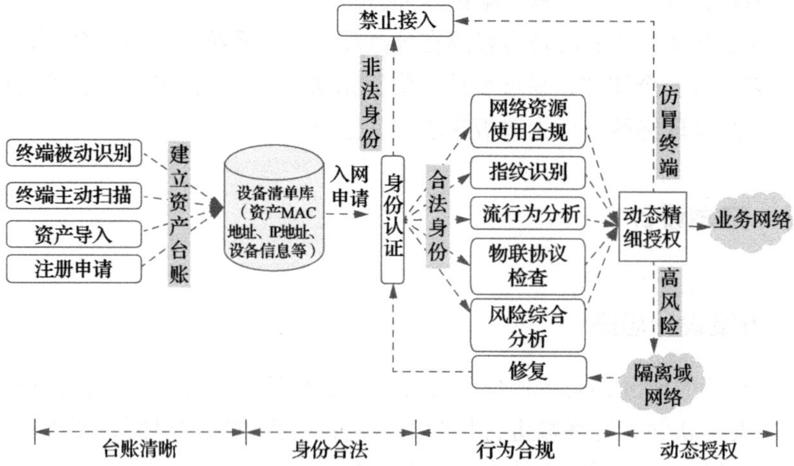

图 4-20　物联终端零信任流程

基于零信任的要求，如下进一步阐述物联终端可信接入需要具备的4个能力。

- 台账清晰：通过终端被动识别、终端主动扫描、资产导入、注册申请等方式建立资产台账信息，设备清单包括资产MAC地址、IP地址、设备信息等。
- 身份合法：要求对所有物联终端的入网申请进行身份认证，包括MAC

认证、证书认证等。确保设备属于内网的合法资产，禁止具有非法身份的设备接入网络，获取相关网络资源。

- 行为合规：通过持续环境感知确保终端行为合规，包括检查网络资源使用是否合规，如IP地址、接入位置等；对物联终端进行被动指纹识别或主动探测，防止非法物联终端仿冒MAC地址接入网络；提供流行为分析，确保设备按照终端类型流行为特征使用网络资源，避免被仿冒或作为跳板对其他网络资源进行攻击；有针对性地进行物联协议检查，过滤不合规的协议；对物联终端流量进行风险综合分析，结合多维数据进行综合研判，给出物联终端的可信评分。
- 动态授权：根据终端的身份、接入时间、接入位置、设备属性等信息，结合物联终端的可信评分进行动态精细授权。合法终端访问业务网络；仿冒终端禁止接入；高风险终端加入隔离域网络，修复后再重新进行身份认证。

（3）核心技术

基于前面介绍的物联终端的特点，物联终端类型、数量多且管控难，物联终端无法安装终端安全软件。要实现物联终端零信任的4个能力要求，重点需要关注的核心技术主要有两方面。

- 终端资产识别技术：如何更快、更准确地识别全网终端资产，在采用MAC认证情况下如何避免物联终端被仿冒。
- 流行为学习和异常发现技术：相当数量的物联终端无法安装环境感知客户端，难以对其风险进行准确感知。对于这类哑终端设备，推荐采用流量基线、深度协议解析等方式进行零信任环境感知及风险处置。

① 终端资产识别技术

物联终端数量大，单纯依靠人工注册方式来实现台账清晰非常困难，需要通过资产识别来实现物联终端的台账清晰。资产的识别方式有主动扫描识别和被动特征识别两种。主动扫描识别通过资产扫描方式扫描资产的设备型号、版本等信息；被动特征识别依靠设备指纹等特征，通过从业务流量中提取终端设备的特征数据，识别设备型号、版本等信息。

主动扫描识别包括SNMP Query和Nmap识别方法。

- SNMP Query识别方法：SNMP Query识别方法是SDN控制器主动读取终端的MIB（Management Information Base，管理信息库）信息，根据SNMP MIB节点的信息进行识别。常用的终端设备可用于识别的MIB节点包括sysDescr、hrDeviceDescr。其中，sysDescr表示系统基本信息；hrDeviceDescr表示设备的描述信息，包含设备的制造商和型号，以及可选的序列号等信息。

- Nmap识别方法：Nmap是一种网络扫描工具，可用于主动扫描终端信息。优点是对组网、设备等没有特殊要求，缺点是识别速度慢，它可以对Nmap进行改进以实现终端扫描。

被动特征识别主要包括MAC OUI（Organizationally Unique Identifier，组织唯一标识符）、DHCP Option、LLDP（Link Layer Discovery Protocol，链路层发现协议）、mDNS、HTTP User-Agent等识别方法，还涉及协议解析方法和终端画像技术。

- MAC OUI识别方法：MAC OUI是MAC地址的前3个字节，是统一分配给各个厂商的。可以通过MAC OUI识别终端厂商信息，但识别结果不够准确，因为MAC信息和网卡的生产厂商相关，很多终端使用其他厂商的网卡芯片，会造成通过MAC OUI获取的厂商信息并不是终端的厂商信息。因此，MAC OUI只能作为优先级最低的识别方法或者与其他识别方法组合使用。
- DHCP Option识别方法：根据DHCP报文中的属性识别终端类型。DHCP Option识别方法是目前主要的识别方法，整体识别率比较高，适用于终端动态获取IP地址的场景。常用于识别终端的属性包括以下几种。
    - ◆ Option 55：请求选项列表，客户端利用该选项指明需要从服务器获取哪些网络配置参数。该选项内容为客户端请求参数对应的选项值。
    - ◆ Option 60：厂商分类信息，用于标识DHCP客户端的类型和配置。
    - ◆ Option 12：DHCP客户端的主机名，用于标识DHCP客户端的主机名。
- LLDP识别方法：LLDP为以太网设备，例如交换机、路由器和AP等，定义了一种标准的方法，使设备可以向网络中其他节点公告自身的存在，并保存各个邻居设备的发现信息。设备配置和设备标识等详细信息都可以使用LLDP进行公告。通过LLDP可以获取设备的操作系统、软件版本、设备描述等信息，根据这些信息可以进行设备类型的识别。
- mDNS识别方法：mDNS即组播DNS，主要用于实现在没有传统DNS服务器的情况下，使局域网内的主机相互发现和通信。mDNS的默认端口是5353，每个进入局域网的主机，如果开启了mDNS服务，都会向局域网内的所有主机发送组播消息，告知“我是谁，我的IP地址是多少”。然后其他开启该服务的主机就会响应，告知“他是谁，他的IP地址是多少”。很多Linux设备提供mDNS服务，因此这类设备可以通过

mDNS协议进行识别。识别方法是网络设备采集mDNS协议报文的服务类型特征，并发送给控制器，控制器根据特征识别终端类型。

- HTTP User-Agent识别方法：通过HTTP报文中的User-Agent内容识别终端信息。不同设备类型的User Agent内容有差别，User-Agent识别方法对PC终端和移动终端比较有效，因为这些终端上的浏览器携带的User-Agent内容一般包含比较全面的终端类型、操作系统、厂商、浏览器类型等信息。
- 协议解析方法：部分协议会在通信中传输设备型号、设备ID等内容，通过解析通信协议交互报文能识别终端信息。
- 私有协议识别方法：大量终端设备使用私有协议通信，识别私有协议即识别该终端设备。
- 关键应用识别：很多终端操作系统都是传统的Windows和Linux操作系统，从操作系统来看，和传统PC终端没什么区别，但通过运行特定的应用软件，就成为专用终端设备类型。因此，识别操作系统和应用类型就能识别终端。
- 终端画像技术：将终端的流量关键信息及相似终端关联信息进行汇总展示，列出关键域名、User-Agent、应用、指纹等信息，并使用AI算法给出最可能的终端类型，然后运营人员根据画像信息确认结果。另外，针对终端的流行为特征、互访关系等，也能通过机器学习给出终端的画像，实现终端的聚类。

② 流行为学习和异常发现技术

在物联终端上无法部署环境感知客户端对物联终端进行可视化监测，因此只能基于流量进行监测。相对于智能终端，物联终端的流行为特征以及访问关系等比较稳定。通过终端流量特征以及终端互访关系的机器学习，可以对相同类型的终端进行聚类和基线。如果终端流量访问行为偏离了原有的基线，就能发现物联终端的异常行为。下面以终端主动连接数、终端的四层端口、流量特征、TCP窗口、互访关系等终端流行为特征为例，说明不同终端类型的特点。

- 终端主动连接数：物联终端的主动连接数均有波动范围，如果连接数高于正常连接数，可视为出现异常。
- 终端的四层端口：相对于手机和工作站的端口种类较多，物联终端使用的端口较固定且有规律。通过对常用端口进行统计学习，可对终端流量进行跟踪判断。

- 流量特征：不同终端的流量特征不同。打印机平均流速低，最大流速范围大；IP电话机平均流速低，最大流速有特定值；IP摄像头流速较大、较稳定；手机流速范围较大；工作站流速波动范围最大。通过对不同的流量平均速度、最大速度进行监控，可以判断物联终端流量是否处于安全水平。
- TCP窗口：TCP头中的Window Size字段，代表接收端的窗口，即接收窗口，用来告知发送端自己所能接收的数据量，从而达到流控的目的。不同终端、不同流量的TCP窗口大小不一样，因此TCP窗口也是终端流行为特征之一。
- 互访关系：相对于智能终端，物联终端的访问关系比较固定。将常用的互访端口与出现的业务进行匹配，如果与互访规则发生冲突，则可能出现安全异常情况。

终端流行为特征还有很多，但从以上几个特征可知，不同的物联终端流行为特征不一样。通过将终端流行为特征输入自编码器模型，使用神经网络模型学习终端的正常行为模式，进行流行为模型训练，可以获得流行为基线。归集各种物联终端的流行为基线，就可以形成AI流行为模型库。

通过AI流行为模型库可以对物联终端进行聚类、识别终端类型、建立台账等。基于网络业务流量通过AI检测算法构建的资产识别能力，主要根据客户提供的每类设备的访问规则（唯一性），分析网络的流量，基于流行为特征对终端进行分类。如图4-21所示，如果聚类后待识别物联终端和已知资产流行为特征接近，可以根据簇中已知信息推断出未知资产所属的类型。如果聚类后待识别物联终端完全未知，则可通过人工一次标记实现整个聚类组的识别，形成资产设备列表。

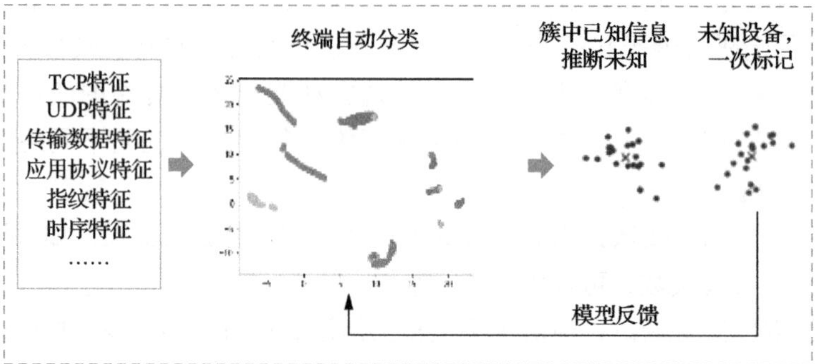

图4-21 流行为聚类

也可以基于AI流行为模型库，实现对物联终端的异常判断。根据终端上报的流量数据，结合预置模型+无监督自学习AI流行为模型，基于场景自适应设定异常阈值，自身前后对比重构误差进行异常检测。例如，可以检测物联终端的访问接口异常、流量增加异常、与物联网平台之间的互访规则异常等，为终端的行为异常判断奠定基础。

2. 方案架构和流程

物联终端零信任方案架构如图4-22所示。

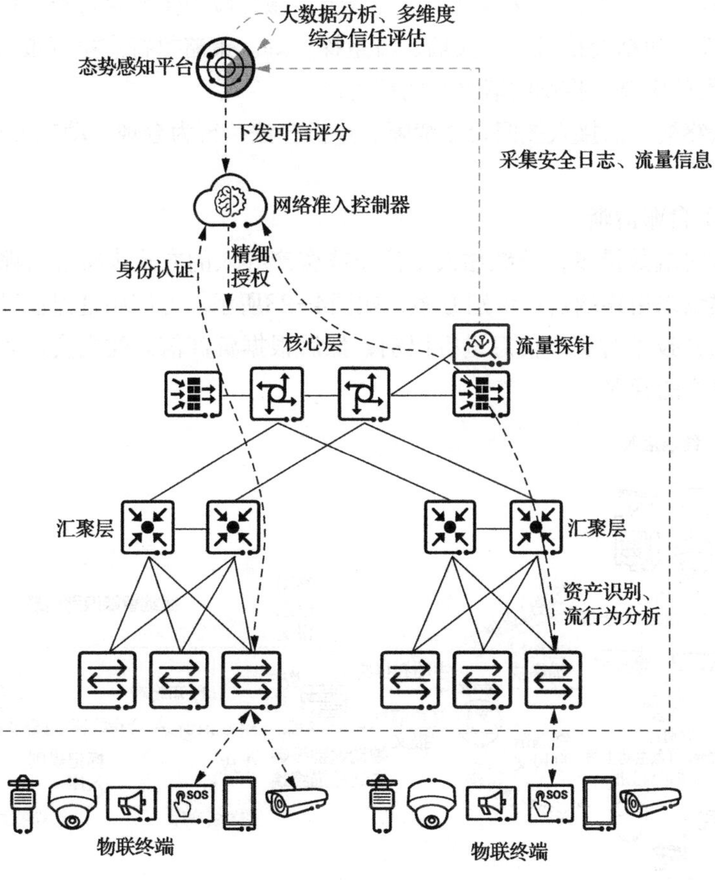

图 4-22　物联终端零信任方案架构

该方案架构主要包括如下组件。

- 策略引擎：由态势感知平台承担，提供安全大数据分析、态势感知、威胁检测、环境感知、信任/风险评估、安全管理和安全响应服务，对物联终端的整体安全风险进行综合评估。

- 策略管理器：由网络准入控制器承担，对发起访问请求的物联终端进行基于可信身份数据清单的多因子认证，基于策略引擎下发的可信评分对物联终端进行降低权重/阻断/下线决策，然后将决策转化为策略向策略执行点下发，以对终端进行精细授权。同时，网络准入控制器接收策略执行点上报的物联终端流量信息，进行资产识别和流行为分析，以识别物联终端的异常和仿冒行为。
- 策略执行点：由支持SDP、安全组、微分段等策略执行点功能的设备担任，包括交换机、防火墙、流量探针等。策略执行点执行策略管理器下发的策略，控制物联终端的行为。

物联终端可信接入按照台账清晰、身份合法、行为合规、动态授权4个步骤实现。

（1）台账清晰

物联终端数量多，单纯靠人工注册或资产导入的方式来实现台账清晰非常困难，建议采用终端资产识别方案，如图4-23所示。方案中通过主动扫描和被动识别两种技术对资产信息进行识别，然后根据资产信息建立资产入网账号，实现对资产的管理。

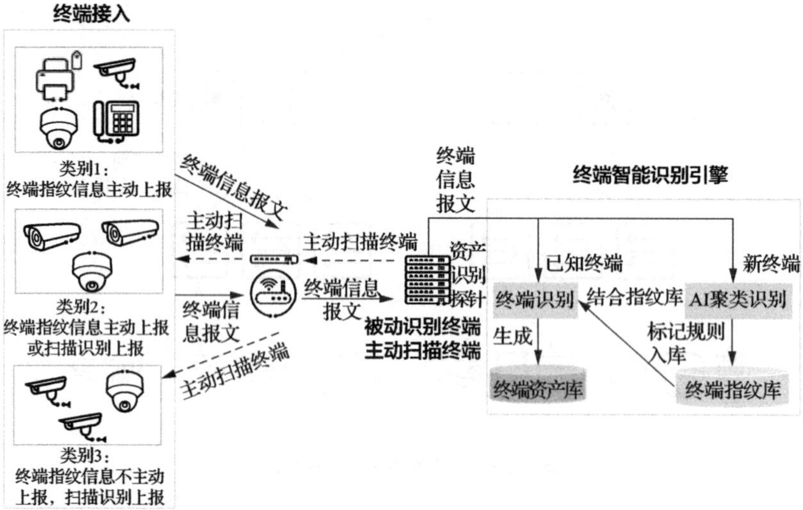

图 4-23　终端资产识别方案

在网络中部署内置资产识别探针的网络设备，或者旁挂独立的资产识别探针，通过被动识别或主动扫描提取终端资产指纹数据，上报给网络准入控制器的终端智能识别引擎进行识别。

- 被动识别：资产识别探针从终端的业务流量中采集指纹信息（基于MAC OUI、DHCP Option、LLDP、mDNS等协议或通过深度报文检测提取特征），上报给终端智能识别引擎。终端智能识别引擎通过指纹库匹配上报的指纹信息，计算识别终端的类型、操作系统、生产厂商、版本等。
- 主动扫描：资产识别探针主动探测和扫描，要求终端反馈终端信息，并上报终端智能识别引擎。终端智能识别引擎通过指纹库匹配终端反馈的信息，识别终端的类型、操作系统、生产厂商、版本等。

对于一些未知资产的识别，可以通过AI聚类，自动提取终端指纹库信息，实现未知终端的资产识别能力自动提升。

物联终端越来越多，新的类型和型号不断增加，很难再用传统的终端指纹数据或扫描信息进行终端识别，应该结合多种技术进行识别。可以通过AI技术自动挖掘终端指纹，通过机器学习等方式，基于终端画像来真正实现物联终端的台账清晰。台账清晰是实现物联终端安全管控的第一步。

（2）身份合法

通过网络准入认证，实现物联终端的合法接入。

- MAC准入认证：对于摄像头等物联终端，当前较为通用的认证方式是MAC认证。但此认证方式极易被篡改和仿冒，无法保障物联终端的安全，需与终端识别、流量行为分析技术综合应用，判断物联终端是否被仿冒。MAC认证较简单，这里不做详细介绍，后续“行为合规”部分会详细介绍如何保证物联终端不被仿冒。
- 用户名和密码认证：部分物联终端可以采用人工配置认证方式。但由于操作繁杂、终端数量多、安全意识不足等原因，用户往往统一采用默认口令或者弱口令，导致这类终端的用户名和密码实际上很容易被破解。因此，用户名和密码认证需要与物联终端的终端识别、流量行为分析一起用于综合判断物联终端是否被仿冒。实际部署时，由于运维难度大，很少采用这种方式进行认证。
- 证书认证：物联终端出厂时通常无预置证书，且证书难以导入，导致证书认证难以用于规模部署的哑终端。针对此种场景，可以在终端集成SDK（Software Development Kit，软件开发套件）实现二次认证，二次认证原理如图4-24所示。

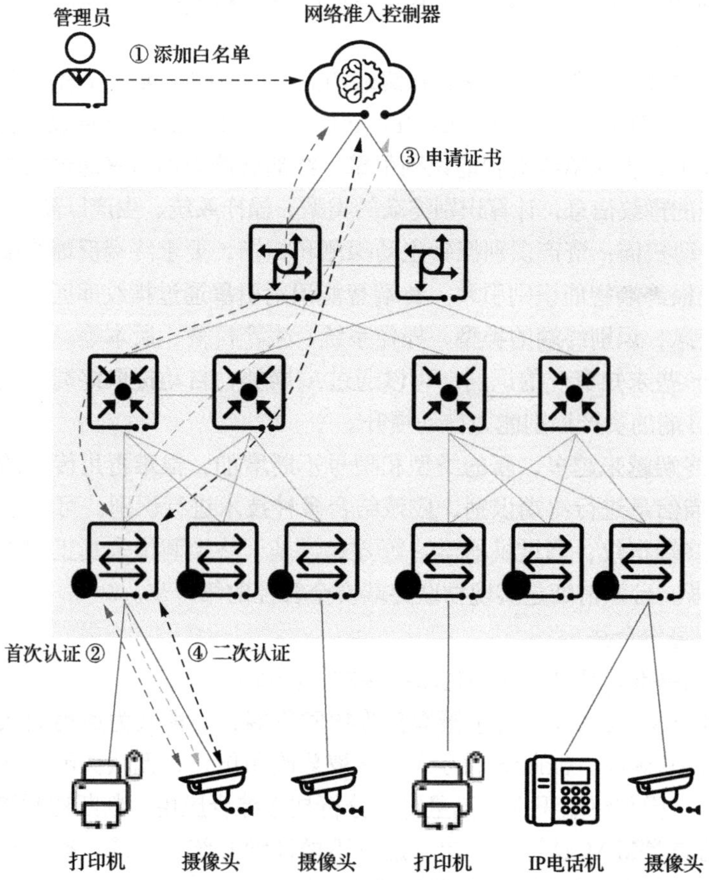

图 4-24　二次认证原理

步骤①　添加白名单：终端集成的SDK预置了用于校验设备合法性的唯一标识，网络自动引导物联终端入网。物联终端入网时，网络设备将终端唯一标识发送到网络准入控制器中。网络准入控制器界面展示待审核终端列表（如MAC、接入位置、厂商、产品名称、终端类型、终端序列号等信息），管理员进行人工审核。审核通过后的终端被加入白名单，也可以通过批量导入方式添加终端白名单信息。

步骤②　首次认证：符合白名单的终端在网络准入控制器上完成首次认证。此时终端只能访问固定资源，例如访问网络准入控制器，不能访问业务服务器资源。

步骤③ 申请证书：完成首次认证的物联终端，由于没有访问业务的权限，所以和物联业务系统之间的访问是隔离的，这样可以避免仿冒终端对系统构成安全威胁。物联终端向网络准入控制器申请二次入网认证所需的设备证书，网络准入控制器基于首次认证结果给物联终端发放设备证书。

步骤④ 二次认证：物联终端发起基于设备证书的802.1X二次认证，网络准入控制器校验证书合法性后，通知网络设备放通终端业务访问权限。另外，工业标识可作为网络的可选控制，物联终端遵循工业标识相关标准，标识解析服务器负责解析终端携带的工业标识，判定工业标识遵循的标准。网络准入控制器将工业标识的网络属性翻译为对网络的策略，根据策略对终端进行授权，确定放通或者阻断访问端口。

（3）行为合规

除了加强感知接入网的准入管控，保证合法授权的终端接入，还需要加强对入网终端行为的持续监控，及时发现安全风险并阻断或者隔离终端。通过对物联终端流量进行分析，对物联终端所使用的网络资源（如IP地址、接入位置）等信息进行检查，判断物联终端行为是否合规。如果行为正常，则继续接入网络，否则对异常物联终端进行阻断或隔离。

第一，防私接。

可在网络准入控制器的认证规则中设置IP地址、MAC地址、接入位置、接入时间等检查项，防止私接。审计分析准入日志，可发现未分配却上线的IP地址、已分配但长期离线的IP地址等异常使用情况。

- 绑定地址：只有允许的MAC地址和IP地址终端才可以接入。
- 绑定网络设备接口：终端必须从固定的网络设备接口接入，防止设备从其他地方接入。
- 二层交换设备网中网管控：网中网是指通过在网络设备接口下用私接二层交换设备的方法私接多个物联终端，如图4-25所示。管理员可根据接口下实际的用户数目部署最大接入终端数，这样能够防止该接口恶意私接终端。
- 私接共享管控：网络设备接口下私接路由器，通过路由器与其他终端共享。可以通过终端识别发现同一个IP地址存在多个终端设备，从而发现私接共享问题。

第二，防仿冒。

防仿冒的主要场景是：非法用户拔掉合法哑终端，用非法终端冒充合法哑终端的MAC地址接入网络。非法终端MAC认证通过后，进行非法访问和攻击，通过入侵业务系统并提权，控制整个系统导致业务中断，甚至突破其他业务系统获取个人或业务的机密数据进行敲诈、勒索等。终端接入网络后，可以通过资产识别判断终端类型是否发生变化，确保物联终端不被仿冒。

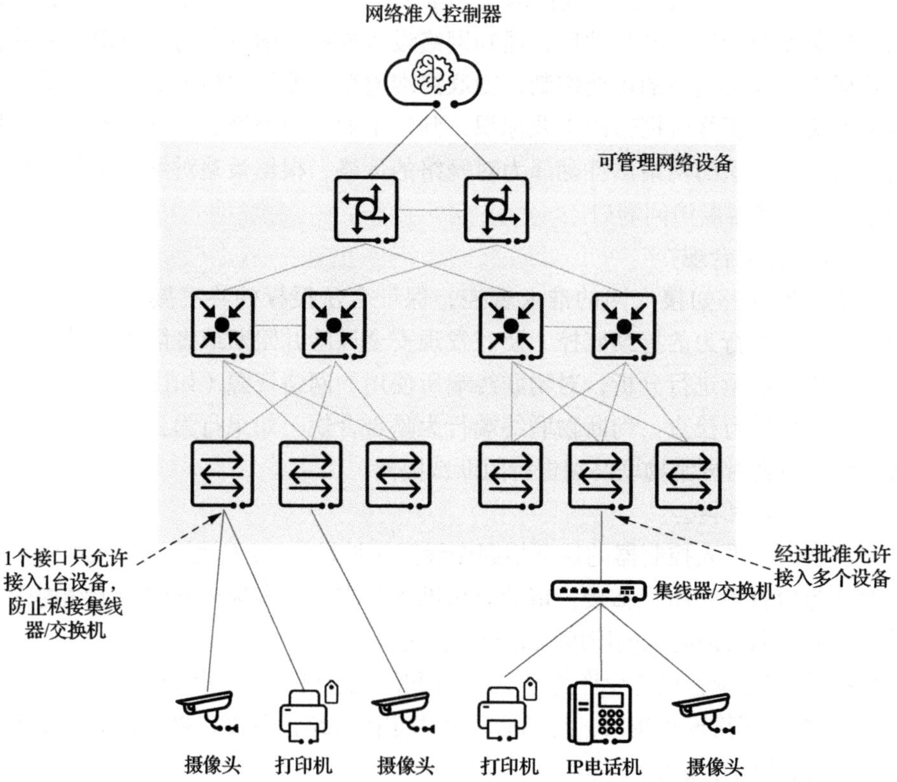

图 4-25　二层交换设备网中网管控

在认证规则中可设置设备类型检查项，将MAC认证和流量协议特征识别相结合，防止物联终端MAC地址被仿冒。以下按照图4-26所示内容讲解防仿冒的基本过程。

步骤①　管理员在网络准入控制器上配置终端协议特征合规检查。网络准入控制器记录每个MAC设备对应的终端类型信息。

步骤②　仿冒终端仿冒合法的MAC地址进行认证接入，例如PC终端仿冒一个摄像头的MAC地址，通过MAC认证接入。

步骤③　网络准入控制器基于网络设备上报的终端协议指纹信息，通过主动探测协议识别和被动特征指纹识别方式识别终端类型。

步骤④　网络准入控制器将发现的终端类型与原有设备类型特征库进行对比，发现仿冒终端。

步骤⑤　网络准入控制器向策略执行点下发阻断指令，阻止该仿冒终端接入。

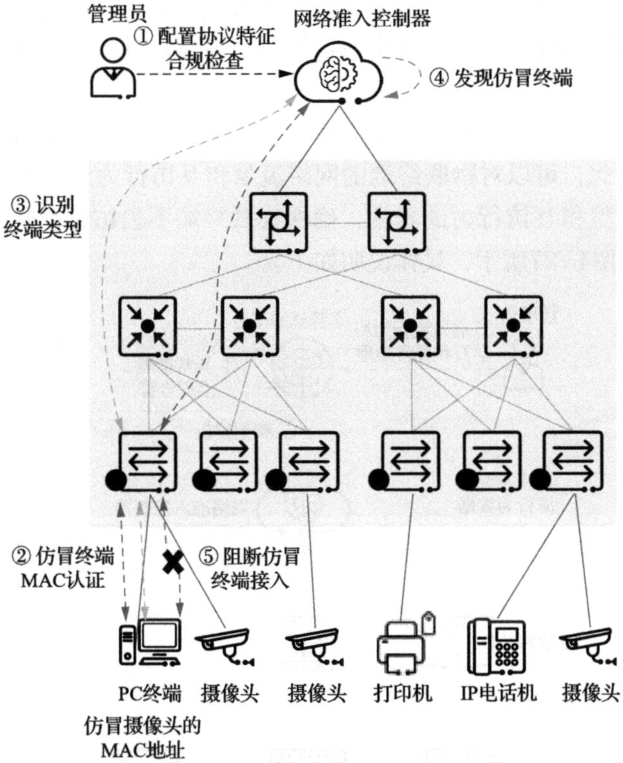

图 4-26　终端指纹识别防仿冒

终端指纹仿冒检测的传统方法是匹配指纹库，将识别后的设备类型、版本、厂商等信息与前期识别的信息或配置信息进行校验。这种校验方式要求指纹库必须具有相应的指纹信息，且只校验识别后的信息，粒度相对较粗。除了对识别后的信息进行校验，也可以对识别前的协议特征数据进行校验，不依赖指纹库的能力。针对每个物联终端记录指纹特征数据，包括不同识别方式（如 DHCP Option、mDNS、LLDP等）的指纹信息，基于这些指纹特征数据来判断终端是否被仿冒。

第三，防异常。

基于物联终端的流量行为进行智能分析，发现仿冒或异常终端。

虽然MAC认证+指纹识别校验，能拦截绝大部分仿冒终端，但不能防止使用更高水平仿冒技术的终端，例如伪造物联终端MAC地址以及DHCP、mDNS等报文，冒充物联终端。另外，合法物联终端接入网络后，如果感染病毒也会出现异常行为、攻击网络等。例如，门禁系统被控制，入侵者轻易进入并窃取昂贵资产；摄像头被劫持，无法实时监控重点区域，导致事后难以排查并确认入侵者身份。

根据物联终端流行为相对固定的特点，当终端被仿冒或劫持时，流行为将偏离基线。因此，可以对物联终端的网络流量和互访行为进行AI智能分析，识别终端资产类型和互访行为的异常，确保物联终端不被仿冒或劫持。流行为异常检测过程如图4-27所示，具体说明如下。

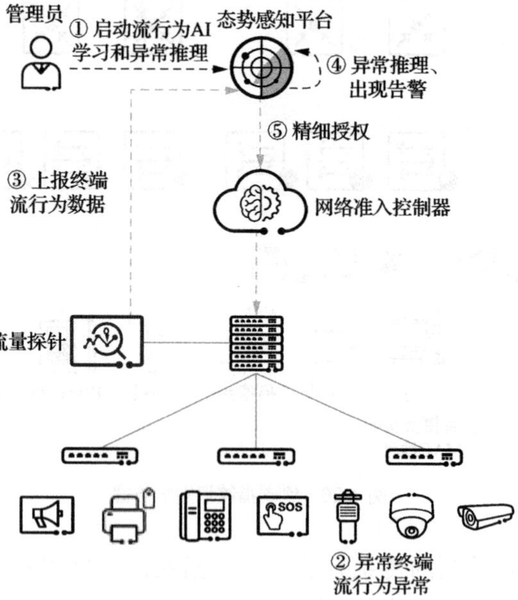

图 4-27　流行为异常检测过程

步骤①　管理员在态势感知平台上启动流行为AI学习和异常推理功能。

步骤②　异常终端由于中病毒或被仿冒，导致流行为出现异常。

步骤③　网络设备或流量探针通过NetStream将终端的流行为数据上报给态势感知平台，为了保证分析准确度，建议1：1采样。

步骤④　态势感知平台进行训练和推理，根据上报的数据进行自学习模型训练、自学习异常推理等。由于终端流量与原来的基线数据已经发生变化，因此产生异常并出现告警。

步骤⑤　态势感知平台联动网络准入控制器，向网络设备下发精细授权策略，在接入层阻断异常终端接入，阻止风险扩散。

在终端上无法安装终端安全软件的情况下，流行为异常检测可以很好地解决物联终端难以检测的问题，实现对终端的持续监测评估。

第四，综合研判。

态势感知平台采集日志、流量、事件等信息，利用所有可利用的信息，例如网络流量日志、威胁情报等，结合多维数据持续对物联终端进行综合研判，给出哑终端的可信评分。

态势感知平台在采集前面介绍的仿冒、异常等信息的基础上，结合感知接入网中部署的防火墙、沙箱、蜜罐、漏洞扫描等功能部件的检测事件，对整网的安全态势进行更全面的分析，识别包括扫描、DDoS、暴力破解、C&C异常、漏洞利用等威胁。态势感知平台对不同的风险给予不同的风险等级，对物联终端进行整体综合评估，给出可信评分。

（4）动态授权

网络准入控制器根据态势感知平台对物联终端进行可信评分，结合终端类型、身份、位置、时间等属性进行动态精细授权，如图4-28所示。

物联终端的动态精细授权遵循以下原则。

- 最小权限原则：严格限制物联终端的网络访问权限，根据终端属性，如终端类型、接入位置、接入时间等进行授权，使其仅能访问已授权的网络资源。
- 终端属性原则：基于终端属性生成策略，根据终端类型等信息而不是根据IP地址下发策略，终端身份彻底与网络规划解耦。无须关心终端IP地址以及终端所在的VLAN，即可完成终端策略权限的管控。
- 全网策略原则：认证通过后，不仅需要下发控制策略至认证点，还需要把策略下发到全网，至少下发到汇聚节点，确保防护无死角。例如，接入交换机放在非机房位置，非管理员比较容易接触到。虽然接入交换机启动了准入认证，但是如果接入交换机被更换，很容易把非法PC终端私接进来。如果全网都下发了控制策略，即使接入层被替换了，汇聚核心交换机仍可以阻断私接终端接入。

- 持续动态原则：认证通过后，需要持续评估终端是否被仿冒、是否被劫持、是否存在安全风险等，根据综合研判给出终端的风险等级，即可信评分，并根据可信评分动态调整对终端的授权策略。

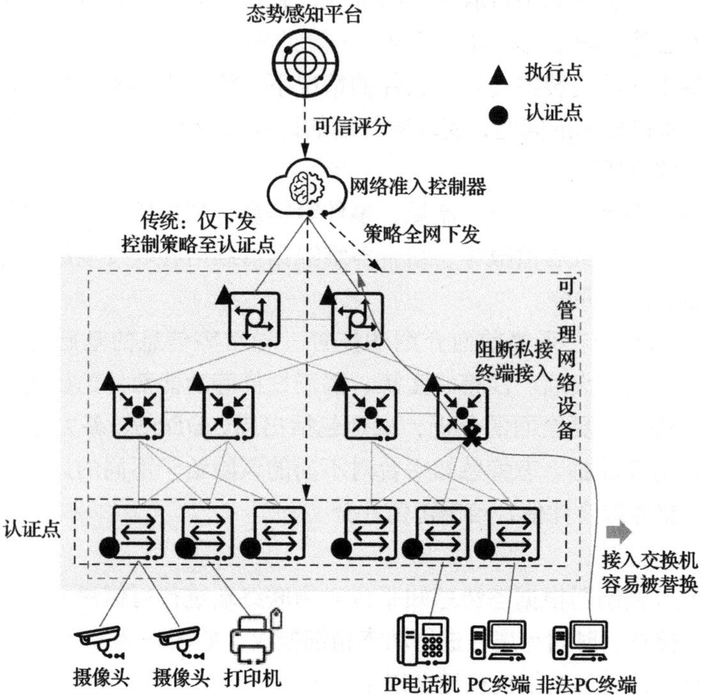

图 4-28　动态精细授权

3. 方案落地关键挑战和应对措施

物联终端零信任在落地实施过程中可能会遇到以下问题。

- 终端识别问题：随着物联终端越来越多，如果只在云端或骨干网部署少量探针，资产识别结果会很差。例如，无法获取DHCP报文，探针穿过防火墙的扫描动作经常被拦截，另外，探针数量少而物联终端数量大，会导致全网物联终端资产发现时间长。
- 流行为分析数据问题：流行为分析需要提取终端的流行为统计数据，如果探针部署位置较高，则无法获取物联终端的东西向流量。

- 策略部署困难问题：物联终端数量多、类型多，针对每类终端遵循最小权限原则，可能导致管理员的工作量非常大，如何更好地实现自动授权以减轻运维工作量非常重要。

在前文“方案设计思路”中介绍了，终端资产识别、流行为学习和异常发现是物联终端零信任的核心技术，完善它们是落地物联终端零信任的核心。针对上面提到的前两个问题，建议把终端识别探针和流行为分析探针下移到接入或汇聚交换机，如图4-29所示。通过分布式探针，改善终端识别效果，提高识别效率，保证流行为数据更全面、分析更准确。

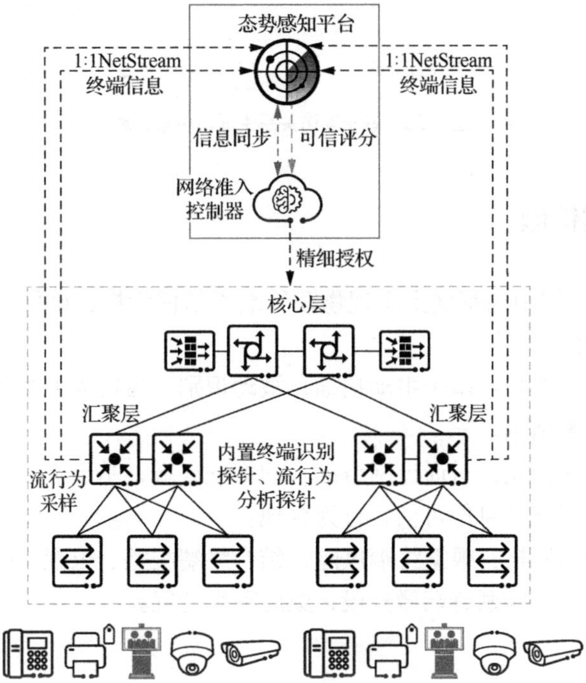

图 4-29　探针下移

针对策略部署困难问题，物联终端访问关系相对简单、固定。因此，可以通过流行为学习训练，识别终端和各种网络资源的互访关系，自动对终端或网络资源进行分组，自动生成白名单策略，如图4-30所示。

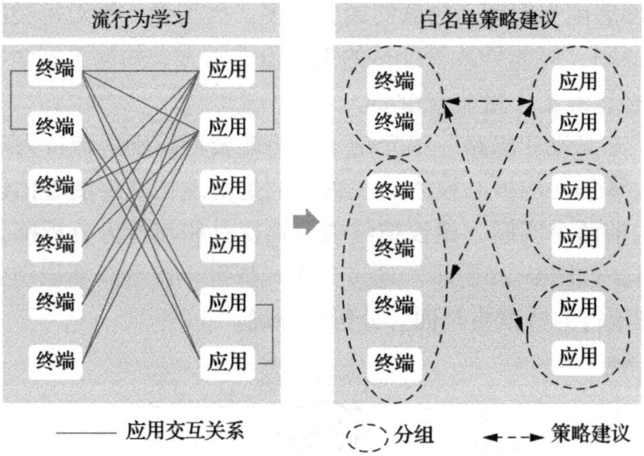

图 4-30　基于互访关系生成白名单策略

4.5.4　方案价值

在网络准入控制的基础上实现物联终端零信任管控，确保在网的物联终端台账清晰、合法合规等。

- 终端台账清晰：基于主动扫描、被动识别、流行为聚类等方式实现在网终端台账清晰。
- 终端合法合规：对通过网络准入的物联终端，基于流量行为基线持续评估，确保终端身份可信、行为合规。
- 动态精细授权：根据终端风险，结合终端类型、位置、时间等动态精细授权，实现物联终端微分段，威胁秒级处置。

4.6　运维管理

4.6.1　场景描述

运维管理是指运维人员通过运维管理系统对网络、安全、服务器、应用等对象进行运维操作，该场景比较容易被忽视。运维管理一般属于特权操作，例如，运维管理员可在系统后台对数据库进行增、删、改等操作。很多安全事件的发生都是因为运维管控措施不到位而给了攻击者可乘之机。因此，运维管理层面需要具备比业务层面更为严格的访问控制机制。运维管理场景组网如图4-31所示。

运维管理场景主要包括运维网络接入、运维代理访问和运维操作3部分，它们之间为递进关系。

- 运维网络接入：运维人员首先需要接入运维网络。由于运维网络属于特权网络，因此建议采用严格的认证和网络访问控制机制。例如，身份认证要求采用生物特征作为认证因子等。
- 运维代理访问：当运维人员的终端成功接入运维网络之后，应强制运维人员只能够访问运维代理，然后通过运维代理访问业务应用、网络设备、安全设备等运维对象，禁止运维人员直接访问运维对象。
- 运维操作：当运维人员登录运维代理后，可对运维对象进行运维操作。运维代理应为运维人员配置好权限，确保运维人员仅能访问自己所负责的运维对象，并且全程审计运维操作。对于敏感操作（如删除数据库某字段等），需要单独审批。

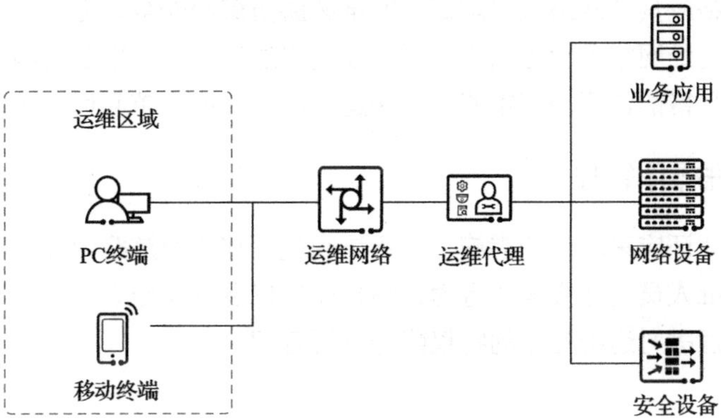

图 4-31　运维管理场景组网

4.6.2 需求分析

运维管理网络主要承载运维人员对IT资产和业务的日常运维工作。在运维管理场景中，企业面临的安全问题可以总结为以下3类。

- 运维终端安全风险：缺乏针对运维终端的安全管控机制，当运维终端被渗透后极易出现通过运维终端感染运维系统（如服务器集群）的情况。
- 运维网络管控粒度粗：没有对运维网络设置严格的网络访问权限，存在运维网络与业务网络相互融合，导致运维网络风险暴露面过大的问题。
- 运维违规操作：运维人员直接访问系统后台进行运维操作，运维人员访问控制权限粒度较粗，对敏感命令操作无限制。

对运维管理场景面临的安全问题进行分析，可以从运维终端安全、运维网络安全、运维操作管控这几个维度，对所需要具备的安全能力进行总结。

1. 运维终端安全

运维终端应具备网络准入、防病毒、安全加固等能力。

不允许业务数据在运维终端落地。

应对运维终端运行环境的安全性进行监控，禁止高风险运维终端接入运维网络。

2. 运维网络安全

运维网络应具备网络入侵防御、安全威胁防御等安全能力。

不允许运维网络和业务网络互通，在网络边界处须采取逻辑隔离措施。

应设置严格的访问控制策略，确保运维终端只能够访问运维代理。

3. 运维操作管控

对访问凭证应采取加密措施，防止访问凭证在传输链路中被窃取。

记录运维人员的运维操作行为，禁止非授权运维操作。

运维代理需对运维对象的特权账号进行管理。

4.6.3 方案设计

零信任运维管理方案以运维管理网络为基础，从运维人员的网络接入、运维代理网关访问、运维操作3方面进行方案设计，确保运维管理网络的安全性。

1. 方案设计思路

零信任运维管理方案设计思路如下。

- 先认证后访问：对运维人员的终端先进行身份认证，认证通过后才能接入运维管理网络。
- 最小权限访问：策略管理器对运维终端设置最低权限网络访问策略，终端仅能访问运维网络中的运维代理网关，再通过运维代理网关访问运维对象。
- 访问策略动态调整：当策略引擎感知到终端存在高风险行为时，可联动策略管理器自动变更终端的网络访问策略，并让接入交换机和运维代理网关充当策略执行点，执行高风险终端禁止运维操作和网络隔离策略。待终端的安全威胁排除后，策略管理器再变更策略，通知接入交换机和运维代理网关允许终端接入运维网络，并通过运维代理网关进行运维操作。

2. 方案架构和流程

零信任运维管理方案的关键组件主要包括环境感知客户端（安装在运维终端）、接入交换机、防火墙、运维代理网关、策略引擎、策略管理器等，其架构如图4-32所示。

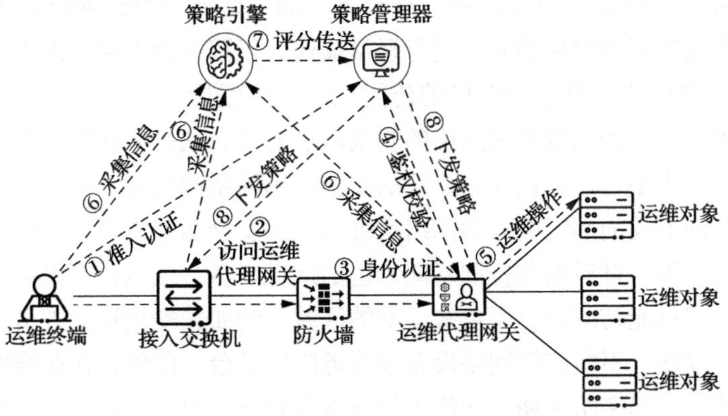

图 4-32　零信任运维管理方案架构

通过对进出运维管理网络的流量进行控制，对运维人员进行严格认证、鉴权、动态访问控制和运维操作审计，保障运维操作安全。同时抵御外网的入侵行为、恶意攻击以及恶意代码威胁，对网络流量进行持续安全检测，发现并诱捕网络攻击，保障运维网络设备和应用不被侵害。零信任运维管理方案流程如下。

步骤①　在运维终端中安装环境感知客户端，并通过策略管理器对运维终端进行802.1X准入认证。

步骤② 终端成功接入网络后访问运维代理网关。防火墙对终端流量进行访问策略控制，仅允许终端运维流量通过，禁止其他流量通过。

步骤③ 运维代理网关默认隐藏，终端用户需先进行身份认证。运维代理网关检测用户认证信息，如果没有经过认证，则跳转至认证界面要求用户认证，认证通过，则返回运维代理网关页面。

步骤④⑤ 运维人员通过运维代理网关登录运维对象系统进行运维。运维代理网关识别运维人员访问请求，获取主、客体标识，并以此向策略管理器发起鉴权校验请求。校验通过后，运维人员可以执行运维操作。

步骤⑥⑦⑧ 策略引擎采集运维终端、接入交换机、运维代理网关的各类信息。当运维终端和人员被检测到存在危险行为时，策略引擎降低评分，并将评分结果传送到策略管理器。策略管理器分别下发策略给运维代理网关和接入交换机，以阻断高危终端访问。

3. 方案关键挑战和应对措施

（1）针对运维管理网络采取严格的安全防护措施

运维管理网络属于特权网络，运维人员通过此网络登录网络设备、安全设备、业务系统等运维对象的后台进行运维操作。正因为运维管理网络的特殊性，所以要对运维管理网络进行严格的访问控制、入侵检测及防御、安全威胁检测等安全能力设计。若运维管理网络的安全防护能力有缺失，就如同在固若金汤的城墙上私开一个小门，直接导致企业的安全防御体系被破坏。例如，某些企业的运维人员根据不同的部门区分为网络运维人员、安全运维人员、系统运维人员和应用运维人员等。针对这些扮演不同角色的运维人员，须设计严格的访问控制策略，确保他们只能访问自己所负责运维的区域。例如，安全运维人员只能访问被运维的安全设备，不能访问网络设备或业务应用后台。此外，在运维网络与业务网络的边界，应部署防火墙、网络入侵防御等安全能力，保障运维网络的边界安全，禁止恶意流量从业务网络向运维网络渗透。

（2）运维代理网关的精细化运维管理

在零信任运维管理方案中，时刻遵循最小权限这一原则尤为重要。运维代理网关是运维人员访问被运维对象的唯一入口，企业中一般存在多个运维代理网关。例如，IT基础设施的运维人员会独立使用运维代理网关，而云平台的不同租户会订阅运维代理网关服务，对自己部署的应用等资源进行运维操作。如果运维代理网关直接暴露在运维网络中，而运维网络的访问控制手段较为粗放，不相关的运维人员仍可以扫描探测到运维代理网关，存在较高的风险暴露面。建议将运维代理网关默认隐藏在运维网络中，只面向有权限的运维人员提供访问链接。SPA或在运维代理网关前部署访问代理两种方式，都可以实现隐藏运维代理网关功能。

在运维代理网关上，管理员要对运维人员的权限进行配置，特别是对数据库等敏感运维对象进行操作时，需要设置严格的权限。例如，对数据库进行增、删、改操作时，需要先经过上级主管的审批，且必须多人共同操作才可执行。另外，运维代理网关要对所有的运维操作行为进行审计，并将审计结果传递至策略引擎，作为运维人员行为基线的评估依据。当策略引擎发现行为异常时，联动运维代理网关执行拒绝访问等操作。

4.6.4 方案价值

通过零信任运维管理方案，可在以下方面提升企业运维管理安全能力。

- 运维管理网络属于特权网络，应通过严格的网络访问控制防止运维人员通过运维管理网络随意访问网络资源。例如，业务系统A的运维人员只能通过运维管理网络访问业务系统A，而不能随意访问其他资源。
- 被运维对象通过运维代理网关进行隐藏，确保有权限的运维人员才能访问被运维对象。例如，业务系统A只能被该系统的运维人员访问，其他人员在运维管理网络中无法探测到该业务系统。
- 运维人员进行运维操作时，应对运维终端、运维网络环境和运维人员的操作行为进行风险评估。对于不安全终端和高风险行为，应及时阻断运维并隔离网络。

4.7 SASE

4.7.1 场景描述

传统的网络安全体系架构将企业数据中心作为访问控制和威胁防御的中

心。然而，随着业务云化和移动办公的发展，核心资源日趋分散到多云或边缘云上，办公人员从园区内分散到全网。这就带来网络连接从传统“点到点”向“点到多点”“多点到多点”的复杂访问模型的变化。连接带来网络开放的同时，也带来安全问题，传统的网络安全技术无法处理日益高级的威胁和漏洞。不管是网络连接还是安全防护，原先集中的访问控制与安全防护体系显得越来越无效和烦琐，对运营人员和运维人员的专业技能要求大幅提升。在这个背景下，专业网络运营者以服务化方式向网络使用者提供网络连接服务和安全防护服务，让使用者像使用水、电等资源一样，便利地按需调用网络和安全资源。

网络连接和安全防护模型的变化，影响最大的就是园区分支接入场景。Gartner在2019年9月发表了题为“The Future of Network Security Is in the Cloud”的报告，首次提出SASE这一概念。Gartner定义SASE基于云服务方式，提供融合的网络服务，例如SD-WAN，以及网络安全服务，例如SWG（Secure Web Gateway，安全Web网关）、CASB（Cloud Access Security Broker，云访问安全代理）、FWaaS（Firewall as a Service，防火墙即服务）、ZTNA（Zero Trust Network Access，零信任网络访问）。从业务目标来看，SASE主要作为服务提供基于设备或实体的身份，结合实时上下文和安全性，实现零信任访问，所以SASE本质上是零信任的业务模型。从场景上来看，SASE支持分支办公、远程办公和本地安全访问等场景。从技术能力来看，SASE可基于访问实体的身份、实时上下文、企业安全和合规策略，在端到端的网络连接中提供持续评估风险/信任的服务。其中，实体的身份可与人员、人员组（分支机构）、设备、应用、服务、物联网系统或边缘计算场地相关联。从运维来看，SASE通过将广域网接入及网络安全作为云服务直接提供给网络使用者，从而降低了网络使用者的网络接入和网络安全的部署复杂性及运维难度。

4.7.2 需求分析

按照分支业务的访问关系，访问模型可分为分支上网、分支与总部互联、分支上云3类，其中分支与总部互联模型还会衍生出分支间互联的场景。再结合互联网与数据专线两类网络接入类型，可以衍生出十几种访问模型组合，分支连接场景分解如表4-4所示。

表 4-4　分支连接场景分解

序号	场景	网络接入类型
1	分支上网	互联网
		数据专线
2	分支上云	数据专线
3	分支与总部互联	互联网
		数据专线
		数据专线 + 互联网
4	分支上网 + 分支上云	互联网
		数据专线
5	分支上网 + 分支与总部互联	互联网
6	分支上云 + 分支与总部互联	互联网
7	分支上网 + 分支上云 + 分支与总部互联	互联网
		数据专线 + 互联网
8	分支互联 + 分支与总部互联	数据专线 + 互联网
9	分支上网 + 分支与总部互联 & 分支间互联	数据专线 + 互联网
10	分支上云 + 分支与总部互联 & 分支间互联	数据专线 + 互联网
11	分支上网 + 分支上云 + 分支与总部互联 & 分支间互联	数据专线 + 互联网

在实际部署中，主要包含以下3类典型场景。

1. 分支上网场景

这类场景主要涉及一些普教中小学、商超连锁等。这类客户采用互联网接入网络较多，少量采用数据专线组网。海量分支网络和安全策略管理复杂，勒索等新型威胁的扩散是其典型问题。

2. 分支与总部互联场景

这类场景主要应用于金融、物流行业等。这类客户传统数据专线多，随着视频会议的发展，对SD-WAN多链路组网诉求增加。少量使用互联网的客户，会选择IPSec VPN等组网提升安全能力。这类客户的典型问题主要有如下4点。

- 分支与总部连接的可靠性问题。例如分支与总部互联时，采用多链路IPSec VPN保障可靠性。如果发生故障时不能自动切换链路，运维人员24小时值守将苦不堪言。如果能做到链路按需切换、保障业务正常，运维人员就可以在工作时间从容处理链路调整问题。
- SD-WAN引入网络开放后边界安全的防护问题。SD-WAN经常采用数据专线和互联网组网，引入互联网后，从外网试探的渗透扫描增多，具备边界防火墙、IPS和AV等能力是边界防护的基本要求。

- 分支引入的威胁在分支和总部间扩散的问题。分支虽然是内网，但有的分支安全管理不到位，导致PC终端等被恶意入侵，成为失陷主机。失陷主机发起内部扫描行为，寻找内网扩散目标，造成威胁内部泛滥。
- 远程办公人员的权限管理问题。远程办公人员在外网接入，人员的权限及访问的资源成为风险点，容易导致安全资产被非法访问，造成企业隐私泄露。

3. 分支上网 + 分支上云 + 分支与总部互联场景

这类场景一般涉及多分支大企业及业务逐步上云的客户，例如金融、餐饮连锁等。这类客户动辄有上千个分支，并且存在分支机构网络安全建设能力弱、接入方式多样且不易于维护、分支缺乏专职运维人员等问题。随着业务上云，还涉及不同业务部署在不同公有云的场景，连接关系变得异常复杂，连接管理可视化和策略运维智能化是网络十分需要的功能。复杂的连接同时引入了新的安全风险，网络需叠加多种安全能力，例如策略编排、Web防护、安全态势呈现等。

4.7.3 方案设计

SASE不是一个独立的产品，而是一个方案，或一类服务组合。SASE提供的服务包含网络服务和安全服务，从而支撑起企业数字化需求的新兴架构。SASE包含多种技术，网络服务包含SD-WAN、WAN优化、QoS等技术，安全服务包含SWG、CASB、ZTNA、VPN、FWaaS和加解密技术等技术。Gartner设想使用SASE提供CARTA策略，从而可以持续监控会话连接。如果发现任何设备或人员信任度不足，SASE使用自适应行为分析，跟踪并更改安全级别和权限。总之，SASE的主要目的是让用户安全、高效地访问云资源。

1. 方案架构

SASE架构是网络与安全一体化融合架构，主要体现为把网络能力和安全防护能力部署在对应网络节点，也包括将安全防护能力应用到实体就近的位置，并可通过运营大脑的协同，提供统一策略、统一安全态势感知等，提高运营、运维效率。如图4-33所示，SASE整体架构可以分成以下4层。

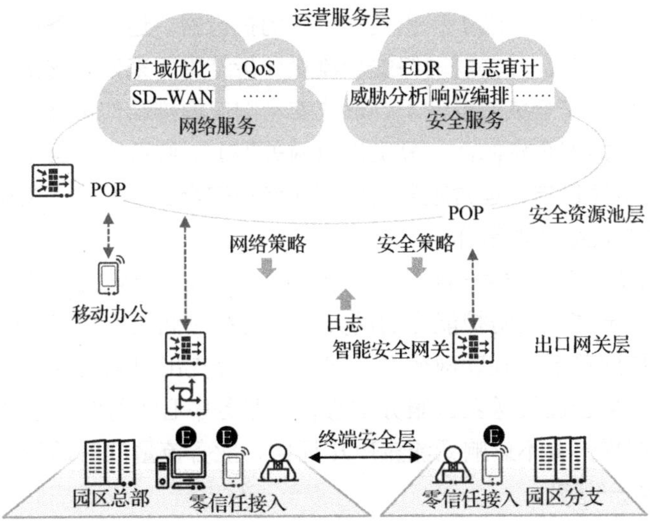

图 4-33　SASE 整体架构

- 运营服务层：管理、控制、分析一体化运营服务，包括网络和安全两类服务。该层的重点是叠加网络上的管理、控制、分析等服务，以及安全管理和分析服务。该层也是零信任的“大脑”，通过集中分析威胁态势，进行零信任处置动作。
- 安全资源池层：一般部署在汇聚POP（Point Of Presence，接入点）。根据业务需求，某些流量直路经过POP进行安全防护，可能包含的能力有FWaaS、Web安全、IPS、AV等，重点面向分支边缘无安全防护和远程办公的场景。安全防护能力通常采用基于单用户的订阅模式。
- 出口网关层：部署在出口网关层具有网络转发和安全防护能力的智能网关，是零信任的执行器，可提供就近防护能力。该网关也是LAN和WAN的纽带，作为WAN侧的网络服务和安全服务深入LAN侧网络的代理节点，便于运营服务深入LAN侧网络的交换机、AP等，也可以把LAN侧网络的安全审计日志、威胁事件上传到运营服务层。在出口网关部署具有安全防护能力的节点，对POP安全资源池的服务需求会减弱。出口网关层可向运营服务层上送事件日志，作为运营服务层智能分析的输入，同时运营服务层也可以向出口网关层下发网络策略和安全策略，形成整网事件响应处置的闭环。
- 终端安全层：该层主要包括终端安全的EDR能力及终端安全接入能力

（如零信任客户端），也是零信任的执行器。运营服务层对终端事件进行分析研判，并关联网络安全流量分析结果（来自分支出口网关或安全资源池的安全威胁事件），形成安全响应编排动作策略，下发给相应执行器（如安全资源池、分支出口网关等）。终端安全层可向运营服务层上送事件日志，运营服务层也可向终端安全层下发安全策略，形成端点事件响应处置的闭环。

SASE部署模型如图4-34所示，分支出口网关是流量汇聚节点，带宽负载高，部署具有丰富安全防护能力的网关设备是相对低成本和高效的。分支出口网关流量直接到总部、互联网或者云端，同时分支出口网关的安全检测和策略管理的相关流量会被发送至云服务中心，云服务中心进行统一态势呈现和统一策略运营。这样部署不影响无流量POP迂回，业务流量的时延最低，同时便于LAN/WAN统一运营。

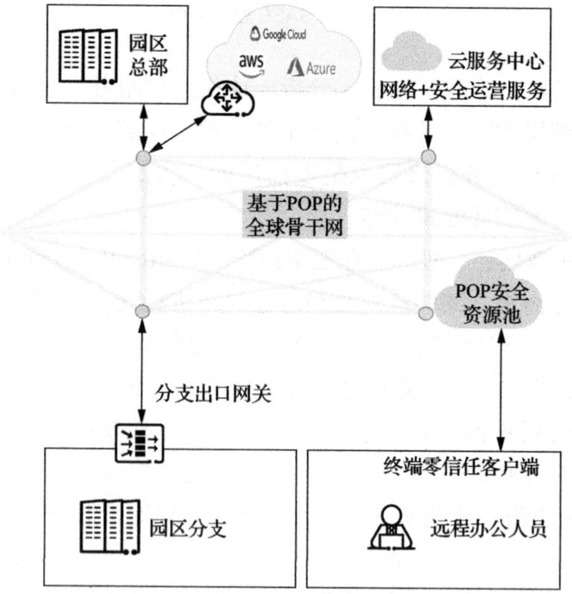

图 4-34　SASE 部署模型

但是在远程办公等中小规模的场景中，带宽负载低，集中到POP安全资源池进行安全防护更具有成本优势和效率优势。远程办公接入安全防护弱，终端零信任客户端可将流量引到POP叠加流量型网络安全服务（如FWaaS、Web安全等）。同时，终端零信任客户端和POP安全资源池两个位置的安全检测和策略管理的流量可上传到云服务中心，云服务中心进行统一威胁分析，然后下发处置策略到POP或终端零信任客户端。

2. 核心技术

基于上述SASE定义和关键特征，可知SASE并不是独立系统，而是包含一套技术的解决方案，其核心技术主要包括如下5种。

- SD-WAN：是将SDN技术应用到广域网场景中所形成的一种服务。这种服务用于连接广阔地理范围的企业网络、数据中心、互联网应用及云服务。这种服务的典型特征是将网络控制能力通过软件方式“云化”，支持应用可感知的网络能力开放。SD-WAN是为SASE解决网络基础互联的关键技术，旨在帮助用户降低广域网的开支和提高其连接灵活性。分支出口网关层在总部或分支机构的边缘部署，具有WAN链路的连接管理能力，如应用路由选路、WAN优化等能力。
- SWG：SWG也称为安全互联网网关，运行在互联网和用户之间，工作原理类似于净化器。SWG对每个Web请求进行检查，过滤掉Web流量中不安全的内容，仅允许符合已制定安全策略的请求经过，阻止未经授权或可能存在风险的用户行为，从而防止安全威胁和数据泄露。SWG的关键技术包括URL过滤、反恶意软件检测、应用访问控制、DLP（Data Loss Prevention，数据防泄露）、内容过滤和其他互联网流量过滤等。SWG尤其适用于远程办公场景，强制远程办公员工通过SWG来访问互联网，有效确保数据安全。分支出口网关层或安全资源池层提供SWG功能，如应用访问控制、URL过滤、上网日志审计等。
- CASB：CASB位于云服务使用者和云服务提供商之间，通常部署在企业内部或基于云的安全策略实施点，以便在访问基于云的资源时插入和执行企业安全策略。CASB最初出现时是用于解决“影子IT”问题，即发现未经授权的IT系统和服务。经过近几年的发展，它的功能越来越全面，包括制定以数据为核心的访问控制策略、通过DLP保护机密数据、提供各种可视化报告、确保符合数据隐私法规等。分支出口网关层或安全资源池层能够识别网络中多种主流的云应用，并对用户使用这些云应用的行为进行精细化和差异化的控制，满足企业对云应用的管控需求。
- ZTNA：ZTNA遵循零信任的各项基本原则，如根据最小权限原则锁定内部资源，不允许公开查看，并对访问受保护应用程序的每个用户进行实时验证和动态访问控制，以防止潜在的数据泄露。终端安全层部署在主机侧发起零信任访问控制，分支出口网关层或安全资源池层作为零信任策略执行点，运营服务层作为策略检测点。

- FWaaS：FWaaS是指云端作为服务交付的防火墙。FWaaS适应企业上云趋势下对防火墙的需求，更加强调基于云原生的方式部署和云计算使用场景，保护云端平台、基础设施和应用程序等免受网络攻击。与传统防火墙不同，FWaaS不是物理设备，而是一组安全能力，其关键技术包括IPS、URL过滤、高级安全威胁防御、DNS安全，以及对所有网络流量的统一策略管理等。分支出口网关层或安全资源池层作为FWaaS的执行单元，运营服务层针对FWaaS的策略管理提供客户界面服务能力。

除了这些核心技术外，一些SASE供应商还会提供其他相关技术，包括API保护、远程浏览器隔离以及网络沙箱等。这些技术都进一步为企业客户提供了网络连接的安全保障。

3. 方案特点

相较于传统网络安全架构，SASE具有4个特点——零信任访问、云原生架构、支持所有边缘、全球分布，其更能适应企业对云上应用服务与云化网络安全产品需求的增长。

- 零信任访问：零信任是SASE的安全特征。用户和资源身份决定网络互联体验和访问权限级别，服务质量、路由选择、应用的风险安全控制等都由与网络连接相关联的身份所驱动。采用零信任访问控制的方法，企业可以为用户制定一套全网的网络和安全策略，而无须考虑设备类型或地理位置，从而降低运营开销。
- 云原生架构：SASE认定未来网络安全一定会集中在云服务上，因此SASE框架利用云原生的几个主要功能来实现弹性、自适应性、自恢复能力和自维护能力。通过多租户的云服务架构降低单用户分摊开销，发挥云原生平台效率最大优势，可方便适应新兴业务需求，而且随处可用。
- 支持所有边缘：边缘包括云、网络各种接入方式，SASE为企业所有资源创建了统一的网络服务，包括总部数据中心、园区办公、分支连接、外部云资源和移动用户等。通过SD-WAN设备支持园区网络物理边缘接入，而对于移动客户端和无客户端浏览器访问的用户，通过POP服务支持园区网络的逻辑边缘接入。

- 全球分布：为确保所有网络和安全功能随处可用，并向全部边缘提供尽可能好的体验，SASE云服务必须全球分布，向企业边缘提供低延迟服务。因此，运营者需要具有全球云服务部署和边缘接入连接的SASE产品组合。

综上，这4个特点都是网络、安全融合部署的体现。为解决当前客户大量分支接入、移动远程办公、业务上云等场景带来的组网需求复杂多变、网络管理困难、安全检测手段无法适应云化场景等问题，SASE可以作为解决方案提供整体网络和安全服务，建立分支上网，分支访问总部、分支上云的overlay灵活组网能力，建立基于“overlay连接”的端到端管理机制和安全防护措施。通过集中运营服务简化策略管理、安全事件处置，为客户提供简单、高效、安全、稳定的网络接入和业务部署体验。

4.7.4 方案价值

采用SASE方案，可以带来如下价值。

- 实现园区多分支链路接入、安全集中监测和运维能力，实现各分支访问方式统一。
- 分支业务访问传输优化与加速，并通过QoS保障关键业务传输质量。
- 订阅式购买所需网络安全能力，新增分支可进行快速零信任接入，扩展性强。
- 可针对远程办公人员进行权限管理，实现零信任安全接入。

4.8 本章小结

企业用户最为普遍的业务场景之一就是园区办公场景。一方面对终端进行零信任网络接入，确保最小化网络访问；另一方面在员工进行应用访问时，从应用、功能、接口、数据4个粒度进行零信任访问控制，以确保访问安全。

近年来，远程办公逐步兴起甚至成为“刚需”，SDP零信任方案有效地弥补了传统SSL VPN接入的缺点，从终端安全、用户安全、流量安全及应用安全4个维度提供保护。它在提供远程办公便利性的同时，保证应用数据安全，确保员工能够在任意地点安全地接入企业内网进行办公。

数据中心通过隔离交换系统的方式与外网进行文件传输、数据同步、消息传递等操作。跨网数据交换方案与零信任相结合，在内、外网物理隔离的前提下，基于零信任机制对传输的数据进行最小权限管理，根据持续信任评估结果动态调整策略，实现对数据细粒度的动态访问控制，防止数据违规外泄，提升跨网数据交换方案安全能力。

数据中心内业务数据价值高、部署规模大且流量模型复杂，需要针对数据中心内、外部的流量，尤其是东西向流量做重点防护。推荐使用零信任三大关键技术之一的微分段技术确保东西向流量安全，结合零信任策略引擎、SIEM、SOAR、加密流量检测等技术，实现数据中心东西向流量的威胁处置。

物联终端由于自身环境的特殊性，通常无法安装终端安全软件。物联终端零信任方案根据“先准后入”“关口前移”“能力内置”及“协同合作”的设计思路，通过持续环境感知评估和动态策略管控，实现物联终端细粒度的访问控制，从而构筑物联终端接入网络、访问应用等端到端的信任链，确保持续保持信任状态，构建物联终端可信接入方案。

由于运维管理一般属于特权操作，因此需要对其采用更为严格的访问控制机制。零信任运维管理方案首先通过严格的网络访问控制，防止运维人员通过运维管理网络随意访问其他网络资源，其次通过代理网关，确保运维人员只能访问其权限范围内的运维对象，同时持续对运维终端、运维网络环境和运维人员的操作行为进行风险评估，发现风险，及时阻断运维行为并隔离网络，以确保运维安全。

SASE是一种融合了SD-WAN和网络安全功能，满足企业数字化需求的新兴架构。SASE通常被认为是零信任方案在云边缘访问场景下的应用，其主要目的是让用户安全、高效地通过边缘云访问云资源。

第5章　零信任行业场景实践

随着零信任理念与方案的逐步成熟，各行各业都开始将零信任方案引入实际建设中。其中，金融行业、智慧城市及政务在零信任的落地实践中走在前列，智能制造行业、运营商及大型企业等也在逐步开展零信任建设工作。华为通过助力各行各业的零信任建设，积累了丰富的零信任行业场景实践经验。本章介绍华为针对上述行业场景提供的解决方案和实践案例。

| 5.1 金融行业零信任实践 |

5.1.1 行业现状及痛点

金融行业自诞生之日起，就一直在追寻数字化的道路上行而不辍，其数字化转型发展历程如表5-1所示。尤其是自20世纪80年代以来，随着网络、智能手机的日渐普及，在各种新技术的支撑下，金融行业的数字化转型得到了迅猛发展。

表 5-1 金融行业数字化转型发展历程

金融时代	时间段	特点
Bank 1.0	1272 年（第一家银行出现）至 20 世纪 80 年代	主要依靠物理网点来提供服务
Bank 2.0	20 世纪 80 年代至 2007 年	依托 ATM 机及网上银行等，在物理网点之外提供各类自助设备和服务作为补充，可为用户提供全天候的服务
Bank 3.0	2007—2017 年	随着智能手机的出现和移动互联网的普及，客户获得了随时随地的金融服务，如支付、理财、贷款、转账等。金融服务开始呈现移动化和智能化的特征

续表

金融时代	时间段	特点
Bank 4.0	2018 年至今	通过技术手段（如 API 直接连接或 SDK 间接连接的方式）实现银行与第三方机构间的服务共享，为客户提供便利化服务，业界也称之为数字化及开放银行时代

金融行业是以科技作为内驱力之一的行业，网络安全建设相对完善。金融行业普遍部署了防火墙用于边界防护，通过SSL VPN进行远程接入。金融数据中心最早实现了网络层微隔离架构部署，桌面管理等终端软件也基本普及。如今，金融行业仍在持续通过先进安全技术不断增强其安全防护体系，部分大型银行和头部机构已经开始了部署统一认证的进程。然而，金融行业当前采用的安全防护技术主要还是针对边界的传统保护手段。在Bank 4.0时代，“金融业务无处不在”成为各银行类和非银行类金融机构信息技术架构的主要特点和趋势，安全的防护重心从边界走向了金融业务数据。与此同时，层出不穷的新技术给金融行业带来了各种已知或未知的风险。如何应对这些风险，已经成为金融行业安全主管面临的最大困扰。

在新冠疫情的冲击之下，远程办公已经成为金融行业的主要办公形式之一。然而，传统的远程办公方案存在着诸多安全隐患，例如，用户通过一次认证后可以持续访问，无法基于终端环境、用户访问行为等动态调整访问策略。

金融行业的智能化设备越来越多，包括办公设备、生产设备和物联安防设备等。2020年，中国银行业协会数据统计显示，中国工商银行有1.5万个智能网点、7.9万个智能终端设备，平均离柜率高达89.77%，同时还有数万级的安防摄像头。这些智能设备在给消费者和金融机构带来便利的同时，也增加了更多的潜在风险点。由于智能化设备对仿冒接入的防护手段有限，极易被内部劫持和篡改，带来了极大的安全风险。

由于金融行业具有重资产属性，一旦对其攻击成功，即可获取惊人的收益，金融行业一直是黑客等不法分子重点关注和攻击的行业，主要攻击方式包括金融钓鱼、金融木马及DDoS攻击等。近年来，随着攻击方式的进化，发生在各大金融机构的外部APT攻击和内部违规导致的大规模数据泄露等恶性安全事件层出不穷，如盗取金融机构客户隐私信息、盗刷等。这些事件促使信息安全负责人意识到，传统的边界防护手段由于其固有的局限性，如防护重点不明确、部件间缺少联动等，已经无法满足新形势下的网络安全需求，安全建设理念亟待更新。

5.1.2 需求分析

金融行业的业务系统繁多、场景复杂，不可一概而论。我们针对金融行业应用广泛的典型业务场景进行了汇总分析，如表5-2所示。

表 5-2 金融行业的典型业务场景分析

场景分类	典型业务场景
内网接入	行内员工通过内网接入，访问 OA（Office Automation，办公自动化）等办公应用
远程接入	行内员工通过互联网接入，远程访问 OA 等办公应用
	运维人员通过互联网接入，进行远程运维操作
	金融机构的新业务需要进行众测，众测人员需要远程接入业务应用进行测试
	监管机构或业务合作伙伴通过外联区访问机构内的业务应用
物联接入	终端设备接入生产网
	终端设备接入办公网
	监控设备接入网络
API 安全	与第三方合作，建设开放银行，更好地为客户服务

从场景分类中可以看出，根据用户所处的位置、接入主体、对外提供的服务类型等要素，将金融行业的主要场景分为内网接入、远程接入、物联接入和API安全4类。接下来对这些场景逐个进行风险分析。

1. 内网接入场景分析

内网接入即用户直接在银行或金融机构内部通过内网接入业务系统进行办公。在内网接入场景下，由于默认给用户赋予了较多的信任，如通过一次静态认证即授予用户较大的访问权限，缺乏对用户访问过程的持续监测及控制，带来安全隐患。

2. 远程接入场景分析

出于方便办公及运维的实际需求，远程接入场景在金融行业中广泛存在，是需要重点保护的办公场景之一。在建设初期，很多金融机构采用SSL VPN来实现远程办公，通过SSL VPN来保证流量的加密传输。但是，SSL VPN并非万无一失，如果SSL VPN设备自身存在漏洞，很容易被攻陷，成为攻击者的跳板。此外，SSL VPN通常会为用户开放过大的网络权限，在设备被攻陷后，极易发生横向移动攻击。

在众测场景下，由于众测业务的特殊性，其安全风险尤为突出。为了保障金融行业网络安全众测活动安全开展，中国人民银行在2021年2月10日正式批准发布金融行业标准《金融网络安全　网络安全众测实施指南》（JR/T 0214—2021）。该标准给出了金融信息系统网络安全众测实施的指导，尤其明确了众测中需重点关注的风险项，具体如下。

- 测试人员身份背景信赖度：实施安全众测的测试人员来自社会大众或不同的组织机构，对参与测试的技术人员身份缺少可靠判断，信赖度偏低。
- 测试人员行为：在传统的安全测试模式下，测试人员的行为不可见、不可控、不可审计、不可溯源，一旦在安全众测事中或事后发生安全事件，则缺少对事件的定位和溯源条件。
- 系统运行：在进行安全众测时，需要模拟黑客对设备和系统进行一定的攻击测试工作，可能对系统的运行造成一定的影响，甚至会影响业务连续性。如OWASP（Open Web Application Security Project，开放式Web应用程序安全项目）排名前10的操作都具有一定的风险。
- 敏感信息泄露：众测实施过程中，被测系统的业务数据或状态敏感信息有可能泄露。如针对核心数据库的SQL注入等操作，造成如客户身份信息、客户账号信息、网络拓扑、IP地址、业务流程、安全漏洞信息、配置参数、运行日志、告警信息等泄露。

可以看出，在众测场景下，不仅需要安全的远程接入，也需要更强的身份可信认证、更细粒度的权限划分、更实时的访问控制、更详细的行为审计以及更安全的数据保护等。

3. 物联接入场景分析

随着金融科技的发展，金融业务向数字化、智能化的方向快速转型。智慧网点、无人交易、移动金融等加速了业务办理，改善了消费者的使用体验。与此同时，金融监管上也强化了风险管理、大数据信用评估、视频监控等多项措施，在增加便利性的同时，进一步保障了消费者的合法权益。随着智能化的不断推进，金融机构引入了大量的智能终端和IT设备，当前金融机构内的物联设备主要分为如下三大类。

- 视频安防网的IP摄像头等监控设备，通过金融视频安防网专网接入。
- 金融办公网中的打印机、视频会议系统、IP电话机、门禁系统、考勤刷卡机等，通过金融办公内网接入。

- 生产机构中的ATM机、VTM（Virtual Teller Machine，虚拟柜员机）、排号机、点钞机、票据交易设备等，通过金融生产内网接入。

金融网络里这些物联设备很多是小型化设备或者专有设备，存在着较多安全问题，具体如下。

- 物联设备使用定制的Windows或Linux操作系统，存在着大量不确定安全风险的中间件，容易被OTA（Over-The-Air technology，空中下载技术）更新漏洞利用，植入恶意软件和木马，给金融机构增加安全风险。
- 安防物联、办公物联、生产物联均是一网通，当前大部分金融机构通过单一的MAC认证实现对物联设备的接入认证。采用这种接入认证方式，黑客可以很容易地使用私接PC仿冒接入，而现有的交换机MAC认证无法对其进行异常识别。办公业务数据、生产交易数据、视频存储数据等均是金融机构的关键数据资产，其中任何数据被外部截取，均会对金融机构造成严重影响。

4. API安全场景分析

开放银行是银行数字化转型过程中的必然方向，主要通过技术手段实现银行与第三方机构间的服务共享，为客户提供便利化服务。目前业界通用的方案是采用RESTful API进行信息的交互。例如，浦发银行API Bank作为国内首个无界开放银行，通过标准化的对外访问接口将金融服务嵌入合作伙伴生态和流程，形成“即想即用”的跨界服务，如网贷产品、集中代收付、跨境电商等。中国工商银行、中国建设银行、招商银行等各大行都紧随其后推出各自的API开放平台，近年来兴起的民营银行也尤其强调自身的开放性。在开放银行中，开放的内容主要是数据和服务。一方面共享内部的算法、交易、流程和其他业务功能；另一方面，通过客户账户信息系统和支付系统的访问权限，共享用户数据。数据的开放程度越高，伴随的数据安全问题越高。《OWASP API安全TOP 10 2019》报告中指出，失效的对象级授权、失效的用户身份认证、过多的数据暴露、缺乏资源和速率控制、失效的功能级授权、注入攻击、日志和监控不足等问题均是导致API安全问题的重要因素。

为了保障开放银行模式健康发展，中国人民银行发布了《商业银行应用程序接口安全管理规范》（JR/T 0185—2020）。规范中定义了API安全级别，明确了接口安全设计及服务安全设计的关键要素和设计关注点，对接入安全及权限控制等都提出了相关要求。在进行API安全防护体系设计时，可参考该规范并结合实际情况进行设计。例如，对不同安全等级的应用接口设计不同级别的用户身份认证机制；按照最小权限原则，对接口权限进行授权管理，当服务需求变更时，及时评估和调整接口权限；对接口情况进行监控，完整记录接口访问日志；对API的调用有效期进行控制，提供对API调用的动态访问控制能力，在发现风险时及时调整访问权限，阻断API的访问。

从以上场景分析中可以看出，金融行业需要一种全新的网络安全范式，从以网络为中心转变为以数据为中心的防护。零信任就是在这样的背景下，开始逐步在金融行业得到应用的。不同于传统的基于边界“打补丁”式的安全防护思路，零信任提出了“永不信任、持续验证”的原则，从整体业务系统的安全视角出发，用“体系化”的思路将安全融入终端侧、管理、云等信息化系统，旨在不可信的网络环境中，重建数字信任，更好地应对Bank 4.0金融时代的安全挑战。

中国人民银行金融科技委员会（简称金科委）认为，技术是金融行业数字化转型的关键驱动力，需要持续通过金融科技促进行业创新，并使用先进的安全技术武装其安全防护体系，为行业发展保驾护航。针对当前行业现状及安全痛点，金科委在《金融业网络安全与信息化“十四五”发展重点问题研究》中将“零信任安全架构”研究设定为专项研究课题，并将零信任架构作为下一代金融安全体系的核心架构，鼓励通过试点、联合创新或分步骤建设等形式开展零信任架构探索与实践，通过零信任方案让金融安全防护系统更加健壮，同时通过安全技术创新引领行业安全风向标。零信任安全架构已成为金融企业客户下一代安全架构转型的重要支撑点和落地方向。

5.1.3　场景化方案

在金融行业，不同的场景存在不同的风险和安全诉求，适用不同的零信任方案。

1. 内网接入零信任方案

内网接入零信任方案与4.1节中介绍的零信任方案相同，可直接参考该方案进行建设，此处不赘述。需要注意的是，在金融行业，通常终端侧已经建设得相对完善，部分机构已经建设了统一认证及统一Portal，这为零信任的建设打下了良好的基础。可以在这些安全解决方案基础之上，继续增加动态访问控制、更细粒度的权限控制等零信任特性，不断地完善内网接入零信任方案。

2. 远程接入 SDP 零信任方案

近年来，由于SSL VPN存在的诸多问题，越来越多的金融机构开始逐步采用远程接入SDP来替换原有的SSL VPN远程接入方案。远程接入SDP零信任方案整体架构与4.2节描述的架构类似。结合金融行业的实际特点，远程接入SDP零信任方案架构如图5-1所示。

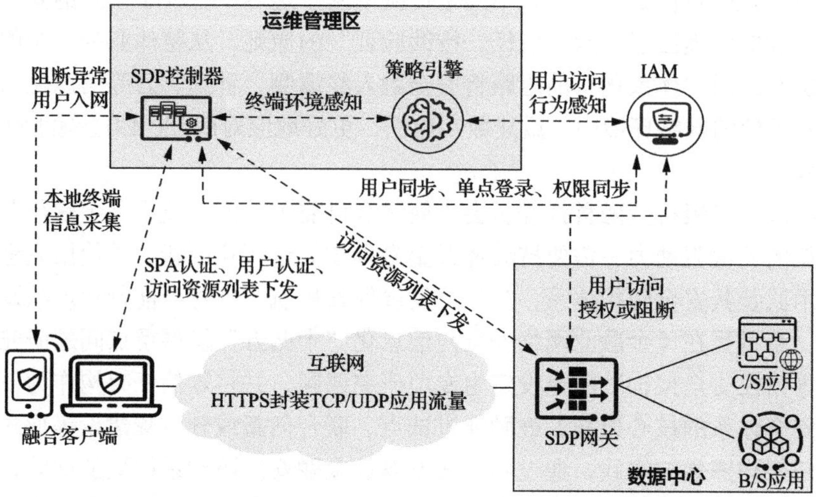

图 5-1　远程接入 SDP 零信任方案架构

（1）SDP融合客户端

在终端上部署SDP融合客户端。用户发起访问时，SDP融合客户端首先对终端健康情况进行检查。如果检查合规，则向SDP控制器发起SPA，获取用户可访问应用的访问路径列表。同时，SDP控制器告知SDP网关为通过此终端接入的用户放通对应的应用访问通道。这样远程终端才可以与内部应用建立连接，实现对业务的“先认证后访问”。为了减少终端软件的安装数量，改善用户体验，金融客户通常选择安装SDP融合客户端。SDP融合客户端包含SPA、应用代理及环境感知等多个功能，可以持续监控终端设备的安全状态，并将异常信息实时上报给SDP控制器。此外，在金融行业的落地实践中，SDP融合客户端通常还包括杀毒、终端沙箱（以下简称沙箱）等安全能力。

沙箱是一种实现“数据不落地”诉求的新兴技术，在CSA于2022年3月发布的“Software-Defined Perimeter (SDP) Specification v2.0”中被定义为零信任扩展技术之一。在安装SDP融合客户端后，终端侧将创建安全的沙箱空间，对网络、数据、进程等进行统一控制。

在沙箱内，添加受保护的应用，只允许用户通过沙箱访问这些应用，受保护应用运行所产生的数据均加密存储在沙箱内部且无法传输到沙箱外部，从而满足“数据不落地”的诉求。在强数据保护场景下，沙箱可以作为替代虚拟桌面的轻量化方案。沙箱包括数据隔离、数据加密、网络隔离和剪切板隔离等多种功能。

数据隔离： 沙箱可以将需要保护的应用程序进行隔离存储，以实现数据隔离，如图5-2所示。当访问沙箱内的应用程序时，所有的操作请求将被沙箱拦截，并重定向到应用程序的沙箱存储路径进行访问，此时无法直接访问应用程序的真实地址，从而实现了数据隔离。

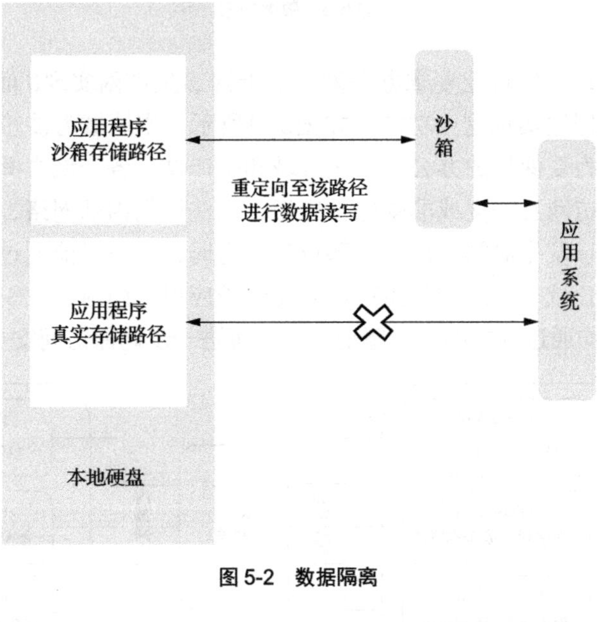

图 5-2　数据隔离

数据加密： 沙箱可对存储在沙箱内的文件数据进行加密存储，以进一步确保数据安全，如图5-3所示。当在沙箱内新建、下载或修改文件时，沙箱可以自动对文件进行加密，并将该加密文件存储在沙箱内部。

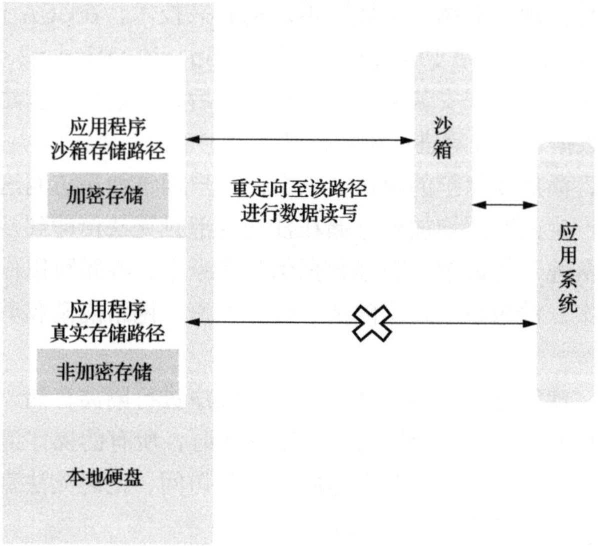

图 5-3　数据加密

网络隔离： 金融行业要求办公网、运维网、生产网实现3面隔离，采用沙箱技术可以很好地实现这一功能，如图5-4所示。本地域为沙箱外不受保护的区域，沙箱内为受保护的办公域、运维域和生产域，各个域之间均相互隔离。本地域仅可以访问互联网或非受保护应用，无法访问内部网络，以避免内部网络中的关键信息发生泄露。访问内部业务应用时，用户只能通过沙箱来访问内部网络中的办公域、运维域和生产域的受保护应用。同时，在SDP网关的隔离下，这些访问均通过独立的加密隧道进行，可进一步确保访问安全。

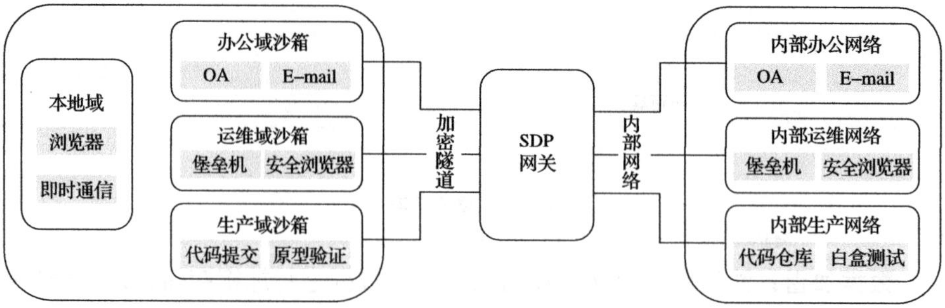

图 5-4　网络隔离

剪切板隔离： 可以通过配置，禁止沙箱内与沙箱外通过复制或剪切的方式对文件等数据进行相互复制，或单向禁止沙箱内文件向外复制，以避免受保护信息泄露，如图5-5所示。

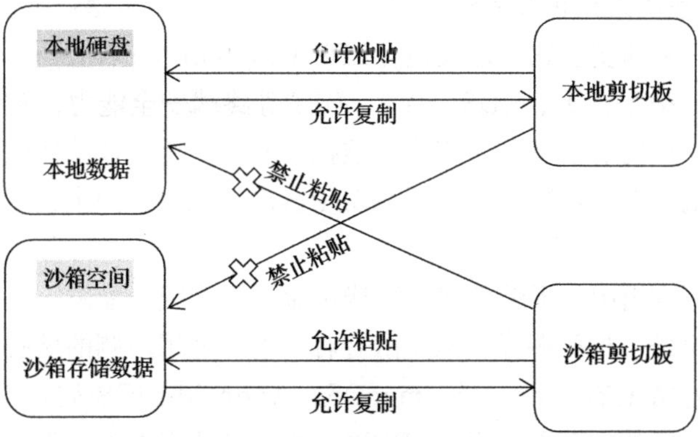

图 5-5　剪切板隔离

（2）应用代理

根据所访问应用架构的不同，远程接入SDP零信任方案又可分为B/S架构对接和C/S架构对接两种子场景，其具体实现方式略有不同。

B/S架构对接场景：当前，部分金融机构的内网办公或开发、测试业务应用已经完成了B/S架构改造，通过Web界面对外发布应用。通常情况下，B/S架构本身支持通过安全的HTTPS访问。此时可以考虑将此类业务通过应用代理的方式发布到公网，然后结合SDP方案，保证接入用户的最小权限访问，这种方式称为Web端代理方式。即使Web应用自身仅支持不安全的HTTP，也可以由代理网关在对外发布时将其强制代理为HTTPS，从而实现业务应用的安全访问。这种方式无须SDP客户端对应用进行代理，可以减少终端侧的资源消耗，提高访问速度。

C/S架构对接场景：在实际现网中，B/S架构改造进展并不理想，大部分金融机构的业务应用十分复杂，新、老应用并存，尤其是存在大量的C/S架构。出于对业务连续稳定及投资方面的考虑，应用改造的工作通常难以推进。此时推荐采用客户端代理方式，由SDP客户端对应用进行代理。在这种方式下，SDP客户端根据SDP控制器下发的授权代理应用列表，拦截C/S架构的访问流量，将其封装到HTTPS报文中传送给SDP网关，从而实现对流量的加密安全传输。客户端代理方式可以兼容Web端代理方式，对于B/S架构，可以直接通过HTTPS进行流量传输。

远程接入SDP零信任架构中还包括SDP控制器、IAM、零信任策略引擎和SDP网关，其功能与4.2节中的描述相同，此处不赘述。

在金融行业落地远程接入SDP零信任方案，有如下关键点需要重点关注。

- 零信任终端安全软件建议包含EPP（Endpoint Protection Platform，端点保护平台）、EDR、AV、DLP等终端安全能力，对终端的漏洞、合规、威胁、泄密行为等进行监控，并作为终端风险评估的数据源。这些终端安全管理软件均可以与SDP客户端融合，即上文所述的SDP融合客户端。
- 在实际应用中，零信任终端可能由金融机构统一配发，也有可能是个人自带设备，种类多样。SDP融合客户端作为用户侧的核心组件，必须能够兼容常见的Windows、macOS、Android、iOS等操作系统，才能保障零信任的大范围应用。SDP融合客户端要根据不同类型的终端设备进行针对性适配，做到性能占用低、数据采集全面。
- 在采用虚拟桌面来实现“数据不落地”的诉求时，需要在远程终端和云桌面内均部署SDP融合客户端。在通过云桌面访问业务应用时，不仅要关注云桌面内部的安全状态，还需要关注用于连接云桌面的远程终端的安全状态。
- 零信任策略引擎可以与金融机构中已有的SIEM、TIP等组件对接，接收多种来源的安全数据，并根据风险模型进行风险评估，实现全方位的风险感知与评估。
- SDP网关作为策略执行点，是整条业务链路上的性能瓶颈。要充分重视网关设备的加密卸载能力，以及业务流量的新建会话、并发会话、吞吐量等性能指标，切勿让网关设备的性能成为体验零信任安全之路的“绊脚石”。在用户认证通过之前，SDP网关处于隐身状态，仅SDP控制器暴露于外网。部分厂家将SDP控制器与SDP网关融合，存在利用SDP网关漏洞直接接入内网的风险，须评估其风险后谨慎使用。
- 在金融行业部署零信任方案时，要充分考虑金融业务系统的连续性要求，部署的方案要具备高可靠性和可用性。SDP网关双机部署、零信任策略引擎和零信任服务的集群灾备部署，都是零信任方案落地的基础要求。

综上所述，远程接入SDP零信任方案通过对远程办公用户、设备、流量等多个维度的端到端风险持续监控，能够帮助金融机构及时发现环境风险及异常访问行为，并采取处置措施，如修复环境风险或将用户强制下线等，从而实现对业务安全的保护。

3. 物联接入零信任方案

跟远程接入SDP零信任方案一样，金融行业物联接入零信任方案的架构同样是以身份为中心的。区别在于，前者以用户身份为中心，后者以设备身份为中心。物联接入的基本方案可参考4.5节。金融行业的物联终端通常不具备主动和平台对接认证的能力，精确描述物联终端的身份，持续监控物联终端的上下线和交互行为活动异常，都是保障物联终端安全的关键点。

初始设备身份：获取更多的设备信息来构建物联设备身份画像。传统的MAC地址容易被仿冒，建议增加终端IP地址、接入交换机IP地址和端口，以其初始接入的认证信息组合等来构建设备初始指纹，进行上线认证。

精细化设备身份：获取设备的认证信息组合后，可以通过主动探测、被动感知和多维度组合分析等资产识别方式构建精细化的设备指纹信息，丰富设备画像。传统的指纹库识别受限于采集终端的特征库数量，不能做到100%的资产识别。此时，可以引入基于物联终端的流量分析，实现对终端设备的建模归类，结合大数据和AI技术对物联终端的业务报文进行行为监控。很多物联终端的访问行为是固定性和周期性的，从流量行为中提取关键特征，构建物联终端的流量模型规则，结合时间周期、报文时序、报文大小、流量分布等多维度因素，可以精确识别异常物联终端。

持续威胁行为分析：在设备身份信息比对的基础上，要持续性地监控物联终端的行为，对已经上线的设备做周期性的漏洞扫描和弱口令识别。一旦发现终端有此类问题，及时联动现网交换机进行阻断或业务干扰，禁止其与网络内的设备或服务器通信。此外，物联设备访问关系同样也需要满足最小权限访问原则，从网络层面严控物联设备IP网段可访问的业务资源，全方位保障物联安全防护。

物联接入零信任方案架构如图5-6所示。

终端通过园区接入交换机接入网络。接入交换机启用MAC认证，对包括哑终端在内的各类终端进行准入认证，确保只有合法终端才能接入网络；未通过认证的终端将被拒绝访问办公网络。

防火墙作为流探针，旁挂在汇聚交换机上，采集网络流量信息和资产信息，上传到终端环境感知平台。终端环境感知平台根据各终端的网络资源使用情况、终端类型识别、流行为分析、IoT异常检测等进行综合研判，给出终端健康状态的可信评分。可信评分满足安全要求的终端可以正常办公；可信评分较低，不满足安全要求的终端需要修复终端健康问题，修复后就可以正常访问办公网络。

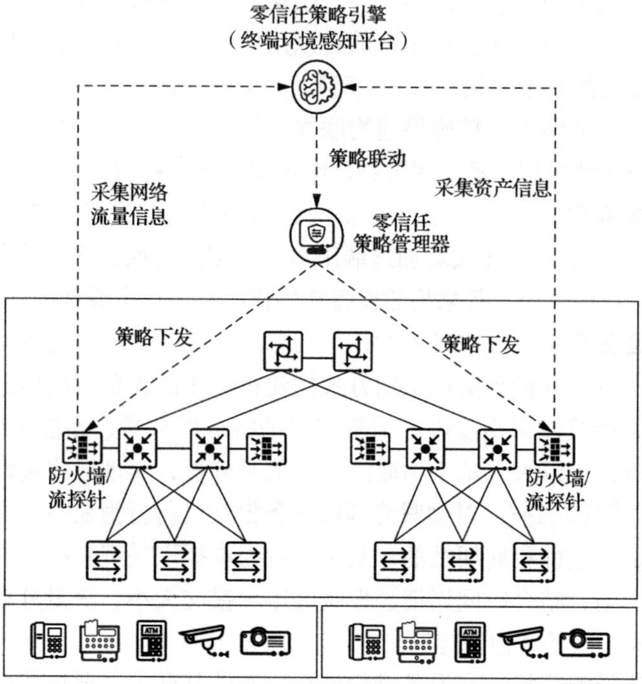

图 5-6　物联接入零信任方案架构

零信任策略管理器根据终端组、位置等属性对终端进行精细化授权。

终端环境感知平台持续监控终端的安全状态，结合其他周边日志和情报信誉等信息对该终端进行安全性综合评估，动态更新终端可信评分，并将评分上传到零信任策略管理器。零信任策略管理器根据终端可信评分变化，动态调整终端的接入权限，实现动态安全监控。

4. API安全零信任方案

API安全零信任方案中的主要部件为3.5节中介绍的API网关。服务提供方把服务注册在统一的服务管理平台上，不同的应用均可通过服务的API接口调用服务，API网关针对应用调用API接口提供访问控制。API网关作为策略执行点，提供业务安全访问能力，包括通道加密、流量限制、熔断、API安全防护等核心能力。API网关可充分与已具备的安全能力相融合，实现完善的API安全零信任方案。在终端侧，由终端环境感知SDK负责采集终端环境数据，通过零信任策略引擎对API访问行为进行监测及分析，及时识别安全风险。API网关通过与IAM对接，接收访问令牌并进行验证，实现统一身份管理、统一认证及动态API授权。在发生安全风险时，通过对API进行动态访问控制，最大限度保证API访问安全。API安全零信任方案典型架构如图5-7所示。

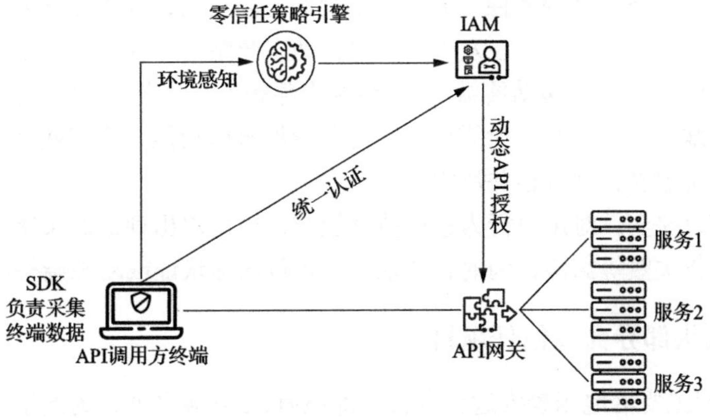

图 5-7　API 安全零信任方案典型架构

5.1.4　方案案例

下面来看几个金融行业的零信任建设案例。

1. 某股份制银行零信任项目

该银行有多达几十万个PC终端和移动终端，主要使用场景为互联网远程办公，同时客户对数据安全极为关注。该银行当前采用SSL VPN实现远程接入，同时办公终端可访问互联网，对“数据不落地”的诉求缺乏对应的安全方案。近年来，由于SSL VPN设备不断曝出漏洞，该银行希望通过部署SDP零信任方案来实现更为安全的远程接入。由于行内业务发展迅速，对外开放业务不断增多，互联网终端数据泄露问题防范形势严峻，客户迫切需要解决该问题。同时，行内已建设了统一身份认证平台，新建设部分方案需要与已有的平台进行对接，以实现统一身份认证与权限管理。

该零信任项目主要通过SDP零信任方案实现安全的远程接入，通过沙箱技术实现“数据不落地”，主要建设内容如下。

- 统一认证：对接行内已有的统一认证平台，同步用户及权限信息，支持单点登录，支持多因子认证，实现用户统一认证与权限的统一管理。
- 通道安全：使用SDP架构替代原有的SSL VPN设备，实现安全的远程接入。
- 接入安全：根据接入终端的安全状态进行准入判断，根据终端的地理位置、设备类型等属性对其赋予不同的访问权限，同时在准入后持续检查终端的安全状态，在发生风险时，动态调整用户的访问权限。
- 数据安全：在移动终端及PC终端均部署安全沙箱功能，实现“数据不落地”，降低数据泄露风险。同时增加水印功能，实现截屏、拍照外发等可追溯，降低相关风险。
- 行为安全：对用户行为进行持续检查，当用户出现短时频繁认证失败、鉴权失败等风险行为时，要求用户进行增强认证或动态调整用户权限。

2. 某头部券商零信任项目

该券商主要落地场景为远程办公。除原有PC终端之外，为便于员工处理业务，新增移动端OA系统，支持通过互联网访问，因此需要确保远程访问安全，同时避免数据泄露。此外，由于OA系统已经上线使用了较长时间，客户希望能够在增强安全性的同时，不改变用户的使用习惯。

整体方案设计如下。

- 原有OA系统为C/S应用，可采用SDK集成方式，既增强了访问安全性，又保持了用户原有的使用习惯，提升了用户体验。
- 部署SDP控制器及SDP网关，实现符合SDP零信任架构的安全远程接入。SDP零信任架构中的SPA技术将原有的“先连接再认证”转换为更加安全的“先认证再连接”，降低了接入风险。通过SDP网关对业务系统进行反向代理，可隐藏业务系统的真实IP及端口，缩小攻击面。
- 在PC终端远程接入时，要求通过虚拟桌面访问内部业务系统，实现“数据不落地”，提升数据安全性。
- 在移动端采用更为轻量的数据保护方案，通过部署沙箱功能实现移动端“数据不落地”的诉求，同时节约系统资源消耗。叠加水印功能，进一步保证数据安全。

该头部券商零信任项目实际部署如图5-8所示。SDP网关作为业务链路中的关键节点，采用双机热备部署以保证可靠性。

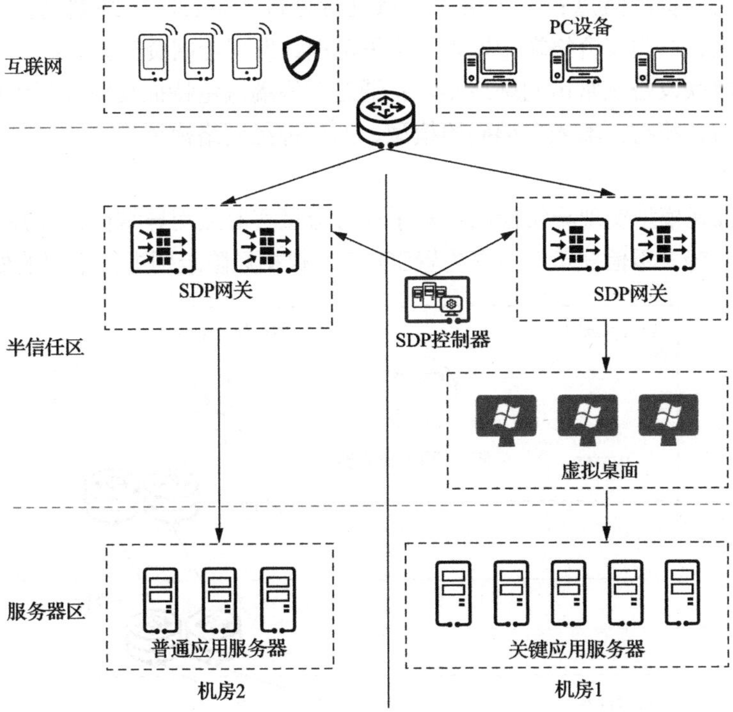

图 5-8 某头部券商零信任项目实际部署

3. 某国有大型商业银行

随着业务发展，某国有大型商业银行将越来越多的智能终端和IoT设备部署到银行网络中。所有物联终端都是通过MAC认证方式接入网络的，安全防护功能薄弱，曾经出现过ATM机仿冒安全事件，该银行有着强烈的物联安全需求。

- 统一的IoT安全管控方案：当前，针对ATM机、智能柜台、排号机等金融物联终端部署单独的探针，终端管控技术复杂，部分终端无安全防护手段。
- 智能的终端资产识别：当前依靠商业指纹库识别终端资产，需要手动扫描和维护，识别率不够。希望通过智能学习识别，动态维护终端入网信息。
- 安全联动边缘阻断：需要补充恶意行为识别和快速联动阻断能力，5分钟内快速识别恶意终端并阻断。

该国有大型商业银行零信任部署如图5-9所示。

- 全网资产盘点：采集全网流量进行分析，结合不同终端的指定访问规则，归类聚合终端IP地址和类型范围，发现全网资产。
- 物联设备正常访问基线学习：通过对终端流量特征及终端互访模式的学习，将特征输入自编码器模型，通过神经网络模型学习终端的正常行为模式。
- 推理模型实现异常检测：基于业务流量实时监测异常行为，并发送异常告警。零信任策略引擎内置SOAR，根据风险级别进行不同的处置。

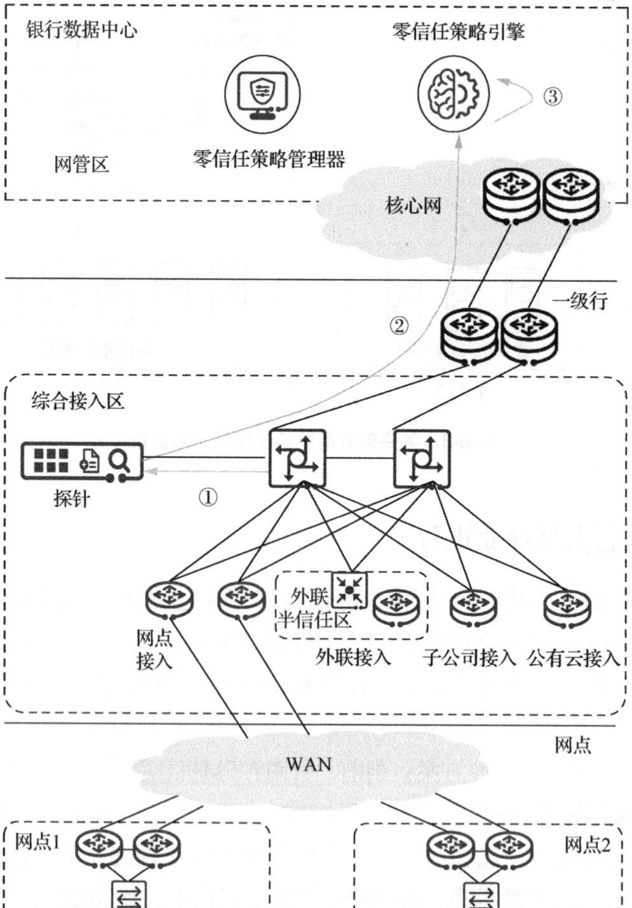

图 5-9　某国有大型商业银行零信任部署

业务流量走向说明如下。

步骤①　交换机将业务流量镜像给探针。

步骤②　探针对业务流量进行初步处理，提取Metadata并上传到零信任策略引擎。

步骤③　零信任策略引擎对上传数据进行分析，识别异常行为，发送告警，或与零信任策略管理器联动，对接入设备进行阻断等处理。

该银行通过部署物联零信任方案，完成全行资产盘点，准确率达到100%，避免了手动盘点带来的工作量和错误率。基于AI算法可以发现基于行为的异常，包括终端的仿冒、内部人员的恶意行为等。针对高级别风险事件和行为进行及时处置，可快速止损。

5.2　智慧城市零信任实践

5.2.1　行业现状及痛点

随着云计算、大数据、物联网及移动互联网等新一代信息技术的不断应用，城市的智慧化发展已经成为当前城市建设的主要内容。智慧城市强调新一代信息技术与城市现代化的深度融合与迭代演进，通过信息技术的普遍应用，实现全面且透彻的感知、宽带泛在的互联、智能融合的应用，进而提升智慧城市的公共服务效能与政府治理能力，更好地为市民服务。

智慧城市建设是信息系统和数据资源不断发展壮大，且不断融合、共享、利用的过程，其整体业务环境将更加开放，业务生态将更加复杂，参与提供数据服务和应用服务的角色也将更加多元。这也引入了全新的网络安全挑战，主要包含如下几个方面。

（1）数据全面汇聚，如何保证数据安全使用

业务错综复杂。智慧城市有市民、企业、政务3类门户，包含智慧交警、智慧医疗等多个业务应用，任何一个业务应用被黑客攻击，都有可能造成整个智慧城市的“瘫痪”。

数据重要性高，损失影响大。智慧城市中涉及大量的城市公共数据和市民

个人信息的共享使用。城市公共数据包括地理信息、水文信息、房屋信息等。市民个人信息包括户籍、医疗、社保、住房等各种个人隐私数据。这些数据如果保护不到位，就很容易发生严重的数据泄露事件。这些数据的泄露不仅会给企业带来损失，给个人的生活带来风险，还有可能产生不良的社会影响。

身份和权限管理难度大。众多的应用使用人员以及服务提供方带来了复杂的身份和权限管理问题。不仅要防范外部访问人员的数据窃取和数据破坏行为，还要防范内部和服务提供方的合法人员被数据的价值吸引，从而违规、违法地获取、处理和泄露数据。确保所有人员合法合规地访问被授权的业务应用和数据资源给安全带来了挑战。

（2）海量互联终端接入，如何保证可信接入

终端数量多。在智慧城市中，物联设备众多，扩大了攻击面，增加了网络风险。数以千计的移动办公终端，数以万计的摄像头、路灯、红绿灯……海量物联设备感染病毒形成的“僵尸”网络，发起DDoS攻击的规模将越来越大，影响将越来越严重。

物联终端类型多。摄像头、视频会议终端、传感器等物联终端类型多样，操作系统版本、种类多，且重功能实现、轻安全设计，操作系统和应用软件中存在高危漏洞等安全问题。一旦被黑客利用，这些设备极可能因攻击而失效或瘫痪，甚至成为攻击者的跳板。

（3）网络互联互通，如何保证连接的安全

网络边界多。智慧城市业务承载于政务外网上，政务外网与视频专网、政务专网、互联网有多个边界，安全“围栏”需要严防死守。它一旦被攻破，将影响整个业务的运营。

覆盖范围广。政务外网覆盖范围广，影响范围从区县到整个城市，攻击面大，攻击途径也更多。例如智慧交通、智慧园区等场景，安全漏洞一旦被利用，会导致关键基础设施不可用，严重影响城市的管理和运行，给人民日常生活带来巨大困难，甚至引发灾难。

近年来，针对智慧城市的网络安全事件时有发生。其中，APT攻击或内部违规事件占比较高，大规模数据泄露等恶性安全事件时有发生，传统的基于网络边界的防护思路已不适用于智慧城市场景。

为了加强数据共享，所有城市数据都要上云，且数据需要全面融合。传统的安全手段无法有效完成云化和大数据环境下的安全防护。

为了充分感知物理世界，产生更多、更准确的数据，城市内会部署越来越多

的物联终端，移动办公、移动执法、社区服务等业务也会带来移动政务的诸多新场景。相比于传统的固定政务服务，移动化和物联化带来了接入对象不同、接入位置不确定、接入终端规模大等问题，导致城市网络空间暴露面不断扩大。

传统的智慧城市安全防护方案是在不同位置（如终端、网络、云）部署不同的安全设备，堆砌安全产品，互相之间不兼容、不联动，无法适应业务上云后的路径变化，防护效果差，防护效率低。

智慧城市安全能力规划和设计需要新的思想，以零信任为基础进行安全架构设计，能有效解决智慧城市所面临的安全风险问题。

5.2.2 需求分析

智慧城市主要包括政务办公和城市物联两个典型场景。

政务办公。近年来，全国各地市都在围绕“掌上办公、掌上办事”进行政务办公的整体规划，致力于建设统一的公共数据平台，促进政府部门高效协同、服务转型升级。此外，政府办公移动化和云化的趋势非常明显。移动办公在工作中的占比越来越高，如在家里通过政务App处理公务。政府部门纷纷将自己的业务迁移到政务云上，在为工作提供便利的同时，远程访问终端的安全性也给管理人员增加了管理难度。

城市物联。摄像头、智慧杆等多种物联终端接入城市物联网中，设备数量大，种类多，且缺乏统一的安全标记和身份鉴别管理机制。攻击者可通过恶意放置假冒的设备，冒充合法的终端接入网络，非法发送和接收信息，并发起攻击行为。

在合规性方面，国家和主管部门对智慧城市的安全保障能力提出了更高的要求。《信息安全技术　智慧城市建设信息安全保障指南》（GB/Z 38649—2020）中明确要求，根据智慧城市特征建立已知威胁纵深防御支撑、高级威胁感知监控支撑、组织管理机制流程支撑、规范运营决策应急支撑等安全体系支撑，为智慧城市建设利益相关者提供安全保障。由此，可知智慧城市建设信息安全保障应实现“攻击者进不去，非授权者重要信息拿不到，窃取保密信息看不懂，系统和信息篡改不了，系统工作瘫不成，攻击行为赖不掉”。

针对智慧城市的业务场景和合规性要求，具体的需求分析总结如下。

- 准入认证：对接入政务外网的终端设备，须进行接入认证和安全检查，确保接入终端身份合法、行为合规。同时，接入终端应具备安全防护能力，不能携带病毒访问政务网络。确保只有合法合规的终端才能访问相应权限范围内的业务。

- 网络隔离：对接入政务外网的终端实现网络隔离，禁止同一台终端同时访问两个网络。例如，当终端访问互联网时，无法同时访问政务外网；当终端访问政务外网时，无法同时访问互联网。
- 数据隔离：在网络隔离的基础上，建设数据隔离机制，保护政务外网上的数据不外泄至互联网。当用户下载数据时，数据需通过安全技术手段与本地数据隔离，以避免木马、蠕虫等恶意代码传入政务外网。
- 最小权限动态控制：政务应用通过最小权限向用户提供访问资源，确保用户不越权访问。对物联应用也需进行最小权限管理，确保其业务行为合规，在发现异常行为时及时告警并阻断。

5.2.3 场景化方案

智慧城市场景化方案主要包括政务办公和城市物联两个典型场景。在政务办公场景，各委办局的工作人员使用各种类型的终端接入网络，通过政务外网访问政务云资源。在城市物联场景下，道路摄像头、红绿灯、政务大厅打印机、自助终端等物联设备通过物联网接入政务外网，进行数据共享和业务协同。智慧城市的典型场景如图5-10所示。

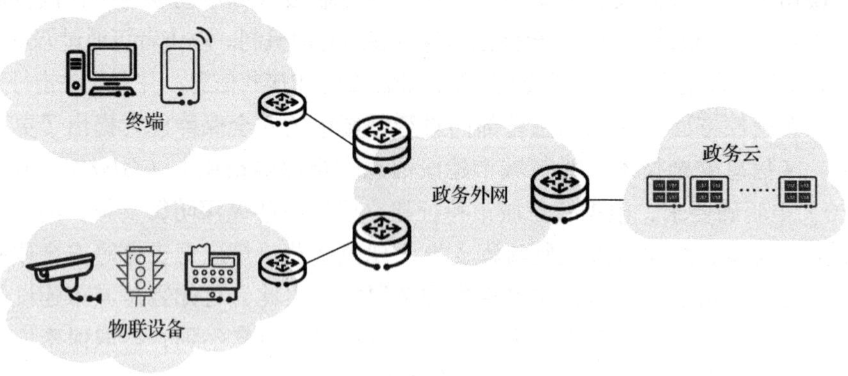

图 5-10 智慧城市的典型场景

智慧城市零信任方案基于一体化的思路，构建体系化的安全防御架构。在关键节点布设零信任网关，作为策略执行点，通过策略管理器实现安全策略编排和下发，通过策略引擎实现全网一体风险监测。智慧城市零信任方案架构如图5-11所示。

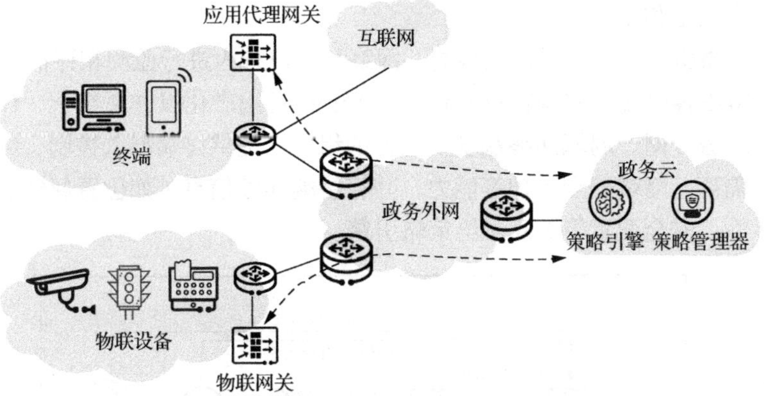

图 5-11　智慧城市零信任方案架构

1. 政务办公零信任方案

终端移动化、数据集中化、资源服务化是政务办公的大趋势，某些业务包含敏感信息，因此对信息安全提出了更高的要求。2020年，各地政务外网共发布了103期网络安全通报，其中80%的安全事件是由终端感染木马病毒或被控而导致的。主要原因在于，各委办局园区存在终端同时访问互联网和政务外网的情况。黑客从互联网攻击终端后，以此为跳板入侵政务外网，造成整网破坏。

政务办公零信任安全解决方案采用SDP架构，将“先接入后认证”的方式转化为“先认证后接入”的方式。这种方式隐藏了业务的IP地址，外网访问请求需要先进行认证，只有授权用户才能访问内部应用。同时，通过终端准入认证、网络隔离、数据隔离等安全能力增强网络安全性。政务办公零信任方案管控模式如图5-12所示。

政务办公零信任方案管控模式分为统一管控模式和自行管控模式两类。对于城市政务应用统一管理场景，采用统一管控模式进行部署；对于城市政务应用分散在各委办局自行管理的场景，采用自行管控模式进行部署。两类模式的方案组件相同，只是组件部署的位置有所区别。政务办公零信任方案涉及应用代理网关、策略管理器、策略引擎、SDP客户端等核心组件，主要功能如下。

- 应用代理网关：负责对政务外网、局域网所有用户终端进行认证，并实现数据加密传输、网络隔离和资源访问控制等。
- 策略管理器：负责终端准入、终端安全隔离、终端安全防护等策略的集中制定和下发。

- 策略引擎：负责对接入终端、网络和用户行为进行监测和评估。
- SDP客户端：安装在Windows、Linux及国产化操作系统上，作为承载政务外网、局域网终端安全能力的组件，提供终端准入控制、终端安全隔离、终端安全防护等能力，并将终端属性信息（如位置属性、类型属性、安全配置等）同步给策略引擎。

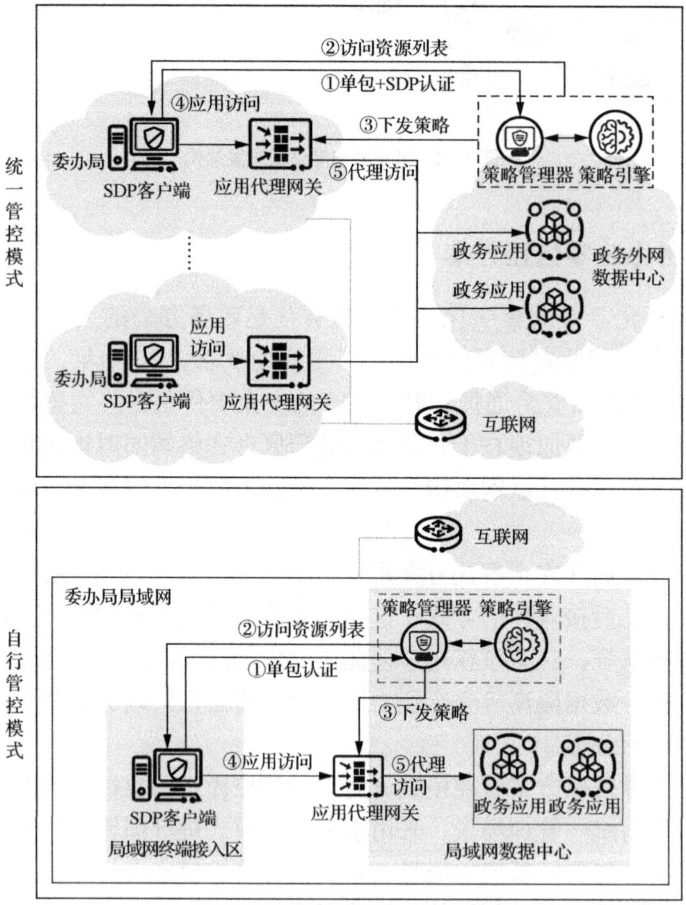

图 5-12　政务办公零信任方案管控模式

政务办公零信任方案的流程如下。

①单包+SDP认证：SPA“敲门认证”，通过后放开认证门户端口，终端自动跳转到认证页面进行SDP认证。

②下发资源列表：认证通过后，SDP控制器向SDP客户端下发访问资源列表。

③下发控制策略：认证通过后，SDP控制器向代理网关下发访问控制策略。

④应用访问：用户访问政务外网应用，访问跳转至代理网关，代理网关匹配访问控制策略。

⑤代理访问：匹配通过后，代理网关将访问跳转至业务应用。

政务办公零信任方案可有效解决政务办公终端"一机多用"所面临的安全风险问题。在访问政务应用时，通过网络隔离机制自动切断终端的互联网连接，并缩小应用风险暴露面；在访问敏感应用和数据时，通过数据隔离机制确保敏感数据不外泄。

政务办公零信任方案主要包括应用访问认证、应用访问代理、网络隔离和数据隔离4部分安全能力。

（1）应用访问认证

应用访问认证的过程如图5-13所示。政务外网终端（SDP客户端）向策略管理器发起SPA。SPA通过后，策略管理器开放认证门户端口，跳转认证门户。终端自动发起SDP认证，并获取入网权限。如果用户是首次登录，则策略管理器在认证通过后推送注册页面，让用户注册账号（注册时提供的信息有MAC地址、IP地址、部门、人员姓名、联系方式等）。具体说明如下。

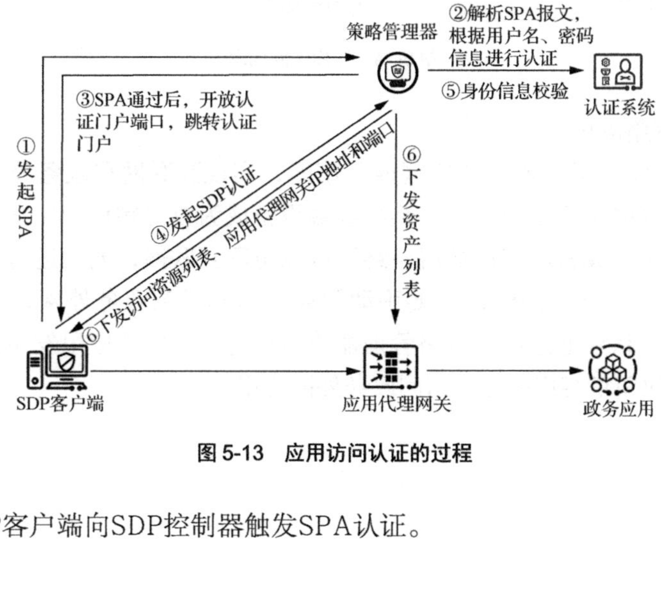

图 5-13　应用访问认证的过程

①SDP客户端向SDP控制器触发SPA认证。

②策略管理器解析SPA报文，获取用户名、密码信息，向认证系统触发用户身份校验。

③认证通过后，开放认证门户端口，终端自动跳转到认证门户页面。

④SDP客户端向策略管理器发起用户认证。

⑤策略管理器向认证系统发起用户身份校验。

⑥策略管理器向代理网关下发可信资产列表（源IP、可访问的端口列表、设备ID）、应用访问列表，策略管理器向客户端agent下发访问资源列表；安全代理网关的IP、端口。

（2）应用访问代理

用户终端通过SDP认证后，根据策略管理器的授权信息，与应用代理网关建立HTTPS隧道，如图5-14所示。首先，SDP客户端根据策略管理器下发的访问资源列表、应用代理网关IP地址和端口，与应用代理网关建立HTTPS隧道。应用代理网关收到HTTPS隧道报文后，对报文进行解封装，并访问对应的政务应用。

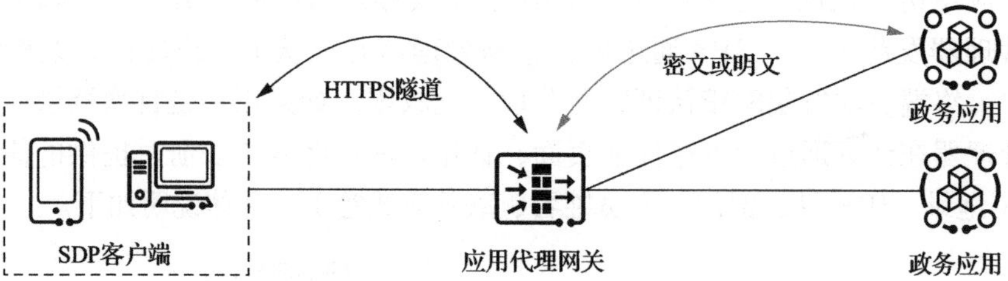

图 5-14　应用访问代理

（3）网络隔离

如图5-15所示，通过“单网通”策略，实现互联网和政务外网的隔离，使终端不能同时访问两个网络，避免终端设备成为攻击跳板，保护业务访问安全。在终端上安装SDP客户端后，终端可以访问互联网，无须进行认证。当通过该终端访问政务外网时，需要手动切换网络模式到政务外网，向策略管理器发起认证。认证通过后，策略管理器将用户可以访问的应用发布到SDP客户端，用户通过SDP客户端即可访问政务外网应用。

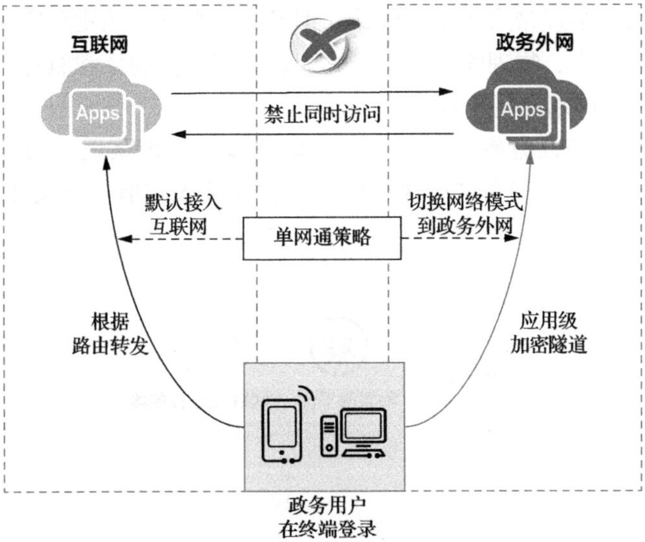

图 5-15　网络隔离示意

（4）数据隔离

在终端设备上安装SDP客户端后，会创建安全、可控的沙箱。在沙箱内，只允许访问被授权的政务办公应用，访问政务办公应用产生的所有数据均在沙箱内安全存储，确保业务应用数据不落地到本地终端，并且通过安全管控策略实现沙箱内数据流转和安全审计。通过数字水印进行访问行为溯源，通过截屏控制防止敏感信息泄露，实现全面的数据安全防护。

安全沙箱采用数据续写重定向方式实现数据隔离，如图5-2所示。SDP客户端将沙箱内受保护应用产生的数据重定向存储在受保护目录中，并隐藏受保护目录。只有这些受保护的应用可以读取受保护目录的数据。当应用在沙箱中运行时，该应用读写的所有数据都受到沙箱控制。当应用存储数据时，沙箱将真实存储路径重定向为沙箱中的存储路径，这样应用就会将数据存储在沙箱而不是原存储路径中；当应用读取数据时，沙箱将需要读取的真实存储路径替换为沙箱中对应的路径，应用就可以顺利读取之前写入的数据。应用运行在沙箱中，其所有数据都存储在沙箱中，从而实现沙箱内、外数据的隔离。

2. 物联接入零信任方案

智慧杆是智慧城市建设中的重要组成部分，通过深度整合城市各类资源，智慧杆实现了资源的共享、集约和统筹，降低了城市建设成本，提高了城市运维效率，为城市治理带来了多重效益。但是，智慧杆上的物联终端大部分处于无人值守的环境中，物理安全防护能力弱。攻击者控制了智慧杆，就可以通过智慧杆上的物联终端入侵政务云。

物联接入零信任方案可实现城市物联终端的多重认证，动态检测是否有异常行为，并对异常行为进行快速处置。物联接入零信任方案部署如图5-16所示。

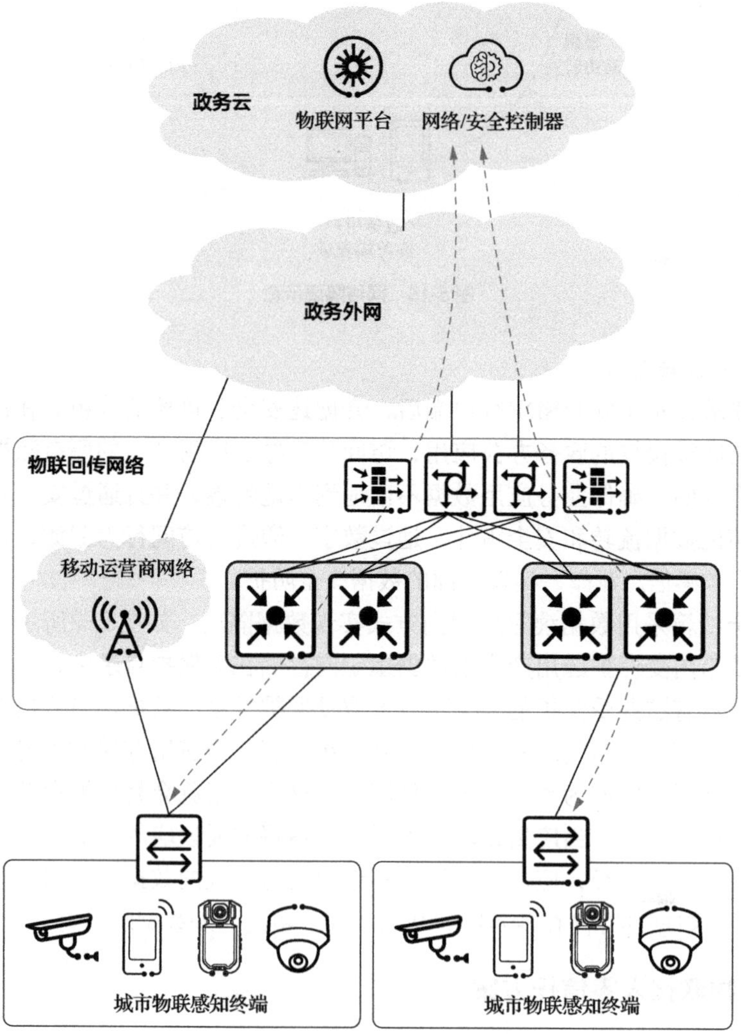

图 5-16　物联接入零信任方案部署

物联接入零信任方案由智慧杆、物联回传网络、物联网平台和网络/安全控制器等组成。智慧杆等物联终端都为哑终端，无法安装SDP客户端，传统的MAC认证容易被仿冒。非法用户“拔掉”合法终端，使用非法终端替代，并冒充合法终端的MAC地址，就可以通过认证并进行非法访问和安全攻击。

物联接入零信任方案可通过指纹识别、流行为分析等技术，确保哑终端不被仿冒。具体实现方案请参考4.5.3节。

5.2.4　方案案例

2022年，广东某市开展智慧城市能力升级项目，重点对全市政务外网安全和物联终端安全进行统一设计以及能力建设。在项目建设前，该市3万个PC终端和1万个移动终端都没有经过严格的准入控制机制就可以接入政务外网。终端可以同时访问政务外网和互联网，如果终端被感染，就可以作为跳板，将威胁从互联网扩散至政务外网。智慧杆等物联终端直接接入物联网，同样没有对其采用准入控制等安全措施，存在极高的仿冒风险。

该项目建设完成后，通过物联终端智能识别和准入控制，对全市智慧杆等物联终端进行网络准入控制，实现终端入网可信，减少跨网攻击。经统计，现网终端安全威胁数量减少80%。具体实现能力如下。

- 精准识别与认证：对PC终端、移动终端、物联终端等多种终端提供SDP客户端、指纹识别、流行为分析等多种识别和认证方式，防止设备仿冒。
- 多维度风险感知：通过用户行为感知、终端环境感知、网络环境感知3个维度，持续监测政务应用和物联终端全业务流程的安全风险。
- 精细化动态授权：通过动态授权机制及安全风险感知结果，对政务应用访问和物联终端的操作执行动态认证、动态授权等访问控制策略。
- 终端安全管控：通过终端安全管理的用户行为管控策略，实现应用在终端侧的信息安全强管控，确保对政务敏感信息实现防截屏、防转发、防复制。终端丢失时，远程锁定应用和擦除数据，保护政务信息端侧安全，防止信息泄露。

5.3 政务专网零信任实践

5.3.1 行业现状及痛点

近几年，政务领域掀起了建设政务大数据的浪潮。这背后有两方面的驱动力。一方面是国家出台了鼓励政策。2021年，国家发展改革委联合中央网信办等机构联合发布《全国一体化大数据中心协同创新体系算力枢纽实施方案》，明确提出加快实施“东数西算”工程。另一方面是各地政府普遍认识到，大数据能显著提升社会治理能力。政务大数据是未来政府信息化建设的重要领域，某政府行业专网自2018年起开启了部—省—市3级政务大数据中心的建设。

政务专网大数据中心的陆续建设，使信息资源取得了“深应用、高共享、大整合”的效果，也给政务大数据的安全带来新的挑战。数据资源大量汇聚、集中存储以后，信息泄露、滥用等安全风险骤然加大。与此同时，非授权访问、数据盗取、信息泄露、APT攻击、外部渗透、违规边界接入等情况近年来也频繁发生。

政务专网大数据中心面临的安全风险主要包含以下几点。

- 数据安全防护能力有限。网络安全建设通常以防火墙、入侵防御、WAF等网关类安全产品为主，且安全产品大多各自为战，无法协同联动形成合力。安全防御主要依靠攻击特征来识别和阻断外部攻击，对安全风险的监测、预警和对抗能力不足，难以有效发现数据泄露、违规访问等数据安全风险。
- 数据安全治理难度高。数据分类、分级是数据使用、管理和安全防护的基础，对数据尤其是重要数据制定分类、分级制度并依规管理，是实现数据安全的前提。海量数据汇聚时，往往存在数据量大、结构复杂的问题。由于缺乏数据标准指引和业务应用专业背景的支撑，实践中存在数据分类维度选定难和分级粒度细化难等问题。对政务数据来说，通常可以根据数据形式和数据内容进行分类。根据数据形式分类，又可以进一步按照存储方式、更新频率、所处地理位置、数据量等细分。根据数据内容分类，又可以进一步从所涉及的主体、业务维度等多个维度细分。不同的分类维度各有价值，分类维度不清晰，会导致后续基于分类的很多操作存在问题。此外，政务数据分级也面临着很多现实问题，例如，安全分级如何从定性到定量；如何确定分级级数，使得数据在使用过程中达到效率和安全管控的平衡；如何使分级有效落地，尤其是数据分级跨部门落地。

- 数据访问授权手段单一。政务专网的业务系统以静态访问授权为主，在用户身份鉴权通过后，整个访问流程中不再进行用户身份的合规性检查。对用户在访问过程中发生的违规及异常行为，无法实时动态管控。

5.3.2　需求分析

近年来，大数据智能化建设一直是政务信息化建设工程的重点，大数据安全体系是大数据智能化工程的重要组成部分，直接影响大数据应用和服务“安全、可信、合规”对外开放。大数据安全体系强调以数据安全为中心，以零信任和安全防护为重点，以安全大数据分析为抓手，从云、数据、应用、网络、边界、终端6个维度，构建大数据安全立体纵深防御体系。

政务大数据安全体系应满足以下要求。

- 以身份为中心：通过对人、设备、应用进行统一身份化管理，确保主体身份可信，重构可信身份边界。
- 持续信任评估：基于终端、网络、用户行为等多维属性进行持续信任评估，及时更新访问控制策略，及时阻断高风险访问行为。
- 覆盖典型场景：零信任能力应覆盖政务大数据的应用访问、服务调用、数据交换、运维管理等典型场景。
- 细粒度访问控制：访问控制粒度覆盖应用级、功能级、接口级、数据级等，根据不同的业务场景灵活选择不同的访问控制粒度，真正实现数据可用可见、可用不可见、不可用不可见。

5.3.3　场景化方案

政务专网大数据中心的典型部署方案由数据中心、用户接入区、外网接入区和运维管理区组成。内、外部用户分别从用户接入区和外网接入区接入网络，访问数据中心的资源。数据中心以云计算平台为基础进行建设和运营，并按功能属性划分为管理区、业务区和大数据区三部分。政务专网大数据中心的典型部署如图5-17所示。

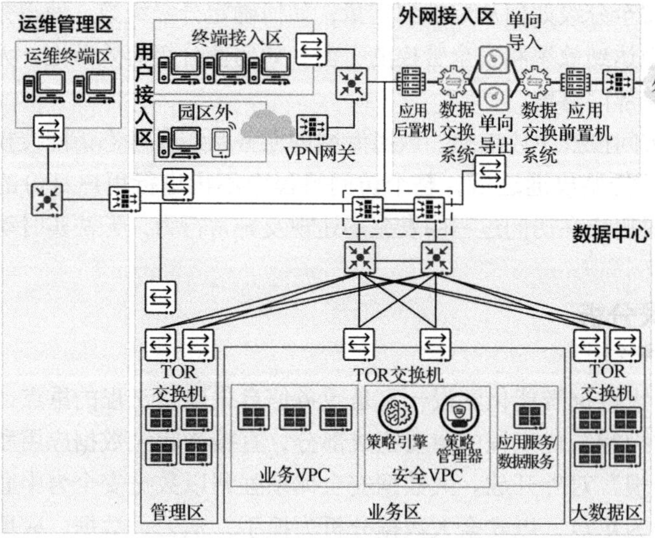

注：TOR 即 Top of Rack，架顶式。

图 5-17　政务专网大数据中心的典型部署

- 用户接入区：政务专网园区的终端用户部署在独立的终端接入区。在园区之外办公的用户，需要先通过VPN网关接入用户接入区，再访问业务区进行办公操作。
- 外网接入区：外网（如互联网等）的资源跟政务专网大数据中心需通过部署在外网接入区的数据交换系统进行数据交换，实现物理隔离条件下的数据安全传递。
- 管理区：管理区一般部署对数据中心的云平台进行管理的组件，承担云平台的镜像管理、网络管理等职能。
- 业务区：业务应用和服务一般部署在业务区。业务区可根据政务专网内不同的组织部门设置租户，划分不同的VPC，并在VPC内部署业务应用和服务等资源。
- 大数据区：大数据集群一般部署在独立的区域。政务专网和外网的各类数据会在大数据区进行数据接入、治理和提供数据服务。
- 运维管理区：运维管理区通过连接用户接入区、外网接入区和数据中心的管理交换机构建独立的网络平面。运维人员通过运维管理区对各区域的被运维对象进行运维操作。

政务专网大数据中心的防护对象为政务一体化大数据中心承载的应用和数

据等关键资产。从交互关系角度来看，其日常业务主要包括应用访问、服务调用、跨网数据交换、运维管理4个典型场景，因此政务大数据零信任方案应包括以上场景的零信任管控能力。这4个场景的零信任方案设计已经在第4章中详细介绍过，下面介绍这4个场景在政务专网大数据中心的部署方案。

这4个场景的方案都需遵循控制平面与数据平面分离的安全原则。控制平面由多个零信任组件组成，包括策略管理器、策略引擎等。控制平面负责策略决策与管理，并向数据平面下发决策指令。数据平面提供用户到数据的访问通道，终端、业务应用、应用服务/数据服务、策略执行点等均部署在数据平面。其中，策略执行点负责执行控制平面的决策策略。数据平面和控制平面独立划分不同的网络路由，确保控制平面内的零信任组件只跟数据平面的策略执行点进行通信。同时，在控制平面与数据平面的边界，通过在防火墙上设置严格的访问控制策略，只允许从控制平面到策略执行点的流量通过。

1. 应用访问

应用访问即用户访问应用的场景，用户通过PC终端、智能终端上的浏览器访问应用。如果应用的敏感性较高，用户需要先通过终端访问云桌面，再通过云桌面的浏览器访问敏感应用。在此场景中，实施零信任可以确保仅向有权限的用户开放应用访问权限，并进行应用级和功能级的访问控制。应用访问部署如图5-18所示。

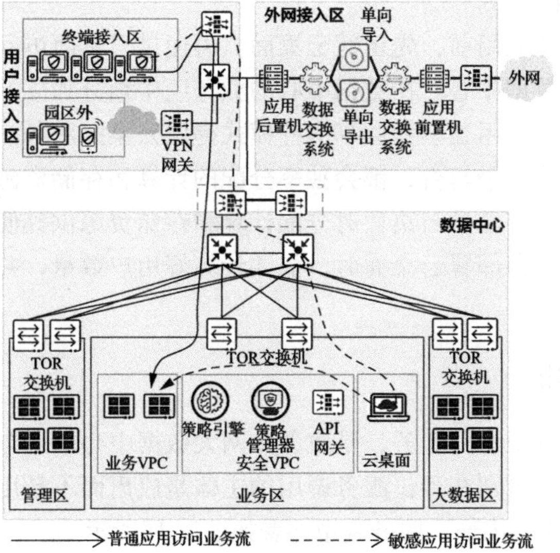

图 5-18　应用访问部署

应用访问方案主要涉及应用代理网关、策略引擎、策略管理器和云桌面等关键组件的部署。其中，应用代理网关一般部署在用户接入区，策略引擎和策略管理器部署方式较为灵活，比较通用的部署方式是部署在云平台上独立的安全VPC。

（1）应用代理网关

在用户访问应用时，应用代理网关负责隐藏应用，并对用户身份进行认证，对用户的应用访问权限进行鉴权。如果应用提供加密访问，应用代理网关需要先对加密流量进行卸载，再进行认证和鉴权操作。此时，为了保证应用访问的低时延，应用代理网关通常采用硬件方式部署。在实际部署时，应用代理网关可以集成WAF功能，在进行认证和鉴权操作时，同时进行Web安全检测，检测和防御XSS（Cross-Site Scripting，跨站脚本攻击）、SQL注入等典型Web攻击。

（2）策略引擎

策略引擎包括环境感知服务和终端Agent。环境感知服务部署在数据中心的ECS（Elastic Compute Service，弹性计算服务）资源上，收集终端、网络、用户行为等维度的信息并进行综合风险评估。终端Agent部署在PC终端和智能终端上，实时监测终端的安全状态并传送给环境感知服务。

（3）策略管理器

策略管理器部署在数据中心的ECS资源上，主要包括认证服务、权限服务、安全策略控制服务3部分。策略管理器对用户、应用、服务、数据进行统一身份和权限管理，依据环境感知结果动态调整策略，确保资源合规对外开放。

（4）云桌面

用户访问敏感应用前，先访问云桌面，再通过云桌面访问敏感应用，确保敏感数据不流出数据中心。在数据中心的业务区中划分独立的ECS资源，用于云桌面的部署。可采用独享和共享两种模式提供云桌面服务。独享模式面向高级用户，用户无论登录与否，都会独享分配的计算和存储资源。共享模式面向普通用户，只在用户登录云桌面时分配计算和存储资源供其使用，在用户注销后立即释放资源。在部署云桌面时，需要计算好用户数量，并评估普通用户和高级用户的比例。

2. 服务调用

服务调用即应用访问服务，是政务专网大数据中心的一个典型场景。服务调用与应用访问的区别在于，服务调用的主体是应用而不是用户，且访问行为大多发生在数据中心内部。服务调用部署如图5-19所示。

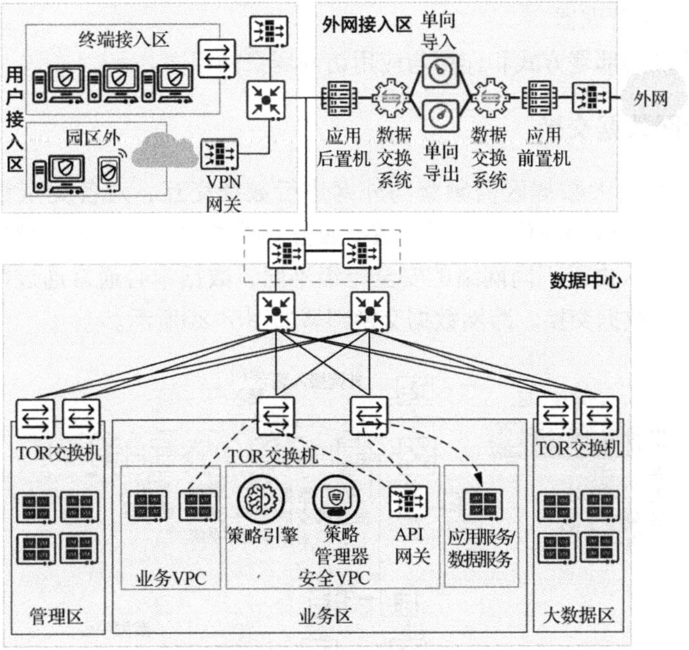

图5-19　服务调用部署

服务调用方案主要涉及API网关、策略引擎、策略管理器等关键组件的部署。

（1）API网关

API网关是服务调用的策略执行点。供调用的应用服务/数据服务应首先在API网关上注册，由API网关提供代理访问。当应用调用服务时，访问流量先到达API网关。API网关向策略管理器发起鉴权，鉴权通过后再向服务端转发访问请求，并返回具体结果。在部署API网关时，应确保业务应用先经过API网关进行鉴权操作。由于API网关部署在云平台上，因此可通过设立EIP（Elastic IP，弹性公网IP）地址并配置策略路由的方式，强制访问流量先到达API网关。此外，API网关可同时提供API安全防护能力，监测和防护针对API的攻击行为，确保API访问安全。

（2）策略引擎

此场景的策略引擎作用与应用访问场景的策略引擎作用相同，唯一区别在于，在此场景中，终端Agent部署在业务应用虚拟机上，用于感知虚拟机的环境安全。因为大部分业务应用虚拟机的安装环境为Linux操作系统，终端Agent需要支持多操作系统环境部署。

（3）策略管理器

策略管理器部署方式和作用与应用访问场景的相同。

3. 跨网数据交换

数据中心的大数据区需频繁与外网进行数据交互，对各类型数据进行接入、范式化、治理等操作后，通过数据服务对外提供信息比对、数据共享等大数据实战能力。由于不同网络的安全等级不同，数据中心通常通过数换交换系统与外网进行数据交换。跨网数据交换部署如图5-20所示。

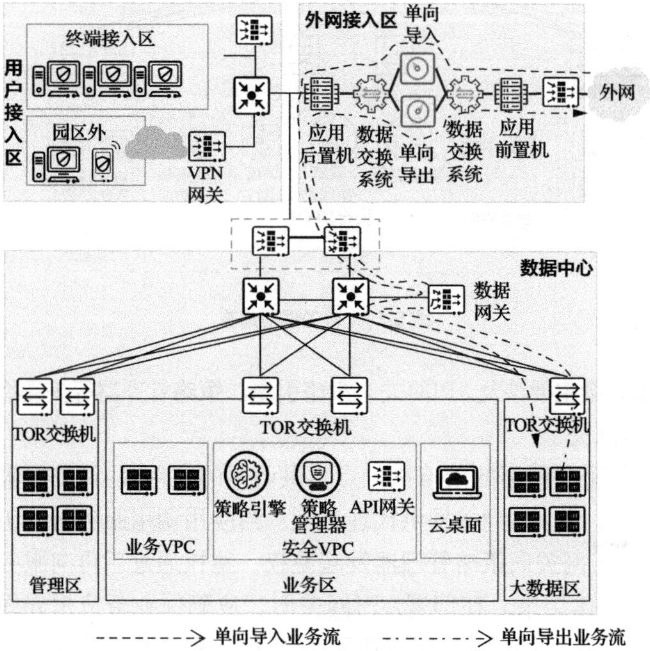

图 5-20　跨网数据交换部署

跨网数据交换方案主要涉及数据网关、策略引擎、策略管理器等关键组件的部署。

（1）数据网关

数据网关通常部署在数据中心的边界，在实际部署中，建议旁挂在数据中心核心交换机上。数据网关作为策略执行点，对文件交换、数据库调用、消息队列等数据交互行为进行访问控制。因此，需要确保所有流量都经过数据网关，建议通过策略路由的方式来实现。

（2）策略引擎

在此场景中，需要在外网接入区的应用后置机上部署终端Agent，用于感知应用后置机的安全环境，并将信息传递至策略引擎进行信任评估。

（3）策略管理器

在此场景中，访问令牌的承载方式是访问控制能否顺利执行的关键。在IPv4（Internet Protocol version 4，第4版互联网协议）环境里，可在文件头、数据库注释字段、消息队列的消息头中插入访问令牌，详细内容参见4.3节。这种方式能在一定程度上解决跨网数据交换场景下的访问控制难题，但对业务应用和大数据平台提出了较高的改造适配要求，因此无法大面积推广。如果数据中心采用IPv6（Internet Protocol version 6，第6版互联网协议）网络，可将访问令牌放在IPv6的扩展字段中进行携带。这样做的好处是，将访问令牌下沉到网络层，上层应用无须改造，降低了零信任部署和应用的难度。

4. 运维管理

在政务专网大数据中心场景中，建议在业务平面之外，通过建立独立的运维管理网络进行运维管理操作，使运维管理流量与业务流量分离。运维管理网络由运维管理区连接用户接入区、外网接入区和数据中心的管理交换机组成，运维管理部署如图5-21所示。

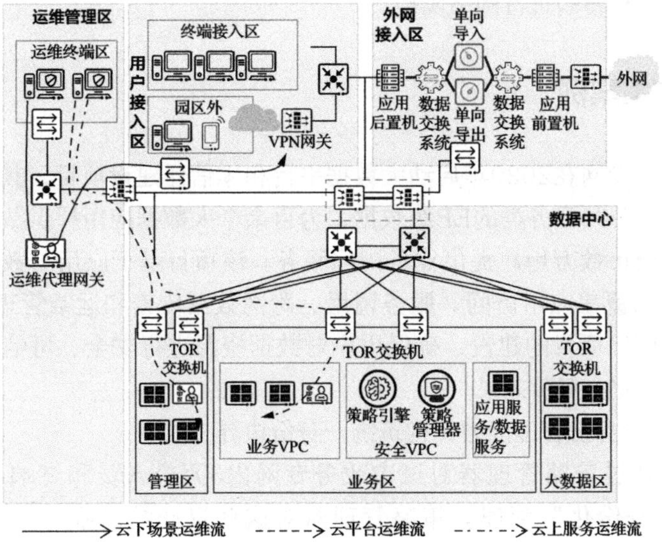

图 5-21　运维管理部署

运维管理方案主要涉及运维代理网关、策略引擎、策略管理器等关键组件的部署。

（1）运维代理网关

在进行运维操作时，运维用户需先访问运维代理网关。由于被运维对象覆盖用户接入区、外网接入区、数据中心云平台及云上租户的业务，通常会有多个运维代理网关部署在不同的区域，且运维代理网关需要支持硬件、虚拟化、服务化等多种部署方式。例如，通过部署在运维管理区的运维代理网关，可对用户接入区和外网接入区的网络设备、安全设备和业务系统后台进行运维操作；通过部署在数据中心管理区的运维代理网关，可对云平台进行运维操作；通过部署在云上某业务VPC内的运维代理网关，可对业务系统进行运维操作。

（2）策略引擎

在此场景中，终端Agent需安装在运维终端中，用于感知运维终端的安全状态。同时，策略引擎需采集运维代理网关操作日志，分析是否存在违规行为。

（3）策略管理器

由于运维管理网络属于特权网络，因此需要对其进行严格的网络访问控制，防止攻击者通过运维管理网络进行特权操作。通过策略管理器对运维终端进行网络准入认证，当运维用户存在异常行为时，策略管理器通知网络控制器，对该用户和终端进行网络隔离。

5.3.4 方案案例

某地政务专网在2020年启动大数据平台和零信任建设项目，其中大数据平台汇聚了全市公共服务类的EB级数据，为百余个大数据应用提供数据和服务支撑，并面向全市数万用户提供业务访问服务。该项目基于应用与数据分离的原则，建设范围覆盖应用访问、服务调用、跨网数据传输和运维管理4个典型场景。通过零信任项目的建设，确保用户对数据资源进行安全、可信、合规的访问，实现以下安全保障效果。

（1）建设身份管理能力，构筑统一身份边界

该项目通过策略管理器对该市政务专网内3万个人员和终端、应用等资产都进行“身份化”管理。策略管理器对这些资产给出唯一性标识，例如

给人员、应用颁发用户令牌和应用令牌，通过设备ID对不同的终端进行标识。资产作为主体时，会携带唯一标识进行业务访问，并依靠唯一标识进行访问控制。

（2）资源隐藏设计，缩小客体的风险暴露面

在该项目里，应用和服务均采用反向代理方式对外提供访问。应用地址在应用代理网关和DNS服务器上进行设置，通过应用代理网关进行反向代理。用户访问应用前，访问流量先经过应用代理网关进行校验。对外共享的API信息注册在API网关上，通过API网关配合云平台分配的EIP地址提供反向代理功能，使应用调用服务时，访问流量先经过API网关进行校验。资源隐藏设计极大地减少了资源的风险暴露面，使资源仅面向有访问权限的主体开放访问。

（3）基于风险状态动态调整权限，进行细粒度访问控制

策略引擎持续采集终端环境、网络流量和用户行为等环境属性信息，并进行风险评估。当策略引擎判断人员或终端在访问过程中风险过高时，会联动策略管理器动态撤销人员和终端的访问权限，避免越权访问导致的敏感信息泄露。此外，该项目的策略引擎可对该政务专网的3万个人员和终端进行风险评估，能在数秒内发现高风险行为并进行策略处置。

5.4　智能制造零信任实践

5.4.1　行业现状及痛点

包括半导体、高端装备制造业在内的智能制造行业，因其业务的高价值，已经成为利益驱动攻击的重要目标。智能制造的生产业务具有封闭性、复杂性和专业性等特点，作为智能制造生产网的工业互联网，其安全与传统IT安全相比，面临着更加严格的技术限制和更特殊的约束条件。在工业互联网场景下，无法直接使用成熟的IT安全技术与方案。

工业互联网的安全具有如下特点。

第一，工业互联网所面临的威胁强度和攻击频率远超传统的办公IT网络，其被攻击后的损失以及恢复的难度更是远超办公IT网络。根据在工信部网络安

全管理局的指导下发布的《中国工业互联网安全态势报告（2020年）》，当前造成最大损失的威胁，是勒索软件、0day漏洞利用等高级威胁向工业系统的渗透。据统计，自2018年以来，几乎所有曝光的重大勒索事件都集中在生产制造行业的生产网，涉及半导体芯片、电子制造、油气管道等。包括台积电、LG、三星在内的诸多知名企业都曾经遭遇勒索攻击，造成生产线停工、大量机密数据被窃取、股市暴跌等严重后果。某国甚至曾因为其油气管道供应商被勒索软件攻击，整个国家进入紧急状态。

第二，与传统的IT业务不同，工业互联网内的生产业务具有极强的封闭性与专业性，以至于常规的IT安全手段在生产网内无法部署。智能制造行业对生产业务的连续性具有极高的要求，以半导体芯片制造业务为例：生产业务每中断一小时，损失为数百万元。任何网络时延抖动，都有可能造成制造工艺中的不明风险，因此常规防火墙等网络安全设备在关键生产系统内无法使用。对于重要的资产，如光刻机、MES（Manufacturing Execution System，制造执行系统）等，绝对禁止部署系统补丁、杀毒软件和第三方软件等侵入式安全技术，以免造成重启、时延、系统工作不稳定等不明风险。如果强行安装，轻则丧失原厂保修服务，重则造成生产线中断事故。生产业务是核心业务，越是核心业务，越禁止触碰，越无法防护。因此，工业系统内不具备常规威胁防御方案的实施条件。在生产网内，充其量只能部署对业务完全无影响的旁路部署的“非侵入式”安全检测方案，而无法进行“贴身”防护。

第三，工业互联网中的安全防御已经存在一定的基础，通常部署有工业漏洞扫描系统、工业防火墙、工业威胁情报等专有防护设备。然而，这些以现有互联网与工控安全技术为基础的威胁防御方案无法达到生产业务要求的安全保障强度。这也是由生产网的架构和业务特点决定的，原因如下。

- 互联网是基于统一架构的开放系统，威胁情报全网通用。工业互联网的架构与威胁各不相同，协议封闭，威胁独特，通用的威胁情报基本没有价值。
- 工业互联网内不具备构造纵深防御安全体系的条件。而且，由于关键生产装备往往需要原厂提供远程运维、原厂控制工艺流程，生产业务也需要与上下游合作厂商交换生产数据，没有办法完全做到物理隔离。

第四，高端的生产制造企业，在安全解决方案建设时面临严重的BCM（Business Continuity Management，业务连续性管理）风险。国内的高端制造业在国家“智能制造2025”中处于核心地位，不但是攻击、勒索的主要目标，还是国家间进行战略竞争的重点。近几年，国内的半导体行业整体已经处于“实体清单”内，因而无法使用包含敏感技术的安全产品与方案。

综上所述，因工业互联网具有系统漏洞开放、安全补丁部署受限、威胁情报价值低等特点，其存在未知的不确定风险。当前，工业互联网很难通过消除威胁来实现安全防御的目标。

5.4.2 需求分析

在工业互联网的安全中，如下两点需求是用户十分关注的，必须首先得到满足。

- 生产业务的连续性：工业互联网安全的价值之一就是在高等级安全风险条件下，确保生产业务的正常运行，不会发生业务中断、指标降低、行为异常等各种不安全事件。至于安全解决方案本身，则无论如何也不能对生产业务的连续性产生任何不利影响。
- 关键数据的安全性：智能制造行业的企业一般是高科技企业，图纸、生产数据本身与关键生产设备一样，都是极有价值的资产，在风险条件下保证数据安全同样至关重要。

工业互联网的安全需求，就是要在工业生产系统的“漏洞开放、防护缺失”等各项安全限制条件之下，设法在工业生产系统内构建对抗并承受“勒索软件、0day漏洞利用、权限窃取”等高级威胁的能力，从而保证“生产业务的连续性、关键数据的安全性”两个核心安全目标的实现。

考虑到工业互联网的业务特点，有如下两种攻击模式给生产业务的连续性和关键数据的安全性带来了严重的挑战。

攻击模式1：攻击者以哑终端设备作为跳板进入高价值的生产网，从而实现破坏生产业务的连续性或者窃取数据的目的。这些攻击包括恶意设备接入、设备替换、设备0day漏洞利用等。

攻击模式2：攻击者盗用合法的登录凭证，以合法身份进入系统。或者通过有时效的权限合法地进入系统，并借助合法的权限进行数据盗用、病毒释放、资源滥用等非法攻击活动，实现破坏生产业务的连续性或者窃取数据的目的。

当前常规的NAC（Network Admission Control，网络准入控制）、防火墙、杀毒软件、入侵检测等技术无法检测或者防御以上两种攻击模式。那么，在生产系统“漏洞开放、高强度威胁存在、防御能力缺失”的前提下，如何在不“触碰”现有生产业务的情况下，对工业生产系统实现高强度的安全保障？这必须扩展安全观念，在工业互联网安全保障体系建设中引入“零信任”这种不以检测和防御威胁为手段的安全保障思路。从尽力而为的防御，转向对工业生产业务的确定性保障。也就是说，要把工业生产网的安全目标，从成功检测并防御威胁，变成让系统能承受高强度的攻击威胁。即使系统被攻破，也必须避免对业务产生破坏性影响。

5.4.3 场景化方案

在工业互联网现有的安全架构中，安全保障技术主要部署在生产区边界。部署在生产区边界的安全区域称为前置隔离区，它的目标是阻止外部的高级威胁和非法用户进入生产网，在不触碰生产业务系统的前提下对生产内网提供网络安全防护功能。前置隔离区隔离了生产网与外界的所有通信与信息交换，充分利用前置隔离区内的数据传输系统、堡垒机、安全沙箱、异常流量检测、网络诱捕系统等安全技术，可以在威胁进入生产区之前对其实现检测与清除，从而实现对生产网业务的“非侵入式”安全防护。基于前置隔离区的安全解决方案，不在生产网内部署任何串接的安全设备，不安装任何安全软件，不进行工业协议的内容分析与威胁检测，而是致力于保证关键生产业务行为的确定性与可预期性。

然而，在工业互联网日益受到更多攻击的大趋势下，仍然存在着较多上述安全防护无法规避的风险，如设备仿冒、0day漏洞利用攻击、身份窃取等。为了解决这些问题，需要在工业互联网原有安全架构中引入零信任架构，利用零信任中的微分段、动态行为可信验证等技术，防御常规威胁检测技术难以识别的高级威胁。零信任安全解决方案通过自学习的方式对生产业务进行自动建模，为生产设备的正常行为、流量等设定基线，并进行持续检测。一旦检测到生产业务的行为偏离了基线，可及时通过既定的安全策略进行自动处置，如通知管理员、阻断异常流量等，从而在陌生与高度不确定的风险下，保证生产业务的动态安全。

工业互联网零信任安全解决方案架构如图5-22所示。

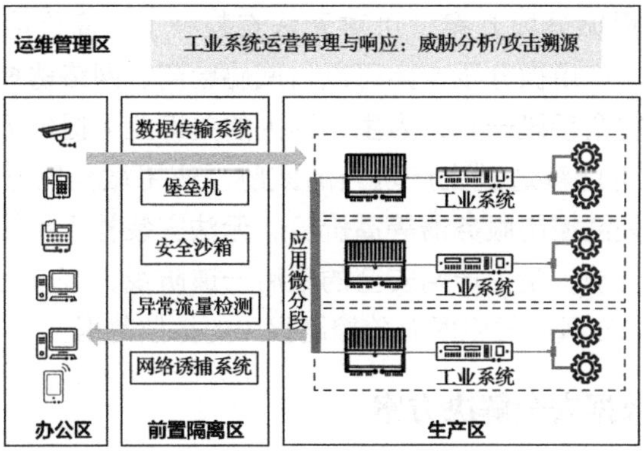

图 5-22　工业互联网零信任安全解决方案架构

1. 应用微分段方案

在生产网内，各种专业设备上无法安装终端认证或者环境感知软件，无法使用传统的边界防护手段。为了有效应对穿透前置隔离区进入生产网的剩余威胁，建议在生产区内不同的业务边界部署应用微分段方案，其核心思想与3.3节中提到的微分段相同。

应用微分段建立在不同业务的边界，防止各种威胁在业务资源之间扩散，相当于关键生产业务的“水密舱”。应用微分段并非简单地通过在生产内网部署基于五元组ACL来阻断通信，而是基于对网络行为的分析，把基于4～7层协议的深度检测和攻击识别能力从网络边界引入内网，进行生产网协议分析与高级威胁的检测。这种能力可以有效阻断混杂在合法通信中的攻击报文和恶意流量，从而保证内网关键资源在正常提供通信服务的同时，有效阻止攻击的扩散与破坏。应用微分段方案部署如图5-23所示。

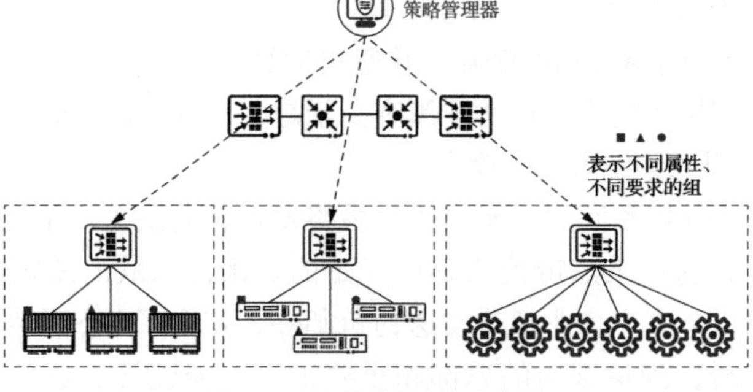

图 5-23　应用微分段方案部署

通过部署应用微分段方案，可对无法安装补丁的高价值资产提供端口级的网络安全防护。应用微分段方案可以与威胁检测、网络诱捕等基于旁路流量的“非侵入式”安全手段一起，为生产网内的关键业务提供更加完善的安全防护，以应对各种可能渗透进生产网内的威胁。应用微分段方案适用于对光刻机、重要机台、关键控制服务器等高价值、无法安装补丁和终端安全软件的重要资产进行安全防护，是生产网安全的最后一道防线，可以有效保证生产业务的安全底线，在未知风险发生时有效控制损失的扩散范围。

2. 零信任数据安全解决方案

在介绍零信任数据安全解决方案之前，先来看一个真实的勒索攻击案例。

2019年底，某电子制造企业A公司分布在国内多地的工厂同时遭到勒索软件攻击，包括员工工资单在内的大量核心数据被加密，异地部署的几个备份数据库、AD控制器、日志服务器上的数据也遭到了有针对性的破坏。被加密的数据无法恢复，A公司的业务遭到不可恢复的损失。由于黑客行踪相当隐蔽，在攻击发生后，攻击溯源难以有效开展。整个攻击过程回溯如下。

- 黑客渗透进A公司网络，并陆续盗取了其国内7个工厂中的所有办公网、生产网的重要数据，包括若干重要的账号与口令。当然，A公司完全没有感知上述攻击活动。
- 黑客发现，A公司具有访问知名企业H公司MES的合法账号。鉴于H公司比A公司更有名，黑客利用其掌握的A公司的合法账号，尝试登录H公司的MES，试图扩大战果。
- H公司通过用户行为基线检测功能，发现A公司的某个账号登录行为有异常，存在短时间内异地登录、登录时间异常和越权访问等行为。
- 同时，H公司通过网络诱捕系统发现了A公司特定账号的访问记录，由此确认该账号属于恶意账号。
- H公司封禁了A公司的账号，并通知A公司。
- A公司在排查过程中惊动了黑客。于是，黑客加密关键数据，留下勒索信息，以勒索结束此次攻击。

经过艰苦的分析和回溯，安全人员最终发现，此次攻击是从A公司海外分支机构的一个普通员工点击钓鱼邮件开始的。来自东欧的黑客团体先定向对中国和东亚的几个生产企业邮箱发送钓鱼邮件，盗取了A公司某普通员工的账号，再逐跳渗透，到达国内的总部和重要工厂。经过长达半年的信息收集工作，黑客确定了高价值目标。

从这个案例中可以看出，在开启真正的勒索攻击之前，黑客可以通过各种手段盗取账号等合法权限，攻击针对性很强。同时，黑客盗取账号后完全基于正常账号的正常权限进行正常操作，没有表现出任何的违规行为。并且，黑客的网络、系统活动都非常少，可供分析的数据极少，隐蔽性很强。在上述案例中，若不是黑客不小心进入网络诱捕系统（其间依然没有执行任何违规操作），黑客的所有表现与正常用户一样。

针对这些攻击特点，为了应对基于权限窃取的数据安全风险，在原有网络安全解决方案基础上，结合零信任理念，对用户访问不同应用/数据的行为，根据安全等级进行精细化授权和细粒度访问控制。同时，加强对用户的身份鉴别，根据环境感知结果动态评估安全性，及时阻断异常行为。零信任数据安全解决方案架构如图5-24所示。

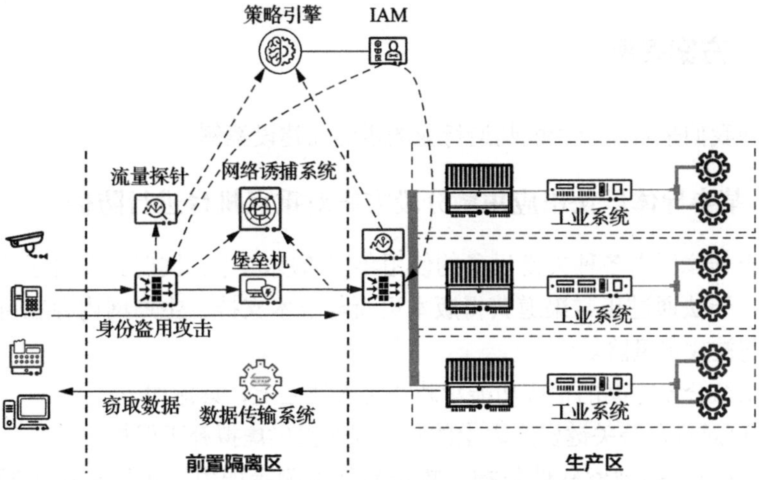

图 5-24　零信任数据安全解决方案架构

此方案架构关键点如下。

- 攻击者会仿冒摄像头、打印机等哑终端设备接入网络，再以哑终端为跳板渗透攻击关键系统。基于IP地址、身份的NAC等认证与安全访问控制机制存在不足，无法抵御此类身份冒用和越权操作。针对这种攻击，需要部署终端防仿冒与网络准入技术，根据哑终端类型与行为特征，拒绝仿冒终端接入网络。
- 部署持续风险评估的安全访问控制方案。针对用户身份被冒用之后的隐蔽攻击，零信任策略引擎提供基于正常业务模型的行为基线检测能力，可以检测合法账户的异常行为。

- 针对黑客攻击活动“长期潜伏、一击必中、难以检测”的特点，部署网络诱捕系统，引导攻击者向虚假资源发动攻击。基于诱捕技术检测到的事件，可以判定哑终端设备是否已经失陷。

在贯彻了零信任思想的数据安全解决方案中，应用需要进行配套改造，与策略管理器对接；数据需要得到安全治理，设置不同等级的安全标签。零信任策略引擎在进行风险评估时，综合考虑用户身份鉴别结果、终端安全基线数据、基于网络行为和用户行为的异常检测数据等，结合传统的基于机密信息传输监测的DLP方案，可以实现可靠的数据安全保护。

总之，零信任数据安全解决方案以增强的身份认证为基础，结合业务流量基线检测及用户行为异常检测，可有效保护关键数据的安全。

5.4.4 方案案例

下面我们来看两个智能制造行业的零信任建设案例。

1. 某半导体厂使用应用微分段方案对重点机台进行防护

该半导体厂内各种关键设备的使用年限跨度30年，同时企业处于“实体清单”内，无法通过正常渠道获得版本更新与技术支持，生产网内存在巨大的漏洞开放与被攻击风险。

应用微分段方案的相应功能承载在防火墙之上，具体如下。

- 可对机台等关键资产之上的开放漏洞提供虚拟补丁保护。
- 具备未知勒索软件防护、攻击事件检测等能力，可以自动阻断攻击流量，防止攻击扩散，保证网络合法通信。
- 实现安全策略统一管理，支持使用组策略管理具有不同安全要求的机台。

在该半导体厂内，关键机台供货商需要经由互联网直接连接特定机台进行运维操作，此时会给正在运行的生产网带来极大的渗透威胁以及数据窃取风险。通过部署应用微分段方案，可以确保机台供应商只能通过加密通道对生产网内特定的机台进行操作，同时对供应商要访问的机台设置特定的微隔离策略。此时，即使供应商在机台运维中发生威胁渗透或者进行非法操作，也无法随意访问生产网中的其他资源，不会对运维机台之外的资产造成影响。

2. 零信任数据安全解决方案

某大型智能制造基地部署了智能制造零信任数据安全解决方案。该方案曾检测并阻止了利用固件的0day漏洞植入攻击代码的高风险事件，成功避免了攻击带来的损失。

该制造基地的扫码枪、AGV（Automated Guided Vehicle，自动导引车）等设备都是基于无线网络连接的，此类设备都采用专用的嵌入系统，通常认为遭受攻击的可能性较小。一天，工厂中部署的零信任策略引擎产生告警，报告部分设备的网络行为与行为基线不符，管理员查看后发现某些扫码枪之间正在频繁地通信。管理员把出现异常通信行为的扫码枪下线，并启动分析。经过分析确认，这些扫码枪因为不明原因（后由厂商确认是0day漏洞）感染了未知的恶意程序，并被黑客控制，试图将作为跳板攻击内部的高价值系统。因事件发现较为及时，这次攻击没有对业务造成实际损失。

同样是在这个制造基地中，零信任数据安全解决方案还曾经识别到供应商账号泄密事件。零信任策略管理器上报了用户访问行为，零信任策略引擎通过分析发现用户行为异常，并进一步定位到疑似有问题的账号。结合从网络诱捕系统获得的用户行为信息，准确识别出异常账号，及时采取措施，在攻击者造成实质破坏之前阻止了此次攻击活动。

5.5 运营商 5GtoB 零信任实践

5.5.1 行业现状及痛点

5G是实现万物泛在互联、人机深度交互、组织数字化转型的重要新型信息基础设施。5GtoB是指5G进入千行百业，使能和服务于行业的数字化、智能化转型。5GtoB在政务、电力、应急、港口、煤矿、钢铁等垂直行业已经有了大量的成熟应用，应用场景从移动互联网逐步拓展到智慧城市、公众服务、社会治理、移动办公、工业制造、能源等众多影响国计民生的重要领域。5GtoB在无人化、少人化、员工安全、生产自动化等方面发挥了重要的价值，结合云和AI等智能化技术，帮助政企客户实现降本提效。

5GtoB必然面临着5G移动通信网和各垂直行业传统固定网络的融合（简称“固移融合”）。根据欧洲电信标准组织的定义，“固移融合是一种能提供与接入技术无关的网络能力”。固移融合专网允许用户从任何（固定或移动）终端上，通过任何兼容的接入点，访问完全相同的业务，包括漫游时也能享用相同的业务。各垂直行业专网逐步从固定受控接入的网络走向移动灵活接入的固移融合一张网，相互隔离的业务网络打破了传统的物理边界，实现互联互通。固移融合网络框架如图5-25所示。

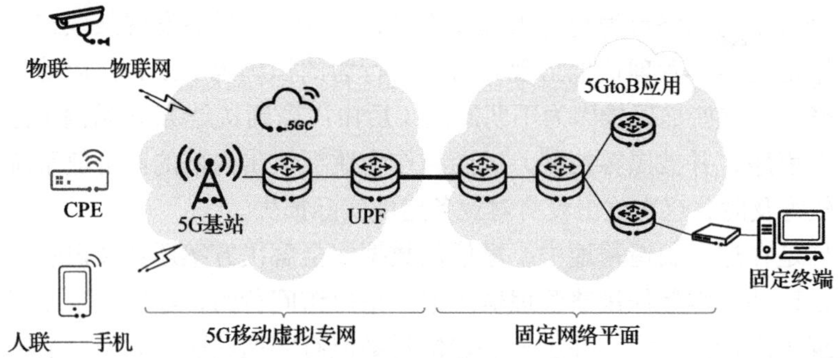

图 5-25　固移融合网络框架

固移融合是新一代企业网络发展的趋势。每个行业不仅有各自的场景，而且有不同的网络安全监管要求和网络安全防护体系。固移融合过程中面临大量的安全挑战和痛点。

1. 室外等公共场所存在移动终端私接、仿冒、非法窃听、截获和篡改的风险

移动终端大多从室外分散接入，相比传统企业固定网络，安全风险呈几何级放大，主要为私接、仿冒、非法窃听、截获和篡改的风险。

恶意终端非法接入5GtoB固移融合专网，可能造成企业的固移网络资源被抢占，影响网络和业务质量。当前，各个行业客户普遍缺乏面向5G的终端准入机制、标准和方案。攻击者很容易实施攻击入侵，严重时会导致企业重要信息基础设施不可用，甚至影响政企的正常运行。

5G使用标准的通信技术，并不能解决协议或者应用带来的网络安全问题。在固移融合专网中，移动应用的安全威胁可能蔓延到传统固定网络平面的应用。固移融合后，不同网络间的边界变得模糊，网络覆盖广，攻击面大，攻击

途径多，传输的信息更容易被非法窃听。

2. 移动通信平面的安全普遍依赖运营商，缺少行业管控标准和方案，存在失控风险

虽然5G等基础设施由运营商提供，但网络安全的第一责任人依然是行业用户自身。在5GtoB的建设过程中，运营商更多的作用是提供连接服务和制作发放SIM卡服务，并不解决各垂直行业的5G终端和数据在网络中的安全防护问题。行业用户需要基于3GPP（3rd Generation Partnership Project，第三代合作伙伴计划）、网络安全法、等级保护、行业监管等的要求，建立满足行业场景的二次安全管控体系。从管理上开展行业标准制定、顶层设计规划、运营商协同等；从技术上开展SIM卡二次认证、移动设备管理、机卡绑定等工作，确保行业客户对移动专用终端、移动通信网络和固定网络的统一管控。

5.5.2 需求分析

终端异常或中病毒后接入企业网络而影响其他终端或业务，造成企业数据泄露甚至停产等安全事件时有发生。传统的移动接入网络安全防护方案主要采用VPN、防火墙等边界网关技术，其实现原理都是一次认证、长期有效。这就可能被获取了该凭据的外部攻击者和企业内部企图越权访问的员工所利用。行业客户急需自主管控移动终端接入安全，在固移融合的边界部署终端5GtoB零信任接入安全解决方案，其网络安全防护需求如下。

1. 减少暴露面，隐藏关键应用和数据以及动态访问权限的需求

固移融合的企业网面临着传统安全威胁和新技术引入的安全威胁叠加交织的新态势，零信任安全防护是重要的破局之道。对标SDP零信任解决方案先进理念，结合固移融合的安全需求，构建从移动用户、移动设备到后台应用、后台数据等的全流程信任链，降低被非法窃听、截获和篡改的风险，提升固移融合后企业关键业务和敏感数据的网络安全保护水平。

2. 面向室外移动终端的防私接、防仿冒、防截获、防篡改等需求

运营商提供的5G AKA（Authentication and Key Agreement，认证和

密钥协商）认证、APN（Access Point Name，接入点名称）接入控制只满足了移动终端接入运营商侧网络的安全防护需求。在5GtoB固移融合场景下，企业侧需要同步规划安全解决方案以防止私接、仿冒。行业用户需要建设固移融合的网络安全防护体系，实现移动终端的IP地址规划和分配，实施5G终端接入行业专网的准入控制、精细授权、精准溯源、态势感知等安全措施，实现基于SIM卡信息的认证、准入、授权和审计。

在移动专用设备采集监测数据、移动终端远程控制工业设备、临时工作场所处理敏感信息、杆站联网服务交通出行、CCTV（Closed-Circuit Television，闭路电视）视频采集实现公共安全等场景中，都存在移动终端处理敏感数据的情况，而5GtoB固移融合专网普遍缺少数据保密性和完整性的能力，急需通过加密等技术手段确保数据保密性和完整性。

3. 满足不同垂直行业合规需求，确保移动终端可管、可控、可审计

固移融合专网应按照国家相关法律法规等安全要求进行安全规划、建设与运行。2016年4月，习近平总书记在网络安全和信息化工作座谈会上指出，“金融、能源、电力、通信、交通等领域的关键信息基础设施是经济社会运行的神经中枢，是网络安全的重中之重，也是可能遭到重点攻击的目标”“我们必须深入研究，采取有效措施，切实做好国家关键信息基础设施安全防护”。《工业和信息化部关于推动5G加快发展的通知》等文件中明确要求加强5G网络基础设施安全保障、强化5G网络数据安全保护、培育5G网络安全产业生态。

5.5.3 场景化方案

5G移动物联终端（如摄像头、执法记录仪、电力港口等垂直行业专用采集设备等）和5G CPE（Customer Premises Equipment，用户驻地设备）大部分以专用设备为主。上述移动终端接入行业网络时，主要采用DNN（Data Network Name，数据网络名称）逻辑隔离、VPN远程拨号、防火墙等传统静态防护技术，其实现原理都是一次认证、长期有效。这就可能被获取了该凭据的外部攻击者和企业内部员工越权访问甚至恶意攻击。零信任持续自适应的风险与信任评估的机制可以有效应对5GtoB的安全挑战。华为公司建议在固移融合的边界部署5GtoB零信任接入安全解决方案，其框架如图5-26所示。

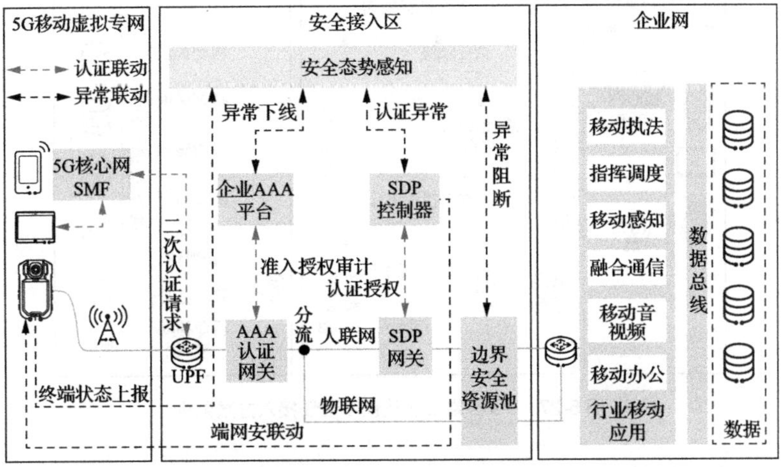

图 5-26　5GtoB 零信任接入安全解决方案框架

华为5GtoB零信任接入安全解决方案包括三重防护，支持运营商NSA（Non-Standalone，非独立）组网，兼容回落4G场景。

- 第一重防护：5G终端二次认证零信任接入方案，实现SIM卡级的终端准入、授权和审计。
- 第二重防护：在第一重防护的基础上，面向智能终端部署5G智能终端SDP零信任解决方案，实现基于“用户+应用”的准入、授权和审计。
- 第三重防护：在固移融合边界部署安全防护资源池方案，持续监测和分析异常访问流量。

1. 5G 终端二次认证零信任接入方案

利用运营商网络5G核心网能力，在固移融合边界部署5G终端二次认证零信任接入方案，实现基于SIM卡信息（国际移动用户识别码、国际移动设备识别码、移动台综合业务数字网号码）的认证、准入、授权和审计。运营商5G核心网和企业AAA（Authentication Authorization and Accounting，身份认证、授权和记账协议）平台联动，实现移动无感知接入认证。用户不需要再输入认证信息，全过程用户“零”感知，提高5G终端安全接入体验。该方案架构如图5-27所示。

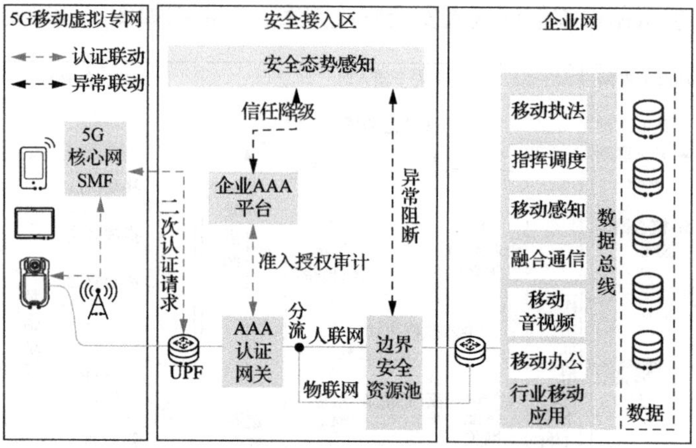

图 5-27　5G 终端二次认证零信任接入方案架构

（1）方案组件

企业AAA平台：对接运营商核心网，实现基于3GPP标准的二次认证和权限管理的平台。企业AAA平台可扩展支持IP地址管理、网管等功能，实现网络准入和网络管理的统一。

AAA认证网关：此组件为二次认证准入结果的执行器，执行企业AAA平台的准入、授权和审计等安全策略。AAA认证网关还可以集成防火墙的访问控制、入侵防护、网络防病毒、URL过滤等功能。

安全态势感知：此组件的主要功能是收集网络中海量的流量和日志数据，并通过大数据技术对这些数据进行存储、检测和分析，持续感知终端的动态风险。当识别出以APT攻击为代表的高级威胁时，下发阻断策略。

（2）方案简述

通过运营商5G核心网和企业AAA平台的配合，实现5G终端无感接入认证、授权和审计。初始情况下，将5G终端的国际移动用户识别码、国际移动设备识别码、移动台综合业务数字网号码等SIM卡信息和终端IP地址等终端信息导入企业AAA平台，并完成初始授权（亦可通过企业AAA平台自学习功能统计上述参数）。在PDU（Packet Data Unit，分组数据单元）会话建立前，按照标准3GPP流程，SMF（Session Management Function，会话管理功能）经过UPF（User Plane Function，用户面功能）和AAA认证网关，向企业AAA平台发起二次认证请求，基于DNN和SIM卡信息实现二次认证和鉴权。认证成功后，5G终端完成在AAA认证网关的单点登录，授权5G终端可访问的资源。

安全防护策略和安全事件告警中携带SIM卡等终端信息，实现精细化资产管理、访问授权和溯源审计，有效提升固移融合网络的网络访问准入能力，确保终端按照最小权限原则访问网络资源，提高整体网络的安全防护水平。

2. 5G 智能终端 SDP 零信任解决方案

在二次认证的基础上，针对人机交互频繁，处理敏感数据的手机、平板电脑等5G智能终端，可部署5G智能终端SDP零信任解决方案，实现基于用户和应用的准入、授权和审计。按照标准的SDP方案，移动应用默认隐藏在固移边界的SDP网关后面，由SDP控制器控制访问权限。5G智能终端完成SPA和SDP认证后，获得访问移动业务的权限。5G智能终端在移动通信平面中采用HTTPS隧道传输数据。该方案架构如图5-28所示。

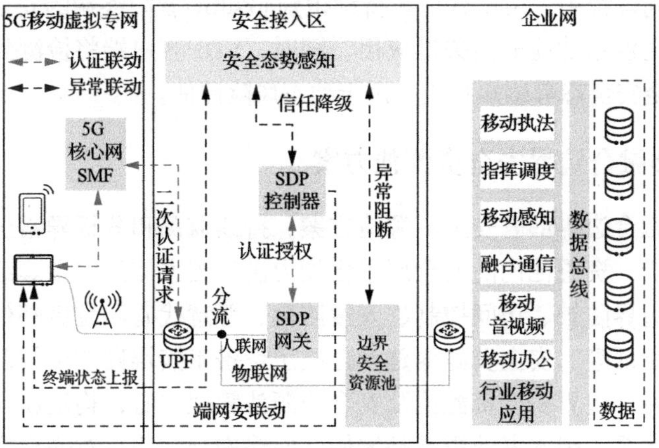

图 5-28　5G 智能终端 SDP 零信任解决方案架构

（1）方案组件

SDP客户端：SDP客户端安装在5G智能终端上，需要适配不同的移动操作系统。SDP客户端主要实现接入认证及入网安全检查、网络隔离和异常行为检测等功能。建议SDP客户端集成移动设备管理功能，实现从注册、激活、使用、监测到淘汰的设备全生命周期管理。

SDP网关：主要实现接入鉴别、访问控制和网络隐身等功能。通过将业务隐藏在SDP网关之后，可以有效收敛各级行业客户的业务暴露面，减少其被入侵的风险。

SDP控制器：实现应用申请和发布管理、客户端运维管理、基于评分动态授权、终端策略集中管理和下发等功能。SDP控制器可根据需要集成移动设备管理服务端特性。

安全态势感知：主要功能是收集网络中海量的流量和日志数据，并通过大数据技术对这些数据进行存储、检测和分析，持续感知终端的动态风险。当识别出以APT攻击为代表的高级威胁时，下发阻断策略。

（2）方案简述

手机、平板电脑等5G智能终端需要安装SDP客户端。SDP控制器集成移动设备管理功能，提供完整的移动设备全生命周期管理。5G智能终端按照SDP方案的标准流程，通过SPA、SDP认证后，SDP控制器下发可访问资源列表到SDP客户端。SDP客户端根据SDP控制器授权的可访问资源列表、SDP网关的开放IP地址、端口，与SDP网关建立加密隧道，穿越运营商网络，访问企业网资源。在访问过程中，SDP客户端持续识别感知5G智能终端的安全、可信环境信息，并启用沙箱功能隔离关键应用。同时，SDP客户端将检测到的风险和属性信息发送至安全态势感知系统，用于动态风险评估。

3. 固移融合边界安全资源池方案

在固移融合边界部署安全资源池方案，持续监测和分析异常访问流量，实现第三重防护。资源池内的安全原子化能力满足国家信息安全等级保护三级认证要求，即边界防护、访问控制、入侵防范、恶意代码和垃圾邮件防范、安全审计、可信验证等。安全资源池建设打破了设备串接堆砌的传统部署方式，通过部署固移融合边界安全资源池及安全资源池管理中心，构建新一代固移融合的安全防护体系。因本书的重点是零信任网络安全实践，对安全资源池方案不做详细介绍。

5.5.4 方案案例

2022年，某地政务专网启动政务外网固移融合专网方案建设。5GtoB零信任解决方案为政务业务带来如下价值。

- 实现终端网络准入：通过在政务外网中部署AAA服务器，对接5G核心网设备。在运营商主认证的基础上实现企业对接入终端的二次认证，实现基于SIM卡信息的认证、准入、授权和审计，在IP粒度的基础上实现更细粒度的安全防护。

- 零信任终端接入：在二次认证的基础上，部署5G智能终端SDP零信任解决方案，基于SDP认证、应用隐藏、隧道加密等安全特性，实现移动办公的零信任安全防护。
- 基于SIM卡信息实现溯源审计：审计记录5G终端访问政务外网的行为，以进行安全审计或者满足合规的要求。在跨运营商场景和动态IP地址接入场景下，可以基于SIM卡信息定位到唯一的终端。
- 终端动态风险感知：在二次认证和SDP认证信任评估的基础上，通过与安全态势感知系统配合，可以动态评估终端的风险状态，并对异常终端进行响应处置。

5GtoB零信任体系建设跟其他零信任方案的不同在于多了运营商移动平面的建设。不同行业的管控粒度和不同运营商的能力存在一定差异。因此，在建设过程中必须明确零信任只是一种安全理念，本质上是一种动态调整访问控制策略的安全体系，并没有标准答案。作为5G的领导者之一，华为公司联合运营商、行业客户、产业伙伴等，在项目中积累了丰富的实践经验。

- 5GtoB零信任解决方案一共分为两类：面向5G终端的二次认证零信任接入方案和面向5G智能终端的SDP零信任解决方案。两个方案在实现原理上有一定差异，但是方案中都用了企业AAA平台、安全态势感知系统等组件。建设5GtoB统一零信任方案是一个不断探索、完善的过程。
- 在5GtoB零信任体系建设过程中，运营商既是5G连接的纽带，也是5GtoB安全防护的枢纽。华为作为运营商和企业网的双重合作伙伴，建议多方协同，按照统一标准规范、统一安全防护、统一运营运维的原则，打造端到端的“接入可管、传输可控、会话可视”的全场景5GtoB安全防护方案。
- 通过零信任方案的不断落地，在保障网络安全的前提下，打消垂直行业使用5G的安全疑虑。5GtoB零信任解决方案要适应行业信息化的发展需求，支持业务移动化、扁平化、多样化、融合化、智能化，开展覆盖更广泛、传输更高效、内容更丰富、操作更智能、信息更安全的固移融合应用。

5.6 本章小结

金融行业的零信任安全建设正在从以网络为中心向以数据为中心转变，其主要场景包括内网接入、远程接入、物联接入和API安全。在不同场景下，可分别采用内网接入零信任方案、远程接入SDP零信任方案、物联接入零信任方案、API安全零信任方案来实现安全防护。

智慧城市零信任方案以身份为中心，实时感知办公终端和物联终端的安全环境变化，通过多维环境信息（如终端风险、网络流量、行为日志等）的风险评估，动态调整实体的信任等级，并据此实时调整访问权限，保障用户业务全流程安全、可控。智慧城市零信任方案主要包括政务办公和城市物联两个典型场景。

政务领域零信任方案以身份为中心，通过对人、设备、应用进行统一身份化管理，确保主体身份可信，重构可信身份边界。基于终端、网络、用户行为等多维属性进行持续信任评估，实现动态访问控制。访问控制粒度覆盖应用级、功能级、接口级、数据级等。该方案可应用于政务大数据的应用访问、服务调用、数据交换、运维管理等典型场景。

智能制造行业因其业务的高价值，以及其封闭性、复杂性和专业性等特点，面临着更加严格的技术限制和更特殊的约束条件。应用微分段方案可以有效应对穿透前置隔离区进入生产网的剩余威胁。零信任数据安全解决方案针对基于权限窃取的数据安全风险，对用户访问不同应用/数据的行为，根据安全等级进行精细化授权和细粒度访问控制，全方位保护生产网安全。

5GtoB场景面临着5G移动通信网和各垂直行业传统固定网络的融合，需进行多重防护。5G终端二次认证零信任接入方案可以实现基于SIM卡级的终端准入、授权和审计。对于智能终端，可以部署5G智能终端SDP零信任解决方案，实现基于“用户+应用”的准入、授权和审计。此外，还可以部署固移融合边界安全资源池方案，持续监测和分析异常访问流量。

第 6 章　如何实施零信任

零信任纵然有众多好处，但每个用户所面临的环境均不相同，实施零信任看起来仍然挑战较大。零信任的实施落地跟传统的网络安全项目相比有很大差异，传统的网络安全项目只负责安全相关的部分，跟企业的业务和流程相对独立；而零信任安全项目的实施则跟企业的业务和流程深度耦合。因此，实施零信任并不是短期的项目，而是长期的运营。做好实施规划，充分认识到困难和挑战，将问题逐个解决，才能成功地实施零信任。本章介绍实施零信任所面临的挑战、实施零信任的关键环节和零信任能力度量。

| 6.1 实施零信任所面临的挑战 |

从理念和技术架构来看，零信任给企业安全能力带来的提升是显著的。然而，各行各业对全面“拥抱”零信任普遍抱有畏难情绪，零信任项目案例仍然集中在零信任远程访问的简单场景。主要原因在于，零信任的实施具有很强的挑战性。不过，零信任已经成为业界的“流量热点”，众多厂商都在发布零信任相关的产品和解决方案。但由于国内安全行业的发展水平参差不齐，很多号称零信任的产品和解决方案只是在传统的安全产品上换了“皮肤”，并不能实现真正的零信任效果。这进一步给零信任的实施带来了困难。

我们对参与过的几十个零信任项目进行梳理，总结出企业在实施零信任过程中，常常会遇到的一些技术类和管理类问题。

1. 高层领导支撑力度不够

我们之所以将高层领导支撑力度放在零信任实施挑战的首位，是想表达“获得高层领导的充分支持”是确保零信任能成功实施的关键前提。但回顾近几年我们所经历过的零信任项目，能做到这点的高层领导凤毛麟角。几乎所有未达到预期的零信任项目，都跟得不到关键高层领导的支持和配合有直接关系。

零信任的建设和运营是长期的系统工程，涉及企业内部的多个领域（如安全领域、网络领域、IT服务运营领域、业务开发领域、供应链领域等）。而且每个企业的组织架构与职责分工不同，并不一定完全由安全部门来负责零信任的实施工作。例如，我们曾参与的某政府零信任安全项目，就是由业务部门来主导零信任体系建设的。无论由哪个部门主导，如果仅仅依靠单个部门的力量，都很难把零信任的项目实施好。因此需要获得关键用户，特别是高层领导的支持，各个部门通力合作，才可能确保零信任项目实施成功。

案例：我们用自己亲身经历的两个零信任项目来举例。为了表述方便，将这两个项目分别称为项目A和项目B。项目A和项目B均为政务领域的项目，都需要对某业务进行零信任升级改造，二者的业务诉求基本一致。在进行项目实施时，项目A成立了专项工作组，召集网络、安全、云平台、应用等部门主管进入工作组，并由主管信息化的副局长亲自挂帅，每周召开项目例会，对项目的进度、实施效果和遇到的困难进行讨论，及时制定解决方案，最终保障项目提前交付，并获得行业主管部门的嘉奖。项目B的主要负责人为安全部门主管，缺乏跟网络、应用等部门的沟通机制，因此在进行现状调研、应用对接等工作时，处处掣肘，各部门相互推诿，导致项目不仅进展缓慢，落地效果也不佳。

2. 难以融入已建设的IT基础设施

在本书前文中，我们多次提出：零信任不是创造新架构，而是对多类已经成熟的信息化技术进行集成和融合。但是，在一些零信任项目里，对于企业已建设的IT基础设施，因为缺乏标准化接口进行功能集成，企业已建设的某些能力无法应用在零信任方案中，不仅无法实现1+1>2的效果，甚至还会造成重复投资、资源浪费等。

案例：某企业召开的零信任主题座谈会上，该企业的网络主管、安全主管、业务主管都不约而同地对零信任持悲观态度。该企业曾经在2020年上线零信任安全项目，主要用于对应用和数据进行保障，面向企业员工提供零信任网络接入和应用访问。业务上线后，逐渐暴露出一些问题，给用户带来很大的困扰，具体总结为以下3点。

第一，跟现有的安全能力冲突。因为需要对终端环境进行安全监测，该项目要求在所有终端设备上安装监测客户端。在运行过程中，监测客户端频繁跟员工前期已安装的终端安全管理软件发生冲突，误报安全事件，让安全运维团队疲于应付。

第二，使用体验差，跟员工习惯冲突。该项目要求在终端设备上安装认证客户端，以完成零信任接入认证。一方面，认证客户端的操作系统兼容性较差，频繁出现认证客户端安装失败和运行失败问题，带来极差的使用体验；另一方面，这种认证方式要求企业员工改变访问应用的习惯。实施该项目之前，企业员工可以直接打开浏览器访问应用；实施之后，企业员工需要先登录认证客户端进行认证，再打开浏览器访问应用。

第三，跟企业已有IT基础设施冲突。在实施该项目之前，该企业已经部署IAM系统。但是，由于零信任方案的策略引擎和策略管理器与策略执行点深度耦合，始终无法通过标准化接口与企业已有IAM系统集成。应用改造过程是长期的，在很长的时间里，企业需要同时维护两套IAM系统，应用需要跟新、旧两套IAM系统分别集成对接，极大地增大了实施难度。

3. 难以和应用进行对接，影响用户使用体验

应用对接是零信任避免不了的问题，也被公认为零信任实施的难点。业务上云和利用大数据能力提供服务已经成为趋势，要求应用按照分层解耦的方式进行改造，应用的不同组件和所使用的服务运行在云平台的不同服务层。因此，应用对接十分考验零信任实施团队的综合技术能力，其需要对网络、云计算、大数据、应用开发架构等知识有比较深刻的理解，才能打好应用对接的基础。但是，当今绝大部分零信任项目都由安全厂商来主导，其往往缺乏这种综合能力，给应用对接造成了障碍。此外，虽然基于SOA的Web应用成为主流，但现网仍运行着许多基于私有协议的C/S架构，给应用对接带来了更多的困难。

在用户体验层面，对用户来说，最好的使用体验就是在保障安全的同时，感知不到安全的存在。但是，零信任需要嵌入企业的网络、应用和业务流程中，无法做到完全不改变用户的使用习惯。如果用户访问应用的过程变得复杂，会严重影响用户使用体验。因此，如何在提供零信任能力的同时，尽可能地适应用户原有的使用习惯，成为极大的挑战。

案例：某企业由安全部门主导建设零信任方案，且该项目获得了公司高层的支持。该项目需要对接30个业务应用，其中B/S类应用20个，C/S类应用10个。在对接过程中发现，无论是B/S类应用，还是C/S类应用，均存在较差的对接和使用体验，其原因总结如下。

第一，零信任实施团队对应用开发架构、大数据和服务化等技术理解不足，没有给出统一的零信任集成对接规范。这既增大了应用厂商对零信任集成对接的理解难度，又让实施团队不得不频繁地跟不同的应用厂商沟通，增加了重复性的工作。

第二，B/S类应用对接后，每次访问请求都会频繁调用校验接口，校验接口的服务性能成为瓶颈。此外，所有加密流量都需要在零信任网关进行卸载，以获取令牌等凭证，但零信任网关的加解密性能不足。应用跟零信任平台对接上线后，用户平均访问时延达到数秒，应用几乎处于不可用的状态。

第三，C/S类应用一般运行在TCP/UDP层，令牌、设备ID等信息无法在HTTP层携带。零信任网关无法进行凭证解析和鉴权，这些应用也就无法跟零信任平台集成，零信任实施效果大打折扣。

4. 给运维管理工作带来困扰

相比传统安全解决方案，零信任增大了安全运维团队的工作难度。一方面，零信任网关是用户访问应用的必经之路，且在大部分情况下是唯一通道，如果零信任网关出现异常，会导致业务访问中断等用户无法接受的后果；另一方面，零信任方案涉及终端、网关、IAM、防火墙等多个组件，各类设备以"串糖葫芦"的形式逻辑串联在整个访问流程中，一旦出现问题，很难快速找到故障设备并定位问题，因此对网络、安全、应用等部门的配合提出了更高的要求。

案例：某企业零信任项目上线后，频繁出现业务无法访问的问题。由于缺乏零信任组件的统一监控手段，运维团队需对业务路径上所有的网络设备、安全设备、应用计算资源、云平台等进行逐一日志检索和分析，导致定位点过多、定位时间过长。与此同时，对因认证失败、越权访问、终端自身安全性等造成的访问失败问题，没有设置知识库支持用户自助处理。所有的问题反馈均传递至运维团队，让零信任运维团队疲于奔命。

6.2 实施零信任的关键环节

要想达成理想的零信任能力与效果，仅靠一系列软、硬件安全产品的堆砌是远远不够的，这也是我们对市面上一些厂商宣称一台安全设备就能实现零信任感到困惑的地方。零信任方案的实施跟传统安全项目的建设方式完全不同，实施零信任更像是对企业的安全能力进行长期运营，需要对企业的ICT基础设施、业务流程、管理制度等均有充分的了解。以本书第2章提到的谷歌BeyondCorp项目为例，该项目于2011年启动，花了6年的时间才完成企业大部分应用系统的改造，初步实现了零信任安全。然而，该项目并没有就此结束，零信任建设仍在不断扩展其项目边界。本节总结我们多年实施零信任项目的经验，希望能帮助读者更好地实施零信任项目。

6.2.1 获得高层支持

若想保证零信任的落地效果，获得高层的支持是必不可少且十分重要的。零信任的安全理念跟企业ICT基础设施充分耦合，需要网络、应用、云平台、安全几方面充分融合才能发挥其真正的能力。因此，必须有高级别的领导主导，并统筹协调相关部门之间的关系，才能拆掉各部门之间的“壁垒”，使其朝着共同的目标迈进。

在零信任项目实施之前，必须确立正确的零信任思维。零信任项目可直接驱动数字化转型中的企业架构调整，需要将其提升到与企业数字化转型一样的战略高度。具体来说，建议由企事业单位的高层管理者如企业的首席信息官、首席技术官、首席信息安全官、总工程师等具有较大影响力与决策权的人，担任项目责任人。这样，项目责任人才能够拉通多个部门，形成合力，推进项目的建设和落地。此外，要组建一个零信任建设小组，由高层管理者担任组长，零信任项目责任人担任副组长，网络部门、安全部门、业务开发部门、IT服务及运营部门的相关人员作为组员。成立小组的目的是在企业内部达成共识，设定共同的建设目标，通过矩阵式的管理方式协调各个部门的节奏，高效地推进项目建设与运营。

零信任建设小组的职责建议如下。

- 确定企业的数字化转型和零信任建设的战略目标，以及分阶段实现的阶段性目标。
- 确保有足够的预算来支撑零信任项目的规划、建设及运营等。
- 确定零信任建设小组的成员分工与职责。
- 负责对供应商及其提供的产品与解决方案进行调研、测试、选型等。
- 定期审视阶段性目标达成情况和存在的问题，明确下一步的行动计划。

6.2.2 充分了解现状

企业建设零信任安全体系，首先需要考虑安全体系的现状（如当前架构、已有功能和组件等），同时结合业务发展规划（如业务及应用开发规划、新技术应用规划等）进行综合评估。评估的范围包括工作方式和现有业务的运作流程，以映射现有技术能力，了解与目标的差距。然后将评估结果映射到零信任架构中，识别不足和待改进功能，并进一步考虑使用什么工具和技术来改进。

建议在开展零信任项目之前对企业的信息化现状进行调研，分析和识别企业的典型业务场景，以及每种场景面临的主要安全风险和存在的安全问题，以为后续的方案设计提供输入。此阶段结束后，输出现状调研报告，描述企业信息化现状、典型业务场景、面临的安全风险等。

1. 调研对象

调研对象除了安全部门之外，还有网络部门、信息化业务部门、运维管理部门以及运维服务商等。

2. 调研方式

常用的调研方法有以下4种。

- 查阅资料：检索与信息化规划、设计、建设、运维等有关的资料。
- 人员访谈：预先确定主题和访谈提纲，邀请访谈人员参与沟通、讨论。
- 问卷调研：编制问卷，向目标受众发放问卷以了解信息化情况及其需求。
- 实地调研：到机房、办公地及周边等调研实际情况。

3. 调研内容

调研内容应包括网络和安全环境、云平台环境、业务应用、数据使用场景、终端环境、运维管理等几个维度。

- 网络和安全环境：现有网络总体拓扑、网络架构、IP地址规划、路由设计、网络带宽、网络安全域划分、网络平面划分、现有安全措施等。
- 云平台环境：数据中心和云平台的设计与实施方案、数据中心机房物理位置、网络拓扑、云平台的数量、VPC划分、云平台组件类型、运维方式和现有的安全措施等。
- 业务应用：应用系统部署的区域、应用简述、数据类型、数据共享类型、依赖的应用、实时性要求、是否上云、用户访问规模、应用访问流、是否具备应用/服务/数据资源目录、应用提供服务方式、现有应用安全措施等。

- 数据使用场景：数据资源名称、数据流向、数据使用部门、使用数据的业务系统、每日数据增加容量、数据传输类型等。
- 终端环境：终端类型、终端数量、终端认证方式、终端所属组织、终端现有安全措施、终端部署规划等。
- 运维管理：运维终端的设备类型、设备数量、部署方案、运维安全措施等。

6.2.3 制定业务目标

全面实现零信任需要明确短期以及长期目标，分阶段有序实施。零信任安全涉及的范围很广，从用户、终端、边界、业务系统到云环境，不可能一蹴而就，需要与数字化转型战略同步。为了避免在建设过程中出现前后不一致、系统不兼容等风险，需要进行总体规划，设立总体目标。

在确定总体目标后，需要确定零信任实施场景。不同行业因为行业属性与业务需求不同，对零信任实施的场景一般有着不同的选择。例如，政务领域由于存有大量公民信息及敏感数据，因此格外重视数据安全及权限管理，数据安全是建设重点；金融行业需要持续、稳定地对外提供业务，存在大量的开发及运维工作，尤其受新冠疫情影响，远程办公和远程运维是金融机构优先实施的对象；对于多分支的企业，SASE不失为零信任实施的首要选择。

总体来看，终端安全、基础架构安全和运维安全是当前信息安全决策者考虑的首要目标。根据华为公司与Forrester联合发布的《零信任最佳实践》白皮书，40%的受访者表示，在多种场景下确保远程办公及运维的终端安全是部署零信任架构的首要目标；38%的受访者认为提供更优化的安全配置、监视和管理，降低安全管理的复杂性最为重要；37%的受访者认为有效降低基础架构和网络复杂性带来的不可预测的风险，提高基础架构的安全性，是首要考虑目标。

6.2.4 分阶段逐步实施

在充分了解现状、制定业务目标后，便可以开始制定零信任实施的具体方案。由于零信任的强耦合性，在短时间内全面建成零信任能力并不现实，需要分阶段实施。以下总结了几点建议。

1. 关注核心业务

在部署零信任技术前，需要了解哪些应用场景是当前企业的关注点，从典型应用场景开始部署零信任。根据众多零信任实施经验，云迁移、远程办公和分支机构访问是多数企业的关键零信任应用场景。由于企业对增强数据访问可见性的强烈需求，在多个云服务提供商之间部署应用程序和数据访问是各行业（尤其是医疗卫生行业）部署零信任的主要场景。对涉及更多公众服务的交通运输行业和政府部门来说，其受访负责人更关注向公众或客户提供有限且可控的应用程序或数据访问服务，实现应用程序的开放性及分层控制。此外，简化基础架构和运维也是企业关注的领域。

2. 先从简单场景入手，再逐渐覆盖到全场景

先从简单场景入手有两个好处。一个是在实施零信任项目时不会与其他领域有太多耦合。例如远程访问和网络准入场景，远程访问只涉及用户通过办公终端远程接入公司网络进行业务操作，网络准入只涉及终端准入认证。简单场景涉及的人员和应用范围有限，规模较小，风险也小，便于在项目实施的时候灵活调整。另一个是通过几个简单场景的实施交付，可以迅速产生效果，给项目管理者增强信心。在完成对简单场景的零信任能力覆盖之后，可以逐渐增强策略管理、策略分析和策略执行的能力，覆盖本书第4章中提到的典型场景，实现完整的零信任能力覆盖。

3. 先通过规范指导新应用对接，再改造老旧应用

应用对接是零信任不可避免的问题，这也是零信任难以落地的重要原因。首先要说明的是，读者大可不必对应用对接“谈虎色变”，零信任与应用的对接需要讲究方式方法。

（1）在实施零信任时，建议首先对接准备新上线的应用

新应用大多采用B/S架构，按照MVC（Model－View－Controller，模型－视图－控制器）模式进行开发，其高内聚、低耦合的特点适合与零信任进行对接。新应用没有“历史包袱”，只要确定好接口标准，就可以进行快速对接。在这里仍以6.2.1节中提到的项目A举例，当时项目A在进行零信任能力建设的同时，也计划上线40多个业务应用，并要求新上线应用与零信任对接，

用户访问应用和应用调用服务时均受零信任管控。通过与应用快速确定对接规范，在3个月内将40多个应用全部对接上线。

（2）对接应用前应先制定集成对接规范

如果每个应用的对接方式均不相同，则会极大地增加零信任实施的工作量，方案的可靠性也会存在问题。因此在对接应用之前，应先根据应用和数据的调研结果，确定集成对接规范。集成对接规范应包括如下内容。

- 应用情况说明：包括应用系统架构、部署位置、接口调用关系、外部依赖关系等。
- 访问流程：包括用户访问应用流程、应用调用服务流程、应用访问数据流程等。
- 对接接口：包括认证接口、鉴权接口、审批接口等。

（3）通过零信任网关和门户方式对C/S应用进行对接

老旧应用之所以对接困难，主要是因为其架构多为C/S架构，且因为运营时间较长，缺乏二次开发能力，因此针对老旧应用的改造不宜深入。零信任方案要求通过加密等方式确保流量在传输过程中的安全，同时为了隐藏业务应用的真实地址，通过代理的方式对外发布应用。通常承担这些工作的组件为零信任网关。零信任网关通过代理的方式对外发布应用，与终端之间建立加密隧道以确保流量安全。当业务应用采用B/S架构时，加密隧道的起点一般是浏览器，通过浏览器与零信任网关之间建立安全的HTTPS连接。当业务应用采用C/S架构时，就需要在终端侧增加代理客户端，通过代理客户端与零信任网关之间的加密隧道传输流量。在代理方式下，加密隧道的终点是零信任网关，零信任网关将加密流量卸载，再将卸载后的流量转发到业务应用的真实服务器中进行处理。当应用中的协议均采用固定端口时，比较容易处理，但是有些多通道协议，如常见的FTP（File Transfer Protocol，文件传送协议），就需要零信任网关对协议进行单独适配，以便准确识别应用协议的实际端口，从而完成流量的代理转发。另外，对于一些没有办法改造的老旧应用，设立门户统一代理是比较可行的方案。用户访问老旧应用前，先跳转到门户，通过门户进行认证和权限校验，校验通过后再跳转回老旧应用。这样既可以让老旧应用对接零信任，又可以不对老旧应用本身做过多修改。

4. 先做检测和审计，再进行自动化控制

基于策略引擎分析的结果动态调整访问控制策略并自动化执行是零信任

的核心能力，因此策略引擎分析结果的准确性非常关键。如果在零信任方案上线时就贸然启用访问控制策略的自动化执行，很可能会影响业务的稳定性。因此，建议在零信任方案上线时，先预留一段时间进行检测和审计，让策略引擎学习并形成业务安全基线，然后分区域将检测状态切换成管控状态，并监控策略的执行反馈。如果发现误处理率过高，则需要从管控状态切换回检测状态，待误处理率降低到可接受的范围时，再逐步扩大直至覆盖全部区域。

5. 与现有安全能力充分融合

建设更具投资回报率的零信任方案也是用户需要考虑的问题。不管是从避免投资浪费的角度，还是从业务持续正常运行的角度来看，零信任架构不仅要考虑新能力的落地，还要考虑与现有安全防护体系的结合，而不是全盘推翻，重新建设。

零信任安全是传统安全架构的一种演进，充分、合理地利用传统安全架构中的能力，可以增强零信任架构的完整性和健壮性。例如，防火墙作为传统安全架构中的核心组件，依然可以在零信任架构中发挥边界防护能力；传统的终端安全管理体系的数据采集能力、环境感知能力、补丁和漏洞修复能力等，可以用来提升零信任安全中的动态控制能力；企业现有的NAC、EPP、EDR、DLP、SIEM、IAM等安全组件，通过标准化接口进行功能集成，可以实现传统安全建设与零信任的融合。

需要注意，单纯依靠零信任方案无法做到绝对的安全。零信任通过分配“合理的”权限来限制资源访问的风险，“合理的”权限依赖于对访问实体持续、不断的判断而形成的动态评价。这种评价机制比传统的方式更细致、更智能，但还是基于设定的规则，所以并不存在绝对的安全、绝对的信任。以远程办公场景为例，如果业务资源部署在企业本地、企业内部，则使用传统的基于VPN技术的远程访问体系结构，增加多因子认证，落实最小权限原则，是平衡远程访问可用性与安全风险的较优选择。如果几乎没有本地服务，大部分应用已经或正在准备上云，则使用SDP技术实现安全远程接入的零信任架构可能非常有效，原有的安全防护设备可以继续发挥其作用。

在实施零信任方案时，也需要考虑清楚新增方案与现有方案之间的关系。例如，SDP零信任方案相对原有的VPN方案是替代关系，相对原有的准入控制系统则是融合关系。如果没考虑清楚，就有可能造成冲突，或者新、老方案存在明显的割裂，零信任无法真正落地。

6.2.5 不影响使用体验

随时随地利用各种智能设备以方便的方式开展工作，可以有效提高生产效率，进一步改善员工体验。但多年以来，烦琐的安全控制在一定程度上限制了员工效率，甚至阻碍了员工创新。实施零信任但不影响用户的使用体验，需要在以下3个层面进行保障。

- 优化员工的认证体验：零信任从安全上保障了员工的多样化办公选择权，使他们能够在任何位置使用任何设备进行工作，只要他们在兼容设备和应用上正确进行身份验证即可。通过优化身份验证方式，使用数字证书和生物识别技术来识别用户身份，员工就无须记住复杂的密码，改善了使用体验。
- 保障员工应用访问体验：研究表明，人体的感官时延为100～200 ms，超过200 ms就会有比较明显的延迟感。因此，业务对接零信任后，访问时延不能超过200 ms，否则用户就会感到卡顿。例如，针对加密流量卸载，可以采用芯片加解密的方式，提高流量加解密的性能；对于应用鉴权，不需要所有的鉴权动作都调用外部接口，可以通过缓存机制优化零信任处理效率，保证应用为多用户提供低时延访问。
- 通过更好的技术体验来提高生产力：零信任通过技术手段消除烦琐的密码输入操作，简化信息访问流程，整合影响性能的安全代理，从而提高生产力。零信任的部署需要重视用户端的技术整合，包括必要的设备和应用程序，以轻松地对其所需的服务进行身份验证，保证便捷地访问内部资源。

6.2.6 提供可视化监控和快速诊断手段

在零信任方案上线后，业务状态的持续监控、业务安全基线的学习和更新、业务故障的定界和定位将成为工作重点。由于零信任与业务强耦合，业务故障的定界和定位尤其值得关注。用户访问业务时出现卡顿或者访问失败的情况时，判定问题出在哪里，是最大的难点之一。在零信任方案的运营阶段，需特别关注零信任方案的运行监控机制。

1. 零信任可视化监控

零信任的运维不仅需要关注各个零信任组件的正常运行，还需要根据用户的使用反馈和业务运行情况，及时进行优化和调整。以终端侧的环境感知策略基线为例，在建设初期，可以根据默认推荐值，结合历史上发生风险较多的感知项，制定一个基线。在运营阶段，再根据使用情况逐步增加感知项，或者调整影响业务正常运行的感知项的处置措施。

可视化监控组件持续监控业务链路状态和应用负载状态。当业务链路拥堵或者应用负载超过阈值时，应及时向运维人员发送告警。对于零信任的核心组件，应监控CPU负载、内存利用率、硬盘利用率、并发连接数等指标，当某个组件负载过高时，应及时向运维人员发送告警。

零信任可视化监控工作要求可归纳如下。

- 日常巡检场景：安全运维人员例行查看零信任组件当前的运行状态和历史运行状态，了解平台的整体运行情况。
- 重大安保场景：安全运维人员实时监控安全访问平台的运行状态。
- 异常故障场景：安全运维人员借助一定的技术手段或平台进行故障排查、异常定位等，快速恢复业务。

2. 业务故障快速诊断

故障处理的基本思路是，系统地将造成故障的所有可能原因缩减或隔离成几个小的子集，从而使问题的复杂度迅速下降。零信任的故障定界和定位与用户访问应用的流程强相关，因此对运维人员提出了更高的要求。建议通过多种方法提高故障定位效率。

- 故障处理需要遵循“按照合理的步骤找出故障原因并解决故障”的总体原则，其基本步骤包括观察现象、收集信息、判断分析、原因排查等。故障的发生可以从用户侧感知（比如无法访问应用），也可以从设备侧感知（比如设备出现异常告警）。在用户侧，当终端存在安全风险时，需要及时给予用户清晰的提示，防止因没有提示或提示信息不准确造成用户误解。在设备侧，发生问题时，提供准确、详细的日志告警，支撑故障定界和定位。
- 感知到故障后，需要第一时间收集各设备的故障信息，然后对故障信息进行分析，定界故障点后进行恢复处理。尤其是对零信任这种方案级的故障处理，首先应根据故障现象，快速将故障发生点定界到部件，再进行恢复处理。运维人员需要对零信任系统的工作原理和流程非常熟悉，才可能快速做出准确判断。

- 根据故障处理经验，建立业务访问故障处理知识库，对常见故障的定位处理流程和方法进行统一分析、归档，便于运维人员按标准流程进行分析定位，快速恢复业务。建立知识库可以积累、传承故障定界和定位的经验，防止人员变更造成经验丢失。更进一步，还可以开发故障定位工具，将常见故障的定位步骤及操作固化到工具中，实现“一键故障定界和定位”，提高效率和准确率。
- 提供用户自助服务，减轻运维人员的工作压力。例如，针对用户权限不够的问题，引导用户通过权限申请电子流来提升权限；针对终端安全风险问题，提供终端安全“一键修复”功能，帮助终端设备快速恢复至健康状态。

6.3 零信任能力度量

本书第3章介绍的零信任关键技术与组件均是构建零信任能力的关键。零信任所依赖的这些技术与组件基本上是成熟技术，基于零信任架构进行整合后，体现出新的安全能力。IAM作为IT基础设施，在很多企业中已经运行多年，微分段也是众多公有云和私有云平台提供的标准网络服务。如果把实施零信任比作建设高楼，那这座高楼并不是从打地基开始建设，而是对之前已建设的高楼进行智能化改造，以适应新的时代需求。如何对“建筑”进行智能化改造，如何在改造之后评估“建筑”的智能化程度，需要给出指导意见。

因此，本节给出零信任能力模型和度量指标。读者既可以将其用于评估企业当前已建设安全能力与零信任要求的匹配程度，也可以用于评估实施零信任方案之后所处的能力等级。

6.3.1 零信任能力模型

对零信任能力进行评估，首先要有可参考的度量依据。本书参考了美国国防信息系统局发布的《零信任框架》和Forrester发布的《零信任扩展框架》，从能力维度、度量指标两方面设计零信任能力模型。读者可根据零信任项目的实际建设和运营情况，对照每个维度的度量指标，进行零信任能力评估。

零信任能力模型包括用户管理、设备管理、网络环境、应用环境、数据安全、可视化分析和自动化响应编排7个维度，每个维度有5个度量指标，如图6-1所示。

用户管理	身份管理	认证管理	权限管理	用户行为监测	特权管理
设备管理	设备资产管理	认证管理	设备合规	设备行为监测	设备安全防护
网络环境	平面分离	SDN	网络分段	网络行为监测	网络安全防护
应用环境	应用资产管理	认证管理	权限管理	应用行为监测	应用安全防护
数据安全	数据分级分类	权限管理	数据访问控制	数据行为监测	数据安全防护
可视化分析	流量采集	威胁情报	安全风险分析	行为合规分析	态势感知
自动化响应编排	API集成	SOAR	机器学习	人工智能	云网安联动

图6-1　零信任能力模型

零信任度量指标按照基础能力—进阶能力—高级能力3个阶段进行划分，用于量化评估零信任各能力维度的成熟度等级，并指引未来发展目标的制定。零信任度量指标的成熟度等级如图6-2所示。

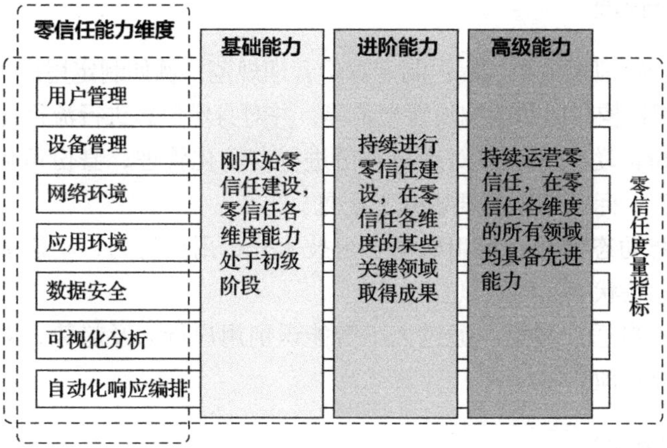

图6-2　零信任度量指标的成熟度等级

6.3.2 用户管理度量指标

用户管理度量指标包括身份管理、认证管理、权限管理、用户行为监测和特权管理，每个度量指标都按照基础能力、进阶能力和高级能力进行分布，如表6-1所示。

表 6-1 用户管理度量指标

度量指标	基础能力	进阶能力	高级能力
身份管理	制定身份管理规范和流程。 用户身份自动化管理	身份信息动态调整	用户身份自适应调整
认证管理	制定认证管理规范和流程。 基于单认证因子认证	基于多认证因子认证。 统一身份认证和单点登录。 身份认证策略动态调整	基于无密码方式认证。 身份认证策略自适应调整
权限管理	制定用户账号权限访问规范和流程。 单一环境属性的动态权限策略	多维环境属性的动态权限策略	权限策略自适应调整
用户行为监测	制定用户行为监测管理规范和流程。 用户活动监测	用户实体行为分析	—
特权管理	制定特权账号管理规范和流程。 关键系统特权账号管理。 特权操作最小权限管理	所有系统特权账号管理。 特权账号自动发现和管理	特权账号权限自适应调整

1. 身份管理

制定身份管理规范和流程：制定身份管理规范，例如制定用户ID设置规范、用户所属组织机构代码和架构设置规范等，并对身份信息进行流程化管理。

用户身份自动化管理：对用户身份进行自动化管理，身份可包含静态与动态的用户标签，标签策略主要由人工配置。

身份信息动态调整：利用机器学习技术分析用户行为，动态管理所有身份标签并实现标签状态实时可视。

用户身份自适应调整：通过人工智能识别用户行为及趋势，对用户身份标签进行自适应管理。

2. 认证管理

制定认证管理规范和流程：由相关人员对身份认证进行初步管理，制定账号权限访问管理的方针和身份认证管理要求，例如认证策略变更流程。

基于单认证因子认证：基于静态口令、证书等单认证因子的身份认证。

基于多认证因子认证：在基于静态口令、证书等因子之外，同时支持人脸、声纹、虹膜等认证因子认证。

统一身份认证和单点登录：实现所有系统的统一身份认证和单点登录。

身份认证策略动态调整：基于实时的综合风险评估，统一动态调整身份认证策略。

基于无密码方式认证：基于生物特征的无密码方式认证。

身份认证策略自适应调整：基于人工智能技术，自适应调整用户身份认证策略。

3. 权限管理

制定用户账号权限访问规范和流程：制定账号权限访问管理的方针和管理要求，例如执行权限管理规则与用户授权标准等。

单一环境属性的动态权限策略：基于终端环境因素评估，在角色授权策略基础上自动调整访问权限。

多维环境属性的动态权限策略：基于用户行为、设备、网络等多维度环境属性，综合评估风险，并动态调整访问权限。

权限策略自适应调整：基于人工智能分析用户行为模式，并自适应地调整用户的访问权限。

4. 用户行为监测

制定用户行为监测管理规范和流程：用户行为监测管理规范涉及监测范围、时间等。

用户活动监测：对用户访问活动进行监测，例如认证状态、权限状态等。

用户实体行为分析：基于用户访问上下文，对用户行为活动进行分析。

5. 特权管理

制定特权账号管理规范和流程：特权账号权限访问管理规范和流程涉及敏感命令操作审批流程、运维操作审计规范等。

关键系统特权账号管理：部署技术平台纳管关键系统的特权账号，并对其行为进行记录、检测、阻隔等，其中密钥定期更换。

特权操作最小权限管理：遵循最小权限原则，对所有特权账号进行纳管，实现特权账号自动发现、人工响应、会话隔离和密钥自动轮换等。

所有系统特权账号管理：部署技术平台纳管所有系统的特权账号，并对其行为进行记录、检测、阻隔等，其中密钥定期更换。

特权账号自动发现和管理：特权账号自动发现，自动关联和调整特权操作权限。

特权账号权限自适应调整：基于人工智能，自适应地调整特权账号的访问权限。

6.3.3 设备管理度量指标

设备管理度量指标包括设备资产管理、认证管理、设备合规、设备行为监测和设备安全防护，每个度量指标都按照基础能力、进阶能力和高级能力进行分布，如表6-2所示。

表 6-2 设备管理度量指标

度量指标	基础能力	进阶能力	高级能力
设备资产管理	制定设备资产管理规范和流程。 资产自动化识别和管理	设备资产动态管理	设备资产自适应管理
认证管理	制定设备认证管理规范。 设备标识认证	设备证书认证	设备特征认证
设备合规	制定设备合规管理规范。 设备配置策略定期监测	设备配置策略自动化监测与修复	—
设备行为监测	制定设备行为监测规范。 设备活动监测	设备行为分析	—
设备安全防护	制定设备安全防护规范。 设备安全防护	已知威胁检测与响应。 未知威胁检测与响应	—

1. 设备资产管理

制定设备资产管理规范和流程：制定设备资产管理的方针政策和管理要求，例如资产与属性的清点梳理、更新、维护等管理制度等。

资产自动化识别和管理：通过资产管理系统维护资产与属性清单，并可自动识别部分资产和设备属性。

设备资产动态管理：自动化识别与纳管组织内所有的设备资产及属性清单，实现所有设备资产和属性可视化。

设备资产自适应管理：利用机器学习技术对设备特征进行分析，动态管理设备资产和属性识别策略，自动管理资产及属性清单。

2. 认证管理

制定设备认证管理规范：制定设备认证管理要求，如不同等级的设备认证方式、认证因子管理制度等。

设备标识认证：通过设备唯一标识对PC终端、智能终端等设备进行设备认证。

设备证书认证：通过设备证书对PC终端、智能终端等设备进行设备认证。

设备特征认证：对于物联网、工业控制系统中的设备，通过机器学习对设备流量行为进行分析，识别设备特征并基于设备特征进行认证。

3. 设备合规

制定设备合规管理规范：制定设备合规的方针政策和管理要求，例如检查设备范围、策略范围、检查方式、检查频率等要求。

设备配置策略定期监测：使用工具定期对PC终端、智能终端等设备执行配置策略检查。

设备配置策略自动化监测与修复：使用统一平台自动实时对组织内所有设备类型配置进行检查。

4. 设备行为监测

制定设备行为监测规范：设备行为监测规范涉及监测范围、时间等。

设备活动监测：对设备的访问活动、设备运行安全状态等内容进行监测。

设备行为分析：利用机器学习技术分析设备主体活动、设备属性与上下文，持续对设备行为进行监测。

5. 设备安全防护

制定设备安全防护规范：制定设备安全的方针政策和终端设备保护管理要求，例如设备保护范围、安全加固标准、威胁检测与响应流程等。

设备安全防护：针对PC终端、智能终端等设备实施如证书认证、全盘加密等安全加固措施，并部署终端威胁检测工具。

已知威胁检测与响应：实时收集和分析终端威胁信息，并生成可视化报表，终端威胁与响应工具自动完成部分威胁响应与处置动作。

未知威胁检测与响应：利用机器学习技术分析威胁行为，对未知威胁进行检测与自动化响应，并持续优化针对已知或未知威胁的预测、预防、检测、响应能力。

6.3.4 网络环境度量指标

网络环境度量指标包括平面分离、SDN、网络分段、网络行为监测和网络安全防护，每个度量指标都按照基础能力、进阶能力和高级能力进行分布，如表6-3所示。

表 6-3 网络环境度量指标

度量指标	基础能力	进阶能力	高级能力
平面分离	控制平面与数据平面分离	—	—
SDN	—	动态网络访问控制策略	网络访问控制策略自适应
网络分段	制定网络分段安全管理规范。 部分微分段	全网微分段。 微分段动态调整	微分段自适应调整
网络行为监测	网络资产自动发现。 网络拓扑管理	行为监测分析	—
网络安全防护	制定网络安全管理规范。 基础网络安全防护能力	增强网络安全防护能力	—

1. 平面分离

控制平面与数据平面分离：进行零信任控制平面和数据平面分离设计。

2. SDN

动态网络访问控制策略：基于网络行为分析情况，基于零信任策略引擎动态调整网络访问控制策略。

网络访问控制策略自适应：使用人工智能技术实时分析综合环境，实现网络访问控制策略的自适应调整。

3. 网络分段

制定网络分段安全管理规范：制定与网络分段、微分段相关的管理规范和流程，包含微分段策略管理、运维管理、安全监控等要求。

部分微分段：针对关键应用服务配置微分段。

全网微分段：针对全网资源实现微分段。

微分段动态调整：通过机器学习技术分析网络和应用/服务的上下文变化，对所有网络和应用/服务微分段进行自动化调整。

微分段自适应调整：利用人工智能技术实时分析综合环境，实现应用进程级分段的自适应调整。

4. 网络行为监测

网络资产自动发现：自动发现网络资产，对网络资产变更进行动态更新。

网络拓扑管理：通过收集网络节点信息自动生成网络拓扑结构，并展现网络运行状态。

行为监测分析：建立行为分析模型，通过实时监控网络活动，实现已知和未知威胁的自动检测。

5. 网络安全防护

制定网络安全管理规范：制定网络防护相关管理要求，规划和执行威胁检测、分析、响应等工作。

基础网络安全防护能力：主要包括网络访问控制、网络入侵防御、网络通道加密、已知安全威胁防护等。

增强网络安全防护能力：通过人工智能技术发现未知安全威胁并进行响应处置。

6.3.5 应用环境度量指标

应用环境度量指标包括应用资产管理、认证管理、权限管理、应用行为监测和应用安全防护，每个度量指标都按照基础能力、进阶能力和高级能力进行分布，如表6-4所示。

表 6-4　应用环境度量指标

度量指标	基础能力	进阶能力	高级能力
应用资产管理	制定应用资产管理规范。 应用资产识别和管理	应用资产动态管理	应用资产自适应管理
认证管理	制定应用认证管理规范。 应用口令认证	应用证书认证	—
权限管理	单一环境属性的动态权限策略	多维属性的动态权限策略	权限策略自适应调整
应用行为监测	制定应用行为监测规范。 应用活动监测	应用行为分析	—
应用安全防护	制定应用安全管理规范。 基础应用安全防护能力	增强应用安全防护能力	—

1. 应用资产管理

制定应用资产管理规范：制定应用资产管理的方针政策和管理要求，例如资产与属性的清点梳理、更新、维护等管理制度等。

应用资产识别和管理：通过资产管理系统维护资产与属性清单，并可自动识别部分资产和设备属性。

应用资产动态管理：自动化识别与纳管组织内所有的设备资产及属性清单，实现所有应用资产和属性可视化。

应用资产自适应管理：利用机器学习技术对应用特征进行分析，动态管理应用资产和属性识别策略，自动管理资产及属性清单。

2. 认证管理

制定应用认证管理规范：制定应用认证管理要求，如不同等级的应用认证方式、认证因子管理制度等。

应用口令认证：通过用户名、密码等静态口令的方式进行认证。

应用证书认证：通过证书的方式进行认证。

3. 权限管理

单一环境属性的动态权限策略：基于应用的主机环境因素评估风险，在角色授权策略基础上自动调整访问权限。

多维属性的动态权限策略：基于应用、设备、网络等多维度环境因素，综合评估风险，并动态调整访问权限。

权限策略自适应调整：基于人工智能技术分析用户行为模式，并自适应地调整应用的访问权限。

4. 应用行为监测

制定应用行为监测规范：应用行为监测管理规范涉及监测范围、时间等。

应用活动监测：对应用的访问活动、应用运行安全状态等内容进行监测。

应用行为分析：利用机器学习技术分析应用主体活动、设备属性与上下文等，持续对设备行为进行监测。

5. 应用安全防护

制定应用安全管理规范：制定应用安全防护相关管理要求，规划和执行威胁检测、分析、响应等工作。

基础应用安全防护能力：主要包括Web安全防护、应用访问加密、API安全防护等。

增强应用安全防护能力：主要包括应用开发和运维全生命周期安全，例如安全设计、安全编码、代码审计等。

6.3.6 数据安全度量指标

数据安全度量指标包括数据分级分类、权限管理、数据访问控制、数据行为监测和数据安全防护，每个度量指标都按照基础能力、进阶能力和高级能力进行分布，如表6-5所示。

表 6-5　数据安全度量指标

度量指标	基础能力	进阶能力	高级能力
数据分级分类	制定数据分级分类管理制度。 关键领域数据分级分类	所有数据分级分类。 数据自动识别与分级分类	—
权限管理	制定数据权限访问规范和流程	多维属性的动态权限策略	权限策略自适应调整
数据访问控制	—	数据网关	—
数据行为监测	制定数据行为监测规范。 数据活动监测	数据行为分析	—
数据安全防护	制定数据安全管理规范。 基础数据安全防护能力	增强数据安全防护能力	—

1. 数据分级分类

制定数据分级分类管理制度：制定数据分类管理的方针政策和管理要求，规划数据发现规则与分类分级标准，例如数据标签管理、数据级别变更流程等。

关键领域数据分级分类：使用工具识别和分类标记关键领域的数据。

所有数据分级分类：使用工具识别和分类标记所有领域的数据。

数据自动识别与分级分类：使用工具自动识别和分类标记不同类型的数据，对数据识别、标记及策略进行统一管理。

2. 权限管理

制定数据权限访问规范和流程：制定数据访问权限管理方针和要求，例如普通数据访问权限规则、敏感数据访问权限规则等。

多维属性的动态权限策略：基于数据行为、设备、网络等多维度环境属性，综合评估风险，并动态调整访问权限。

权限策略自适应调整：基于人工智能技术分析用户行为模式，并自适应地调整数据的访问权限。

3. 数据访问控制

数据网关：进行文件传递、数据同步、消息队列等数据访问控制操作。

4. 数据行为监测

制定数据行为监测规范：制定数据行为监测管理规范，例如监测范围、时间等。

数据活动监测：对不同分类数据的访问活动进行统计和监测。

数据行为分析：利用机器学习技术对数据活动、调用对象等进行关联分析，对数据行为进行监测。

5. 数据安全防护

制定数据安全管理规范：制定数据安全防护相关管理要求，规划和执行威胁检测、分析、响应等工作。

基础数据安全防护能力：主要包括数据摆渡、数据服务安全、数据库防火墙、数据库审计、数据加密存储等。

增强数据安全防护能力：主要包括数据泄露检测与防护等。

6.3.7　可视化分析度量指标

可视化分析度量指标包括流量采集、威胁情报、安全风险分析、行为合规分析和态势感知，每个度量指标都按照基础能力、进阶能力和高级能力进行分布，如表6-6所示。

表 6-6　可视化分析度量指标

度量指标	基础能力	进阶能力	高级能力
流量采集	关键业务流量分析	全网流量分析	—
威胁情报	—	威胁情报集成	—
安全风险分析	—	安全防护风险分析	增强安全防护风险分析
行为合规分析	—	业务行为合规分析	增强行为合规分析
态势感知	综合态势呈现	专题态势呈现	—

1. 流量采集

关键业务流量分析：使用流量探针采集关键业务的流量并进行分析。

全网流量分析：使用流量探针采集全网流量并进行分析。

2. 威胁情报

威胁情报集成：安全分析平台等工具通过标准化接口对接外部TIP，提高安全分析效率。

3. 安全风险分析

安全防护风险分析：通过机器学习对采集的流量、日志数据进行分类分析、聚类分析、关联分析和异常分析等，洞察安全防护状态、脆弱性及风险分布情况，识别已知和未知威胁。

增强安全防护风险分析：基于人工智能技术，对安全威胁进行自适应分析研判。

4. 行为合规分析

业务行为合规分析：基于机器学习技术，通过安全大数据平台构建业务场景合规模型，对业务行为进行实时分析，发现和识别业务异常行为。

增强行为合规分析：基于人工智能技术进行业务行为合规的自适应分析研判。

5. 态势感知

综合态势呈现：通过安全态势感知平台，以全局的视角呈现数据、资产、漏洞、攻击、在线用户、用户访问行为、数据交换行为等维度的态势信息，支持交互式、动态展现资产概要、漏洞分布、攻击分布、数据/应用/服务的异常访问、安全事务处理进度等信息，为用户快速了解全局安全态势、安全运营和指挥决策提供支撑。

专题态势呈现：通过安全态势感知平台，对资产安全态势、用户身份态势、行为合规态势、数据安全态势、安全事件态势等专题进行呈现。

6.3.8 自动化响应编排度量指标

自动化响应编排度量指标包括API集成、SOAR、机器学习、人工智能和云网安联动，每个度量指标都按照基础能力、进阶能力和高级能力进行分布，如表6-7所示。

表 6-7 自动化响应编排度量指标

度量指标	基础能力	进阶能力	高级能力
API 集成	API 标准化	—	—
SOAR	playbook 手动编排与响应	自动编排与响应	—
机器学习	—	策略效果评估	—
人工智能	—	策略自适应	—
云网安联动	—	云网安协同联动	—

1. API 集成

API标准化：策略引擎、策略管理器、策略执行点均通过标准化API集成，实现异构品牌组件的灵活对接。

2. SOAR

playbook：针对已知安全事件，提供安全处置策略并编排成playbook，自动触发执行。

手动编排与响应：支持通过手动方式对基础预案进行可视化编排。

自动编排与响应：支持通过自动方式对基础预案进行可视化编排。

3. 机器学习

策略效果评估：基于机器学习技术对编排任务执行效果进行评估，对任务执行前后的事态变化进行对比分析与展示。

4. 人工智能

策略自适应：基于人工智能技术进行策略编排，并基于执行效果自适应调整。

5. 云网安联动

云网安协同联动：云平台、网络、安全资源协同配合，基于统一的策略联动处置安全事件。

6.4 本章小结

企业在实施零信任时面临着一系列的挑战。企业在启动零信任项目之前，提前了解可能会遇到的困难，并做好应对之策，可以加快项目实施进程。

我们根据多年的零信任项目实施经验，总结了实施零信任的最佳实践，针对实施过程中面临的挑战和共性问题，给出应对建议和解决方案。希望这些经验之谈能使读者成竹在胸，跨越零信任实施过程中的重重障碍。

零信任能力度量模型是我们结合多种零信任架构标准和多年的实践经验总结出来的标准模型。该模型定义了零信任的关键能力，给出了每项能力的度量指标和评价标准。读者可以使用这个模型来评估各项零信任能力，为零信任能力规划提供依据。

第 7 章　零信任未来演进

零信任的出现改变了原有的“将威胁防御在围墙之外，围墙之内默认信任”的设计理念。零信任带来的改变不仅仅是技术上的，还对企业文化、人员意识、业务流程等产生了潜移默化的影响。站在当下，展望未来，我们认为零信任会逐渐演进成一种文化，融入企业的战略规划，改变员工的思维模式，并指导企业的业务设计、开发、集成、部署和运营全流程。在技术层面上，零信任会朝着“全场景零信任”和“可信网络”两个方向进行演进。首先，目前零信任已经从IT场景逐渐向OT（Operation Technology，操作技术）场景演进，最终会实现全业务场景覆盖，使企业的各类型业务场景都具备零信任能力。其次，企业的安全架构会从零信任逐步迈向“可信”，零信任是手段，而可信是目标。通过零信任在默认不确定的环境中构建相对“确定性”的业务安全能力，最终逐渐实现设备层、网络层、业务层全链条的“可信网络”。本章将从场景和架构两个维度介绍零信任的未来演进方向。

|7.1 场景演进：从IT到OT|

零信任安全架构已经成功地应用于IT安全领域，通过IAM、SDP、微分段等技术，解决了企业园区办公、远程办公、物联接入、跨网数据交换、运维管理等场景的安全问题。在IT领域，零信任的安全理念已经得到广泛应用，并逐渐开始向OT领域延伸。

1. OT场景简介

在本节中，OT场景一般是指运行工业控制系统的场景，工业控制系统是几种控制系统的总称，典型的工业控制系统主要包括SCADA（Supervisory Control And Data Acquisition,监控与数据采集系统）、DCS（Distributed Control System，分布式控制系统）和其他控制系统，例如，在工业部门和关键基础设施中经常使用的PLC（Programmable Logic Controller，可编程逻辑控制器）。相对于IT场景，OT场景的业务特点是更为封闭，且业务敏感性更高，因此OT场景的安全关注点与传统的IT系统安全不同，它更关注工业控制设备的物理安全，以及生产设备功能的高可用性。随着信息化与工业化技术的深度融合，越来越多的网络安全威胁已经渗透到工业控制系统，在影响正常的工业生产之外，对企业的生产安全也带来了很大的隐患，因此工业控制系统安全已成为企业关注的重点。

在介绍工业控制系统安全之前，首先应了解企业典型的工业控制系统业务场景。企业的工业控制系统功能模型可参考标准IEC 62264-1的层次结构模型进行划分，将SCADA、DCS和PLC等典型工控系统的相同点进行抽象，最终总结出工业控制系统的功能模型，如图7-1所示。

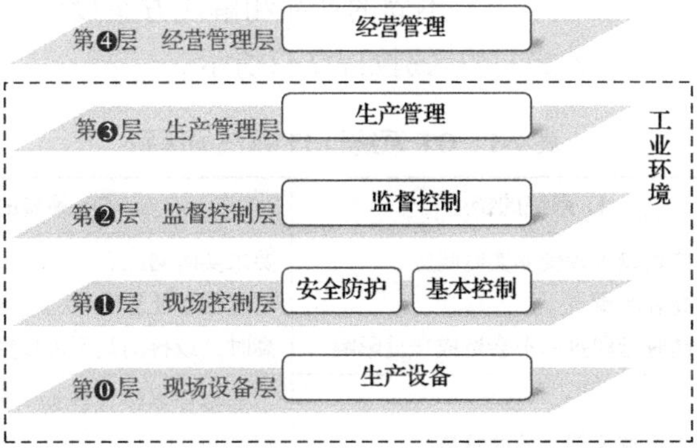

图 7-1　工业控制系统的功能模型

工业控制系统的功能模型从下向上共分为5层，依次为现场设备层、现场控制层、监督控制层、生产管理层和经营管理层，不同层级对实时性的要求不同。

现场设备层主要包括各类型生产设备（传感器设备、执行器单元等）。该层主要通过传感器对实际生产过程中的数据进行采集，同时利用执行器对生产过程进行操作。在传统的工业环境中，通用的安全防护能力很难部署在现场设备层。

现场控制层主要包括各类控制器单元，如PLC、DCS等。该层级主要通过PLC、DCS和RTU（Remote Terminal Unit，远程终端单元）等进行生产过程的控制，一些安全防护能力（如工控防火墙等）可以部署在现场控制层。

监督控制层主要包括监控服务器与HMI（Human-Machine Interaction，人机交互）系统功能单元。该层级主要通过分布式SCADA采集和监控生产过程数据，并通过HMI系统实现人机交互。

生产管理层主要包括MES功能单元。该层主要通过MES为企业提供制造数据管理、计划排程管理、生产调度管理等能力，提供维护记录，优化生产过程。

经营管理层主要包括ERP（Enterprise Resource Planning，企业资源计划）系统功能单元。该层主要通过ERP为企业决策层及员工提供决策运行手段，实现工厂生产调度，包括材料使用、运输，操作管理等能力。

2. OT 系统与 IT 系统的区别

工业控制系统有许多区别于传统IT系统的特点，包括不同的风险和优先级别、不同的性能和可靠性要求、不同的产品和解决方案设计思路、不同的管理方式和响应手段等。二者之间的区别如表7-1所示。

表 7-1　OT 系统与 IT 系统的区别

对比项	IT 系统的特点	OT 系统的特点
性能需求	在某些场景可接受非实时响应。 要求高吞吐量。 出现高时延和抖动不会造成严重影响	要求实时响应。 适度的吞吐量 高时延或抖动是不可接受的
可用性需求	能接受系统计划之外的重启。 可容忍一定程度的可用性缺陷	不能接受系统在计划之外的重启，要求提前规划。 要求极高的系统冗余设计。 高可用性需要详尽的部署前测试
管理需求	数据保密性和完整性是十分重要的。 容错不太重要，可接受临时停机	人身安全是十分重要的，其次是过程保护。 容错必不可少，无法接受临时停机
安全解决方案设计	围绕典型的 IT 系统进行设计，保护 IT 资产以及在这些资产上存储和相互之间传输的信息	保护边缘侧设备为重点（如现场设备中的过程控制器），且安全工具上线前必须经过测试，确保不会影响工业控制系统的正常运行
操作系统	使用通用的操作系统，采用自动部署工具使升级变得非常简单	专用操作系统，且往往没有内置安全功能，软件变更必须小心进行。因它具有专用的控制算法，以及可能要修改相关的硬件和软件信息，通常由设备供应商完成相关操作
资源限制	给系统指定足够的资源来部署安全能力	可能没有足够的内存和计算资源来部署安全能力
通信协议	采用标准通信协议。 以 TCP/IP 为基础构建网络和业务	采用专有和标准通信协议，需要控制工程师具备专业知识。 使用多种类型的传播媒介，包括专用的有线和无线（无线电和卫星）
服务厂商	一般采用多厂商服务模式	一般依赖单一供应商

续表

对比项	IT 系统的特点	OT 系统的特点
组件生命周期	3～5年的生存期	15～20年的生存期
组件访问	组件通常部署在本地，可方便地访问	组件默认是隔离的，需要大量的物力才能获得对其的访问

3. OT实施零信任所面临的挑战

前文介绍了工业控制系统场景和业务特点。在2010年以前，工业控制系统相对封闭，与传统的IT信息系统有很大区别。例如，工业控制系统上一般运行专有控制协议、使用专门的硬件和定制化工业软件系统。但从2010年以后，工业控制领域发生了巨大的改变，一方面，工控系统的生产商开始向互联网转型，例如，越来越多的服务商提供的工业控制系统采用通用的网络协议（如TCP/IP）进行组网，取代原有的专有协议，以提升设备连接的兼容性和远程访问能力；另一方面，“智能制造2025”“工业4.0”等先进政策和理念使传统制造业变得更加开放，传统的网络边界变得越来越模糊，不再进行严格的网络隔离，利用5G、AI等先进信息化技术快速提高了制造业的生产效率。制造业的信息化转型带来效率变革的同时，OT的风险暴露面也显著增加，面临越来越多的安全威胁。

从前文IT和OT的区别对比中可以总结出工业控制系统的安全性设计以合规性为基础要求，并特别强调业务的高可靠和高可用。零信任思想跟工控安全的设计思路不谋而合，通过实施零信任可以构建工控业务的合规基线，建立工控“白环境”，确保工控环境的关键操作均需要进行认证和合规性校验。同时，对于异常行为，不会直接进行阻断，以免影响生产业务，而是通过信任评估，以持续监控、访问降级、二次认证、网络隔离等方式进行处理，在最大限度保障生产业务稳定运行的前提下进行威胁处置。

但在OT场景下实施零信任会面临比IT场景下更为艰巨的挑战，主要包括以下几方面。

（1）如何进行工业控制系统资产识别

资产识别是安全架构设计的基础。在IT环境下，可以通过多种方式对IT资产进行识别，常见的手段包括同步CMDB、资产指纹特征识别、基于AI的流量特征提取等资产识别方式，通过将这些技术进行组合使用，可以精准地对企业内部的IT资产进行识别。但在OT环境下，由于工业控制系统较为封闭，很难从设备商获得其资产信息，同时安全厂商对于工控系统的积累有限，从网络流量进行探测也很难获得工业控制系统的资产指纹特征。此外，工业控制系统因为部署专用操作系统，且计算和存储资源有限，因此也无法通过在工控系统上部署客户端的方式来识别资产信息。

（2）如何制定访问控制策略

OT环境下制定访问控制策略需比IT环境下更为严格，如果因为执行了访问控制策略而影响了工厂的生产业务，这普遍被认为不可接受的。但若因为担心对生产业务造成影响而制定粗放的访问控制策略，又无法产生实际的安全管控效果。因此对工业控制系统制定合理的访问控制策略，是合理运用工控安全解决方案的关键。

（3）如何进行持续监测和威胁处置

在IT环境下，威胁监测通过多种方式，典型的方法包括部署探针进行网络流量分析、采集设备日志进行关联分析、部署主机客户端进行系统状态分析等，结合多类监测方法，能对企业全网资产和业务进行持续监测，对于监测到的威胁，可联动部署在网络中的网络安全设备、主机安全软件、接入侧网络设备等策略执行点进行威胁处置。但在OT环境下，无法安装主机客户端、工控设备缺乏日志外送能力或无法解析日志内容、工控网络无法部署探针进行流量分析、策略执行点无法安装在工业环境等限制，使这些典型的威胁监测与处置的方法均不适用。

4. 零信任在OT场景的应用与展望

由于工业环境的特殊性，零信任若想在工业控制系统进行运用，需要进行充分的考虑，不进行过多嵌入式的操作，以免影响工业控制系统的稳定性。正因如此，在工业领域，很少有厂商推出具有针对性的安全解决方案。可喜的是，近年来，随着工业环境的不断变化，工业控制系统厂商和网络厂商开始陆续对工业场景零信任方案进行探索，使工业控制系统安全保障能力得到进一步提升。

即使在工业场景中，零信任的设计思路仍然是以策略引擎、策略管理器和策略执行点作为核心组件。但由于OT系统的复杂性，在现场控制层和现场设备层很难独立部署安全设备作为策略执行点，零信任的策略执行点仍然以网络层设备为主，不会侵入PLC、DCS等专用工业控制系统，以确保系统的稳定性。

同时，可以通过在网络设备上内置探针的方式采集工业控制系统的数据，基于网络流量对工控环境进行资产识别并构建资产库，学习资产的业务行为，形成业务基线，超出基线阈值则视为异常，并联动网络和安全设备进行威胁处置。零信任在工业场景中的应用可在以下几方面进行展开。

（1）识别工业控制系统资产，并建立初始的信任

通过部署传感器来识别资产，例如，将资产识别传感器嵌入工业交换机、路由器等网络设备中进行资产识别。如果网络设备无法部署传感器，则需要在工业控制网络中部署专业设备进行信息收集。通过主动和被动相结合的识别技术，收集流经工业基础设施的数据包，识别工业协议，对数据包有效载荷进行解码和分析，识别工业控制网络资产并构建资产清单。

（2）定义访问策略

在工业控制系统中定义有效的访问策略，需要安全团队和业务团队之间进行紧密的协作，因为业务团队非常了解实际的业务状况。建议先进行工业控制网络分区的定义，按业务的功能属性对每个区域进行划分，例如，在烟草工厂，可以根据烟草制作流程将区域划分为制丝区域、卷包区域、物流区域和动力能源区域。将工业设备放置在自己的区域内，如果不同区域的设备需要相互通信，可以通过访问控制策略实现最小权限访问，并在工业交换机等网络设备上进行策略执行。工业控制系统的业务管理员可对资产进行分组，利用资产的详细信息和分组来确定必要的安全策略，从而将工业控制设备端点分配到适当的区域，使网络设备能够定义和实施适当的访问策略。

（3）验证访问策略

在执行访问策略之前，建议先对访问策略进行验证。例如，策略引擎通过策略仿真，分析不同工业控制组件之间的交互信息（如应用程序、协议、端口号等），并针对访问策略进行效果评估，以确保它们不会妨碍任何正常的业务交互。

（4）持续验证

风险评分是威胁的可能性及其潜在影响的乘积，其中威胁的可能性取决于资产类型、漏洞和对外部IP地址的暴露情况，潜在影响取决于资产类型及其在工业过程中的重要性。即使将风险保持在最低水平并且正确执行了访问策略，后续攻击也有可能突破区域并感染SCADA、PLC和HMI等工控系统，导致生产质量问题或停产，甚至损坏机器和生产基础设施。因此，必须对工业控制系统运行状态进行持续监控，以便及时发现任何表明它们可能被入侵的异常行为，

并跟踪异常行为。策略引擎也需要不断评估连接端点的安全状况，自动计算每个端点的风险评分，帮助安全运维人员主动限制工业过程中的威胁。

（5）风险处置

在IT环境中，通过降低高风险设备的访问权限或关闭它所连接的交换机端口，有效地将问题端点在网络中进行隔离。但在OT环境中，显然不能采用类似IT环境的风险处置方法，因为某些工业设备一旦停机，就可能造成生产事故（如油气类工控系统，不能轻易对其进行停机操作），减轻工业环境中已识别的威胁需要IT和OT安全团队之间密切合作，进行更为谨慎的风险处置操作。IT和OT运维团队应事先编制一份行动手册，在发现威胁时，参照手册制定的预案进行操作（如通过降低设备的访问权限或者对设备进行隔离），并及时评估进行操作之后的策略效果，同时建议建立响应处置机制，对影响某个工业部件正常运转的情况及时上报并记录在案。

7.2 架构演进：从零信任到可信网络

零信任被提出的目的就是在默认不信任的环境中构建信任通道以及确定性行为基线，用于保障应用和数据安全。最初阶段，市面上发布的零信任方案基本是从应用层出发，零信任的校验机制（如将以令牌作为凭证在各层访问作为校验依据）也基本在应用层进行流转。正因如此，当前的零信任实践绝大部分仍应用于HTTP/HTTPS场景。随着业界对零信任理念越来越认同，只在应用层上做文章已经不能满足用户的需求。某一层或者局部的信任只能达到部分“确定性”要求，只有从硬件—网络—应用多层分别构建信任链，才能真正实现可信网络。

对此，国内外已有一些研究机构和组织进行了布局探索。例如，在2021年，NIST已经成立可信网络项目，与行业伙伴合作，推进研究、标准化和采用必要的技术，以提高网络系统的安全性、隐私性和健壮性。可信网络项目用于解决现有和新兴关键网络基础设施中的系统性漏洞、脆弱性等安全问题，提高未来网络的可信性，并探索和应用必要的测量科学，为可信网络建立技术基础。

NIST的可信网络研究项目主要包括健壮的域间路由、高保障域、零信任网络、可信智能网络、可信物联网、软件定义虚拟网络、复杂信息系统测量科学等子研究课题。从可信网络项目的组成可以看出，NIST也将零信任从之前独立的项目合入可信网络研究项目中，说明NIST对零信任的未来演进给出了方向。

几乎在同一时间，华为数据通信产品线对零信任的未来发展方向进行了探索，并定义了由零信任到可信网络的发展路径，对零信任的趋势判断与NIST不谋而合。本节重点描述可信网络的定义、可信网络模型、可信网络架构等，让读者更好地理解零信任在可信网络中所扮演的角色。

1. 可信网络的定义

在介绍可信网络之前，读者可以先回顾传统的安全防护场景和安全防护手段。传统的安全防护技术和手段，是“检测+响应”威胁对抗能力的堆积，但攻防双方的成本天生是不对等的，无法以有限的投入对抗无穷的威胁，系统必然面临被攻破的风险。这必然会导致大量的威胁发现不及时、防御滞后等诸多安全问题。安全体系的建设作为系统工程，除了要加强外部防护能力以外，更应该加强自身安全能力。网络作为数字世界的“脉络”，是整个数字世界的根基，应将“正向建”的确定性安全能力和“反向查”的安全防护能力相结合，共同构建可信的网络基础设施，为业务提供确定性安全保障。

在此，我们要对安全层面“确定性”一词做出解释。“确定性”一般用于描述在网络传输过程中的低时延、低抖动等网络特性，特指用户对网络传输过程的合理期望。本节将“确定性”概念从网络延伸到安全层面，用于描述应用访问、数据传输、运维管理、设备接入等典型业务场景的正常安全预期。

安全可信、自主可控是保障网络安全、信息安全的基础和前提，要在信息化建设中同步考虑。为了更好地应对安全威胁和挑战，应在架构设计时同步考虑网络信任机制。为了更好地理解可信网络的信任机制，需要先了解“信任”这个词本身的含义。所谓信任，就是两个实体之间建立的彼此连接关系，这个关系要求彼此能够按照预期的方式做事。在这个过程中，需要监视彼此交互期间，双方是否在约定的预期范围内活动。如果发生风险性偏差，就需要纠正此类偏差，甚至是中断彼此的信任关系。在这里需要强调的是，信任并不是绝对的，而是相对的，并且是动态变化的关系。

在了解“信任”的概念之后，相信读者更容易理解为什么零信任能力下探到网络层会成为未来的发展趋势。零信任的思想就在于所有初始安全状态的不同实体之间，不管是内部还是外部，都没有可信任的连接，只有对实体、系统和上下文等的身份进行评估之后，才能动态扩展网络功能的最低权限访问，所以说零信任是构建可信网络的基础。

2. 可信网络模型

在网络的三大要素“实体”“连接”“业务与数据”中，“实体”具体化为IP网络中对应OSI（Open System Interconnection，开放系统互连）相应层级的各种设备，“业务与数据”具体化为IP网络中对应OSI相应层级的业务应用。因此，可信网络关键的3个元素为“设备”“网络”和“业务”，可信网络包括设备可信、网络可信和业务可信3个层次。其中，设备可信是可信网络的基础支撑，网络可信是可信网络的关键保障，业务可信是可信网络的核心目标。

可信网络模型通过构建3级网络内生安全架构，确保核心技术、关键部件、基础协议、系统架构安全可信、自主可控，并满足网络端到端的安全需求。可信网络模型如图7-2所示。

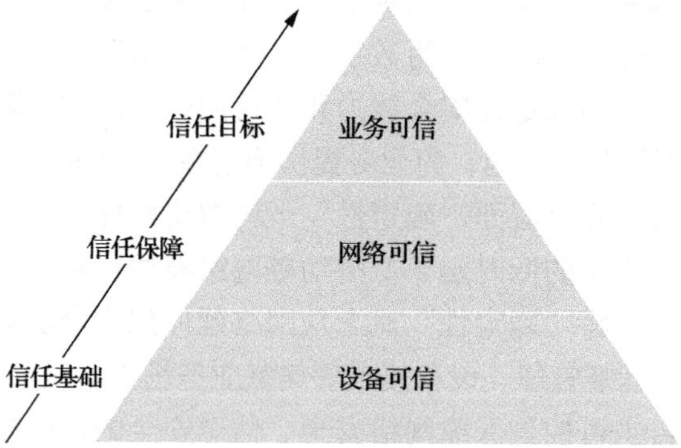

图 7-2　可信网络模型

各层的具体说明如下。

- 设备可信：在保证业务意图的同时，具备处理已认知负向情形的能力，保护硬件安全、操作系统安全、中间件与应用的安全与韧性，防止设备被非法入侵，构建“可信基座”。设备可信是信任基础。
- 网络可信：基于数字身份和信任评估框架，构建持续的信任评估机制，加强设备、人员入网身份验证，确保接入网络的人、机、物的身份可信、行为合规，构建“可信网络”，保证网络连接确定性。连接可信是信任保障。

- 业务可信：通过业务内生安全机制，将安全能力作为业务稳定运行的保障，通过可信技术和手段，实现业务风险的实时感知和检测，实现业务安全策略的自动化编排，提升安全有效性，提高安全运维效率。业务可信是信任日标。

3. 可信网络特征

传统网络存在诸多挑战，网络规模越来越大，配置越来越复杂，网络安全风险越来越不可控。并且，传统的安全产品与技术会产生大量不准确或者低风险的告警，导致安全防护效率降低。为了有效应对网络所面临的安全风险，应构建基于“正向建”和“反向查”的新型安全保障体系，该体系具备以下特征。

- 内建而非外挂：所有安全能力以内建的方式为产品和解决方案提供各种安全机制，而不是外挂“打补丁”式的。
- 正向建而非反向查：从“黑名单”到“白名单”，从“反向查”到“正向建”，所有接入网络的实体对象都要具备唯一可信的身份，并通过动态持续检测来实时识别风险，以加强对核心资源的保护。同时，网络中所有的流量行为均应该是可预期的。
- 融合而非孤立：安全体系中的各模块就像人体的免疫系统一样，各司其职又协同免疫，缺一不可。当不符合预期的攻击或异常发生时，可以立即发现，并通过相应的手段进行阻断，彻底消除威胁。

基于上述可信网络的架构特征，可信网络关键能力由以下三部分组成。

（1）可信网络基础设施

设备可信是可信网络的基础，组成网络的关键设备（如路由器、交换机、防火墙等）和网管系统应满足安全、可信的要求，确保设备的供应链可信，并基于供应链可信、硬件可信根、安全启动、单域安全等技术手段，实现设备防篡改和入侵防御等安全能力。

为了保证网络基础设施的安全、可信，需要加快满足内生安全要求的基础软、硬件研发，开展安全设计和工具链、工具库的研发，筑牢内生安全技术基石。依托网络内生安全技术，可以在没有掌握关于攻击者的先验知识和行为特征的前提下，有效感知、抑制和管控安全威胁导致的目标系统内部的扰动影响，使基于软、硬件脆弱性或漏洞后门的传统攻击理论和方法失去效能，为基础设施的自主可控和安全、可信提供保障。

从设备的内部结构以及相关业务角度分析，设备内生安全架构分为3层，包括支撑业务系统运行的硬件、操作系统和平台、业务应用和组件。设备系统内实行三面（控制平面/管理平面/转发平面）隔离和容器隔离，以缩小设备的攻击面。同时，结合安全态势感知技术，可以及时发现设备面临的各类攻击行为和异常行为。设备内生安全架构设计最终可以达到操作系统防护、软件完整性保护、数据机密性保护、网元安全态势感知、分层隔离、运维安全的效果。

（2）确定性网络

网络连接可信的目标是构建确定性网络。首先，网络里的所有流量路径和行为都具有确定性，可以避免不符合预期的流量，确保接入网络的人、机、物的身份可信、行为合规。

数据资源在网络中流通，并不断创造新的价值，实现数据驱动产业的创新发展。数据共享和流通成为刚性的业务需求，原来相互隔离的业务网络将打破安全边界，走向融合，传统基于边界隔离的安全防护手段已不能满足数据流动下的安全防护需求，需通过确定性网络确保网络层面可信。

确定性网络是指通过特定手段，确保网络中的流量仅按预期规划的路径进行流转，流量的行为可预期，拒绝不符合预期的流量移动，尤其是不符合预期的东西向流动。通过这种路径预设的方式，能最大程度减少威胁的扩散。这种微分段机制产生的网络隔离效果可以保证“3个确定性”，即网络流量的确定性、流量行为的确定性和用户访问的确定性。因此，这样的网络被称为“确定性网络”。

确定性网络通常将正向建和反向查两类措施相结合，在网络层面中保障流量路径和流量行为的确定性。

- 正向建：主要加强人、机、物入网和网内访问时的可信身份验证。同时，通过SRv6（Segment Routing over IPv6，基于IPv6的段路由）隧道和网络切片等技术，确保网络流量的行为符合预期。
- 反向查：在正向建的基础上，通过持续流量检测和分析，及时发现异常流量流转或不合规的访问行为。然后，通过云网安一体的协同联动，进行及时的闭环处置，阻止任何不符合预期的网络流量行为和状态。

协议安全、流量安全和组网安全是网络可信的3个关键要素。通过协议、流量、组网3方面进行针对性设计，构建管理平面、控制平面以及转发平面的安全能力，支撑整体网络可信，实现网络自身连通安全和传输信息安全，确保设备间网络通信的机密性、完整性、可用性。

（3）云网安一体，智能防御

以业务和数据安全为核心，以基于AI的威胁关联检测为手段，进行全域安全检测，及时发现异常或违规行为，快速处置和闭环威胁事件，将威胁闭环的时间从24小时降低到秒级，实现云网安一体化的智能安全防御。

本书2.5节简单介绍了零信任在云网安一体解决方案中的实践，接下来将针对云网安一体完整能力规划和演进方向进行介绍。云网安一体最初的设计思想源于Gartner分析师尼尔·麦克唐纳（Neil MacDonald）和费利克斯·格特根斯（Felix Gaehtgens）联合发表的一篇安全研究报告，他们在CARTA中提出如下几个核心观点。

- 从过度依赖一次性安全防护控制，转变为针对有风险行为的快速检测和响应。
- 基于环境和会话全生命周期过程，相关风险和信任级别可动态调整。以主动和积极响应的方式持续发现、监控和评估风险。
- 构建全栈风险可视性基础设施，监测所有操作、交互、事务和行为等，实现用户、设备和其行为的态势感知。
- 使用智能、自动化和编排等技术，以实现在占用有限资源的情况下缩短检测和响应的时间。
- 安全架构是集成的自适应可编程系统，而不是“烟囱”式架构。

基于对业界先进理念的思考，结合实际的网络安全挑战和问题，华为对云网安一体的定义是：通过对云网安信息进行持续的全量收集，并进行统一的安全分析、动态评估和整体呈现，打破安全运营“烟囱”，实现自适应攻击防御，提高安全分析精准率，实现精准溯源，缩短威胁遏制时间，最终实现云网安一体化防护和一体化运营。

7.3　本章小结

零信任是一种设计理念，更是一种文化，所以可以指导企业文化建设、改变人员思维方式、规范业务操作流程等。零信任会快速地从当前的IT场景向OT场景等覆盖，使不同类型的企业都能通过零信任保障其业务和数据安全。

当前零信任解决了面向上层业务的确定性安全，未来会朝着设备可信、连接可信、访问可信的端到端可信目标快速迈进。

缩略语表

英文缩写	英文全称	中文全称
3GPP	3rd Generation Partnership Project	第三代合作伙伴计划
4A	Adminstration/Authentication/Authorization/Audit	身份管理、认证管理、授权管理和审计管理
AAA	Authentication Authorization and Accounting	身份认证、授权和记账协议
ABAC	Attribute-Based Access Control	基于属性的访问控制
ACL	Access Control List	访问控制列表
AGV	Automated Guided Vehicle	自动导引车
AI	Artificial Intelligence	人工智能
AKA	Authentication and Key Agreement	认证和密钥协商
AP	Access Point	接入点
API	Application Program Interface	应用程序接口
APN	Access Point Name	接入点名称
APT	Advanced Persistent Threat	高级可持续性攻击，业界常称高级持续性威胁
AV	Antivirus	防病毒
B/S	Browser/Server	浏览器 / 服务器
BCM	Business Continuity Management	业务连续性管理
BGP	Border Gateway Protocol	边界网关协议
BYOD	Bring Your Own Device	携带自己的设备办公
C&C	Command and Control	命令与控制
C/S	Client/Server	客户端 / 服务器

续表

英文缩写	英文全称	中文全称
CARTA	Continuous Adaptive Risk and Trust Assessment	持续自适应的风险与信任评估
CAS	Central Authentication Service	中央认证服务
CASB	Cloud Access Security Broker	云访问安全代理
CCTV	Closed-Circuit Television	闭路电视
CSA	Cloud Security Alliance	云安全联盟
CPE	Customer Premises Equipment	用户驻地设备
CZTP	Certified Zero Trust Professional	零信任认证专家
DCS	Distributed Control System	分布式控制系统
DDoS	Distributed Denial of Service	分布式拒绝服务
DGA	Domain Generation Algorithm	域生成算法
DHCP	Dynamic Host Configuration Protocol	动态主机配置协议
DLP	Data Loss Prevention	数据防泄露
DNN	Data Network Name	数据网络名称
DNS	Domain Name System	域名系统
DoDAF	Department of Defense Architecture Framework	美国国防部体系结构框架
ECA	Encrypted Communication Analytics	加密通信分析
ECS	Elastic Compute Service	弹性计算服务
EDR	Endpoint Detection and Response	终端检测与响应
EIP	Elastic IP Address	弹性公网 IP
EPG	End Point Group	端节点组
EPP	Endpoint Protection Platform	端点保护平台
ERP	Enterprise Resource Planning	企业资源计划
FTP	File Transfer Protocol	文件传送协议
FWaaS	Firewall as a Service	防火墙即服务
H2H	Human to Human	人与人
H2T	Human to Thing	人与物
HMI	Human-Machine Interaction	人机交互
HTTP	Hypertext Transfer Protocol	超文本传送协议
HTTPS	Hypertext Transfer Protocol Secure	超文本传输安全协议
IAM	Identity and Access Management	身份识别与访问管理
ICT	Information and Communications Technology	信息通信技术

续表

英文缩写	英文全称	中文全称
IDS	Intrusion Detection System	入侵检测系统
IGP	Interior Gateway Protocol	内部网关协议
IoT	Internet of Things	物联网
IP	Internet Protocol	互联网协议
IPS	Intrusion Prevention System	入侵防御系统
IPv4	Internet Protocol version 4	第 4 版互联网协议
IPv6	Internet Protocol Version 6	第 6 版互联网协议
IT	Information Technology	互联网技术
ITU	International Telecommunication Union	国际电信联盟
LLDP	Link Layer Discovery Protocol	链路层发现协议
MAC	Media Access Control	媒体接入控制
MD5	Message Digest Algorithm 5	消息摘要算法第五版
MES	Manufacturing Execution System	制造执行系统
MIB	Management Information Base	管理信息库
MPLS	Multi-Protocol Label Switching	多协议标签交换
MQTT	Message Queuing Telemetry Transport	消息队列遥测传输
MTTD	Mean Time To Detect	平均检测时间
MTTR	Mean Time To Respond	平均响应时间
MVC	Model–View–Controller	模型 - 视图 - 控制器
NAC	Network Admission Control	网络准入控制
NAT	Network Address Translation	网络地址转换
NB-IoT	NarrowBand Internet of Things	窄带物联网
NIST	National Institute of Standards and Technology	美国国家标准与技术研究院
NOC	Network Operations Center	网络运营中心
NSA	Non-Standalone	非独立
NTA	Network Traffic Analytics	网络流量分析
OA	Office Automation	办公自动化
OAuth	Open Authorization	开放式授权
OIDC	OpenID Connect	OpenID 连接（协议）
OSI	Open System Interconnection	开放系统互连
OT	Operational Technology	操作技术

续表

英文缩写	英文全称	中文全称
OTA	Over-The-Air technology	空中下载技术
OUI	Organizationally Unique Identifier	组织唯一标识符
OWASP	Open Web Application Security Project	开放式 Web 应用程序安全项目
P2P	Peer-to-Peer	对等网络
PC	Personal Computer	个人计算机
PDU	Packet Data Unit	分组数据单元
PKI	Public Key Infrastructure	公钥基础设施
PLC	Programmable Logic Controller	可编程逻辑控制器
POP	Point Of Presence	访问点
QoS	Quality of Service	服务质量
RADIUS	Remote Authentication Dial-In User Service	远程身份验证拨号用户服务
RBAC	Role-Based Access Control	基于角色的访问控制
RDP	Remote Desktop Protocol	远程桌面协议
RTU	Remote Terminal Unit	远程终端单元
SaaS	Software as a Service	软件即服务
SAML	Security Assertion Mark-up Language	安全断言置标语言
SASE	Secure Access Service Edge	安全访问服务边缘
SCADA	Supervisory Control And Data Acquisition	监控与数据采集系统
SD-WAN	Software Defined Wide Area Network	软件定义广域网
SDK	Software Development Kit	软件开发套件
SDN	Software Defined Network	软件定义网络
SDP	Software Defined Perimeter	软件定义边界
SEM	Security Event Management	安全事件管理
SIEM	Security Information and Event Management	安全信息与事件管理
SIM	Security Information Management	安全信息管理
SIRP	Security Incident Response Platform	安全事件响应平台
SMF	Session Management Function	会话管理功能
SNMP	Simple Network Managemeat Protocol	简单网络管理协议
SOA	Service-Oriented Architecture	面向服务的架构
SOA	Security Orchestration and Automation	安全编排与自动化
SOAR	Security Orchestration, Automation and Response	安全编排、自动化与响应

续表

英文缩写	英文全称	中文全称
SOC	Security Operations Center	安全运营中心
SPA	Single Packet Authorization	单包授权认证
SQL	Structured Query Language	结构查询语言
SRv6	Segment Routing over IPv6	基于 IPv6 的段路由
SSH	Secure Shell	安全外壳
SSL	Secure Socket Layer	安全套接层
SSO	Single Sign-On	单点登录
SWG	Secure Web Gateway	安全 Web 网关
SYN	Synchronous	同步序号
T2T	Thing to Thing	物与物
TBAC	Task-Based Access Control	基于任务的访问控制
TCP	Transmission Control Protocol	传输控制协议
TIP	Threat Intelligence Platform	威胁情报平台
TLS	Transport Layer Security	传输层安全（协议）
TOR	Top Of Rack	架顶式
UCL	User Control List	用户控制列表
UDP	User Datagram Protocol	用户数据报协议
UEBA	User and Entity Behavior Analytics	用户和实体行为分析
UPF	User Plane Function	用户面功能
URI	Uniform Resource Identifier	统一资源标识符
VLAN	Virtual Local Access Network	虚拟局域网
VM	Virtual Machine	虚拟机
VNI	Virtual Network Interface	虚拟网络接口
VPC	Virtual Private Cloud	虚拟私有云
VPN	Virtual Private Network	虚拟专用网
VTM	Virtual Teller Machine	虚拟柜员机
VXLAN	Virtual Extensible Local Area Network	虚拟扩展局域网
WAF	Web Application Firewall	Web 应用防火墙
WAN	Wide Area Network	广域网
XSS	Cross-Site Scripting	跨站脚本攻击
ZTNA	Zero Trust Network Access	零信任网络访问

参考文献

[1] ROSE S, BORCHERT O, MITCHELL S, et al.Zero trust architecture [R/OL].(2020-08-10)[2023-03-01].

[2] WARD R, BEYER B. BeyondCorp:a new approach to enterprise security[J]. Login: the magazine of USENIX & SAGE, 2014(39): 6-11.

[3] OSBORN B, MCWILLIAMS J, BEYER B, et al. BeyondCorp: design to deployment at Google[R/OL].(2016-03)[2023-03-01].

[4] CITTADINI L, SPEAR B, BEYER B, et al. BeyondCorp: the access proxy[R/OL].(2016)[2023-03-01].

[5] PECK J, BEYER B, BESKE C, et al. Migrating to BeyondCorp: maintaining productivity while improving security [R/OL].(2017) [2023-03-01].

[6] ESCOBEDO V, BEYER B, SALTONSTALL M, et al. BeyondCorp: the user experienc[R/OL].(2017)[2023-03-01].

[7] KING H, JANOSKO M, Beyer B, et al. BeyondCorp: building a healthy fleet [R/OL]. (2018) [2023-03-01].

[8] Department of Defense.Zero trust reference architecture[R/OL].(2021)[2023-03-01].

[9] Forrester Research Inc.构建数字时代的安全基石零信任最佳实践[R/OL].(2020)[2023-03-01].

[10] 华为技术有限公司. 华为智慧城市云网安一体技术白皮书[R/OL].(2021-06)[2023-03-01].

[11] 陈本峰，李雨航，高巍. 零信任网络安全——软件定义边界SDP技术架构指南[M].北京：电子工业出版社，2021.